북한 김정은 체제 이해

박영택

1983년 해사 37기로 임관 이후 함정 및 육상에서 근무하였고, 기무사 및 국방연구원 등에서 북한 업무와 관련한 분석과 연구를 수행하였다. 현재는 대진대학교 통일대학원장으로 재직 중이다. 군 재직 시에 위탁교육으로 미국 미시시피대 정치학 석사와 영국 랭카스터대 정치학 및 국제관계학 박사를 취득하였다.

연구실적으로 『남북한 군사력의 현재와 미래』(2010) 등 저서를 비롯하여, "The Structural Elements of North Korea's Insecurity applying the Regional Security Complex Theory", "북한의 하이브리드전 실행 가능성과 전개 양상", "북한의 당 주도 전쟁수행체제의 양가성: 치명적 대남위협과 북한군의 취약성", "통일 이행기 수복지구(북한) 상황변수 분석" 등 다수의 논문이 있다.

북한 김정은 체제 이해

2017년 3월 5일 초판 인쇄
2017년 3월 10일 초판 발행

지은이 박영택 | **펴낸이** 이찬규 | **펴낸곳** 북코리아
등록번호 제03-01240호 | **전화** 02-704-7840 | **팩스** 02-704-7848
이메일 sunhaksa@korea.com | **홈페이지** www.북코리아.kr
주소 13209 경기도 성남시 중원구 사기막골로 45번길 14
우림 2차 A동 1007호
ISBN 978-89-6324-537-9 (93390)

값 17,000원

북한 김정은 체제 이해

박영택 저

북코리아

머리말

김정은은 최종 편집본이 나오는 시점인 2월 13일 중거리탄도탄인 북극성2형을 발사하더니, 말레이시아 쿠알라룸푸르 공항에서 김정남을 독살함으로써 가능한 한 최신의 자료를 담고자 노력했던 필자를 당황하게 한다.

우리 사회에는 (북한 분야에 대한 관심 정도를 굳이 분류할 때) 북한의 일거수일투족에 민감하게 반응하고 몇 시간 또는 하루 단위의 사건에 민감한 전문가 혹은 관련 분야 종사자들, 조금 긴 안목으로 북한을 연구하는 사람들, 안보에 대한 걱정으로 북한 기사에 주목하는 계층, 그리고 일반적인 뉴스로서 관심을 보이는 국민들이 함께 존재한다. 각각의 사람들은 북한에서 새로운 일이 발생할 때 느끼는 스트레스와 긴장감에서도 큰 차이가 있다.

북한에 관한 대부분의 사건들은 확인이 되어 fact로 자리 잡기도 하지만, 어떤 사건들은 시간이 지나도 결론이 나지 않기도 한다. 그 과정에서 전문가들은 북한체제의 폐쇄성에 가로막혀 정확하지 않은 애매한 진단을 내리는 경우가 많아, 이를 대하는 국민에게 혼돈을 주기도 한다.

필자 또한 이 책에서 북한에 대한 분석 경험과 연구를 토대로 북한의 김정은 체제를 충실하게 설명하고자 노력했지만 부족하고 정확하지 않은 부분들이 존재한다는 것을 인정하지 않을 수 없다.

2017년도는 한반도의 불확실성이 증폭되는 시기로서 북한 문제의

지역적 확장성이 그 어느 때보다도 높을 것으로 우려된다. 더욱이 한반도는 자국의 이익을 극대화하려는 주변 4국 지도자들의 이해가 중첩되는 곳으로서 지정학적 복잡성이 상존하는 지역인데, 북한의 무모함과 불안정성이 심화되고 있어서 미래에 대한 불안과 걱정을 떨치기 어렵다.

"북한의 위기는 우리에게 위협이다." 필자는 핵, 재래식 무력, 기아, 인권, 국제범죄 등 북한의 문제가 지역문제, 나아가 세계적인 문제로 발전하고 있지만 동시에 우리에게 가장 좋지 않은 영향을 줄 수 있다고 평가하는 데 동의한다. 북한문제는 현재 진행형으로서 항시 주변국과 국제사회의 개입을 초래하면서 우리의 역량을 시험하고 있다. 따라서 북한문제에 좀 더 관심을 가지고 실체적 위협에 대비하는 데 전문가들의 노력과 국민적 역량이 집중되어야 한다.

제1부에서는 북한의 김정은 체제의 특징과 실체를 분석하는 내용을 담고 있다. 아울러 북한체제의 특성을 정의하였고, 노동당과 국가기구에 대하여 논의하였다. 또한 유일지배체제와 우상화 문제를 거론하였으며, 북한의 당주도의 전쟁수행체제에 대한 심각성을 분석하였다. 마지막으로 통일시기에 예상되는 분야별 상황을 진단하였다.

제2부에서는 김정은 정권의 위기와 위협을 연구자의 입장에서 논의한바, 김정은 체제의 비정상적 진로, 21세기형 전략인 복합전(hybrid warfare)의 운용 실태, 핵무장과 대남위협, 경제적 파탄 실태, 국제적 고립과 북중관계, 그리고 김정남 암살과 같은 북한의 테러 본능을 분석하였다.

끝으로 이 책이 나오기까지 늘 격려와 지원을 아끼지 않으신 북코리아의 이찬규 사장님과 직원 분들, 변함없이 지지를 보내주시는 동료 교수와 제자들, 묵묵히 지켜봐주는 가족들과 선한 마음의 지인들께 진심으로 감사드린다.

대진대학교 연구실에서 박영택

차 례

서문

김정은 정권의 실체, 위기와 위협, 북한연구의 방향성

1. 북한은 오로지 김정은만을 위한 정권이다

북한은 하나의 국가로 놓고 볼 때 평범 이하의 수준에 있으며, 외형적으로는 선명한 특색이 없다. 다음은 미국의 CIA가 평가한 북한의 모습이다.

- 총인구: 2천 4백 9십만(2015년 7월 기준)
- 평균 연령: 33.6 years, 인구증가율: 0.53%, 출산율: 14.52/1,000명
- 국토 규모: 세계 99위(미국의 버지니아 주와 유사)
- 둘레: 1,607 킬로미터
- 경작지 비율: 21.8%, 산림: 46%
- 도시 인구비율: 60.9%
- 성비(남/여): 0.91/1
- 평균수명: 70.11세(남성: 66.3, 여성: 74.2)
- 유아의 평균 체중저하 비율: 15.2%
- 행정 규모: 9개도, 2개 대도시
- GDP: 280억 달러(2013년 기준), 1인당 GDP: 1,800달러
- 경제성장율: 1%(2014년)

• 산업구조: 농업 22, 제조업 47, 서비스업 31%
• 산업인력: 1,400만 명
• 실업율: 25.6%
• 환율: 8,200원/1달러(2015년)
• 전기생산 가동율: 47.4%
• 전화회선: 118만
• 핸드폰 수: 280만
• 공항: 82개

그러나 북한을 나타내는 가장 선명한 특징은 북한이 매우 살기 힘든 나라라는 점이다. 북한의 1인 독재체제는 북한정치의 특징 그 자체라고 할 수 있으며, 마치 모든 영역에 수혈을 하는 것과 같은 영향력과 통제력을 미치고 있다. 따라서 북한의 정치체제를 이해하지 않고 다른 영역을 다루는 것은 어렵다. 한반도의 북쪽을 점유하고 있는 북한은 지금도 북한주민을 공포정치로 옭아매고 있다. 북한은 핵무기 개발을 포함한 대량살상무기의 개발을 지속하고 있으며, 수시로 남한을 향한 도발을 일삼고 있다. 한마디로 북한은 김정은과 그 핵심추종자를 위한 비정상적, 비이성적, 그리고 비상식의 정권이다.

북한은 '오로지 김정은 1인이 결정하고, 1인의 생존만이 중요하며, 1인의 이성과 감성에 의해 움직이는 체제'다. 운명공동체는 공동체 안에 있는 사람들이 이익과 위협을 공유하여 이익이 줄어들고 위협이 증가할 때 공동체 전체가 동일한 이해관계에 놓이는 것을 의미한다. 그러나 김정은 1인 독재체제하에서는 김정은을 제외한 그 누구의 이익이나 생존 위협은 우선시되거나 중요하지 않다. 특히 김정은은 권력을 세습하고 난 이후 정적을 포함한 자신의 비위에 거슬리는 많은 인물들을 숙청하고 제거했다. 이는 김정은과 그 추종자들의 생존을 위한다는 명분이지만 과도한 조치이며, 그동안

북한독재권력을 지탱해 온 일부의 세력들도 위협이 될 경우 적대시함으로써 발생하는 현상이다.

김일성과 김정일 정권하에서도 그 폭력성이나 공포성에서 큰 차이는 없다할 수 있으나, 현존하는 권력 위주의 세력들 외에도 다양하고 넓은 계층의 권력엘리트를 포괄해 독재체제적 권력을 구축하고 이들과 이익과 위협을 공유하는 융통성이 있었다. 그러나 김정은 정권은 자신의 권력세습 과정을 통하여 추종세력을 확보하는 기회가 크지 않음에도 불구하고 오히려 김정일 추종세력의 범위를 극단적으로 축소하고 거르는 작업을 전개하고 있어서 개인적 권력에 가까운 통제체제를 만들어 가고 있다. 물론 시간이 흐르면 북한전반의 계층에 상당한 추종세력을 확보할 것이나 현재에는 이탈한 엘리트들의 적극적 합류가 원활하지 않을 것으로 판단된다.

위와 같은 상황은 자칫 김정은 정권에서 쿠데타가 발생하거나 충성세력에 반하는 세력이 준동하거나 쿠데타가 발생한다는 논지로 받아들여질 수도 있는데, 김정은은 기반이 약함에도 불구하고 공포정치와 고도의 감시와 통제시스템을 바탕으로 북한체제를 철저하게 장악하고 있다. 더불어 북한은 여전히 당과 군, 그리고 모든 정치조직과 권력조직이 김정은 유일체계를 견고하게 떠받들고 있다. 김정은 1인이 당 위에 군림하고 당과 모든 인민이 김정은의 지도하에 일상을 유지하는 것이 유일체계다. 이를 몸에 비유하자면 [그림 1]과 같이 유일체계하에서는 김정은이 두뇌고, 심장이고, 골격이며, 혈액이다. 김정은의 이성과 감정과 신체작용에 따라 북한은 움직인다. 아니 움직여야 한다. 그 과정에 순응하지 못하는 세력들이 숙청을 당하고 죽임을 당하고 있다.

김정은이 김일성이나 김정일과 다른 것은 정권을 짧은 기간에 세습하다보니 스스로 자신의 몸을 잘 모르고 적응하지 못한다는 점이다. 김정은은 자신의 몸 여기저기가 이물질처럼 느껴지고 있다. 제 스스로 가다듬고 만들

[그림 1] '김정은의 신체=북한'의 유일체계

지 않은 곳이 많아 믿음이 가지 않기 때문이다. 이미 유일체계라는 신체리듬과 시스템은 관행대로 움직이는데 그 소프트웨어에는 정권과 인민을 포괄하는 명령보다는 개인적인 취향의 명령코드가 다수 내장되어 있다. 이를테면 지금 북한정권은 하드웨어와 소프트웨어 간의 부조화와 충돌이 일어나는 셈이다. 이를테면 얼마 전에 자리 잡은 소프트웨어에 오래된 하드웨어인 북한의 운명이 맡겨진 상태다. 북한의 권력세습은 새로운 소프트웨어에 하드웨어가 무조건 복종하게끔 하는 것을 말한다.

대한민국 국민을 포함하여 전 세계가 지금 이 새로운 결합체를 이해하려고 애쓰고 있다. 이 결합체에 대한 실체적 진실과 정보가 부족한 상태에서 매일매일 벌어지는 일들을 제대로 평가하는 것은 쉽지 않다. 시간이 지나고 일정한 패턴이 이루어지는 시점도 오지 않았다. 추정컨대 북한내부에서 선전선동과 통치의 대상인 엘리트나 인민들도 마찬가지의 혼란을 겪고 있을 것이다. 결론적으로 김정은을 중심으로 북한주민이 운명을 함께한다는 의미는 정상적인 상태의 정권이 움직인다는 의미이나 김정은 운명공동체라는 말은 김정은이 최상위에 위치하지만 북한전체의 이익을 대변하거

〈표 1〉 김정일과 김정은의 주요 정치행위 패턴 비교

구분	김정일	김정은
권력 강화	숙청 → 인재등용	숙청 → ?
국가 정책	위기극복 주력	과시
핵정책	핵개발 은밀 주력	노골적 위협
대남전략	치밀한 주도권 확보	협박/의외성
대외 활동	절제/내치 주력	은둔/회피

나 전체주민의 미래를 책임지는 상태가 아닌 지극히 개인 중심의 행태 위주로 상황이 전개되고 있다는 말이다. 〈표 1〉은 김정일이 권력세습 이후 지금까지 보여준 행태가 김정일과 사뭇 다름을 보여주고 있다.

권력강화 측면에서 김정은은 김정일로부터 물려받은 권력을 자신의 틀 안에 무리하게 끼워 맞추고 있다. 지금 북한의 최상층에서는 충성과 도전의 경계선이 없다고 할 수 있다. 조금 돋보이면 위협으로 간주하고 맘에 들지 않거나 말대꾸를 하면 곧바로 숙청하는 상황이 반복되고 있다. 이러한 상황에서는 모든 엘리트들이 눈치를 보며 잔뜩 움츠려들 것이다. 김정일 정권이 왕권을 물려받고 별 위협을 느끼지 못하며 편안하게 통치를 하였던 반면에 김정은은 불안한 폭군의 모습을 보이고 있다. 따라서 김정은의 인재등용은 가식적 충성세력의 확보일 가능성이 있다. 이는 북한의 미래가 불안정할 수 있다는 평가요소로 작용할 것이다.

국가정책에 있어서도 김정일은 김일성의 갑작스러운 사망과 기아, 핵위기 등을 수습하기 위하여 내치에 주력하였다. 적극적인 대남정책을 통하여 자원을 확보하려는 고도의 전략을 구사하기도 하였다. 이에 비해 김정은은 언뜻 보기에 공세적인 정책을 구현하는 것 같지만 북한의 위기를 제대로 파악하지 못하고 선심성 정책에 주력하였고 급기야 장성택과의 정책 공

조가 불가능한 상황을 만들었으며, 장성택 등 정책 참모그룹을 힘으로 제압하는 폭력정치의 길로 들어서고 있다. 아울러 핵정책과 대남정책에서도 북한의 핵능력과 군사력을 시위하는데 급급하다. 김정은은 김정일과 마찬가지로 군사분야에서의 공개활동 비중이 높기는 하지만 그 행태를 살펴보면 마치 자신이 선봉에 선 것처럼 행동하고 있다. 직접 잠수함과 함정, 탱크 등에 올라타 지휘하는 모습의 동기가 의심스럽다. 선군정치를 강화하려는 선전목적인지, 인민들에게 자신의 입지를 높이려는 건지가 알 수가 없다. 분명한 것은 우리의 입장에서 볼 때 김정은이 직접 나서서 군사력을 과시하는 것이 안보적 위기감과 불안감을 조장한다는 점이다. 북한을 강압적으로 통치하는 수장이 매일같이 선봉에 서서 선전활동에 열중하는 것이 어떤 전조일지 불안하게 한다. 지금 북한의 운명공동체는 불확실하고 불안정하고 불특정하다.

2. 우리는 왜 북한 정권의 위기를 거론해야 하는가?

북한의 위기 혹은 위기의 시발점을 대별하면 다음과 같은 12개로 표현할 수 있다. 각각의 현상은 독립적이지 않고 상호 연관성이 있으며 지속적이다.

- 김정은 폭압정치의 지속
- 노동당 체제의 기형화
- 통치이념의 변질
- 세습의 고착화 시도
- 핵무장의 위험성
- 경제파탄과 개혁 개방의 거부

• 군사력 증강과 대남도발의 반복성
• 북한주민의 대외 현실 인식과 변화
• 국제적 고립의 심화
• 중국의 수렁: 혈맹의 불확실한 미래
• 테러 본능의 국제화 가능성
• 자연재해의 무방비

과연 전 세계의 어느 나라가 이렇게 복잡하고 심각하면서도 다양한 형태의 문제를 안고 있는가? 북한이 유일할 것이다. 지금 북한은 현상만을 나열하고 평가하더라도 도저히 살아남을 수 없는 상태인데도 불구하고 잔악한 통제로 주민의 반발 가능성을 억제하고 핵무기에 의존하여 외부의 개입을 차단하기 위한 몸부림을 치고 있다.

김정은 정권의 위기의 현상은 또한 비정상적이다. 이러한 현상은 다음과 같은 징후가 동반되고 그 현상이 심화되어 김정은 정권의 몰락을 초래해야 하는데 아직까지도 대내외적으로 치명적인 위기는 일어나지 않고 있다.

• 핵심세력의 심각한 이탈과 반발: 쿠데타 혹은 권력 투쟁
• 주민의 총체적 정권지지 와해
• 국가통제력의 점진적 약화와 정치 공백
• 군사력의 후퇴와 전쟁 동력의 상실
• 대량 탈북과 국경 통제력 붕괴
• 경제 기능의 마비와 경제난으로 인한 내부 반발 심화
• 국제사회의 다양한 응징 시현
• 중국과 러시아의 개입 혹은 결별
• 상층부 및 사회전반의 부패 심화
• 자연재해로 인한 대량 외부 지원 요청
• 남북한의 갈등 심화와 분쟁 가능성

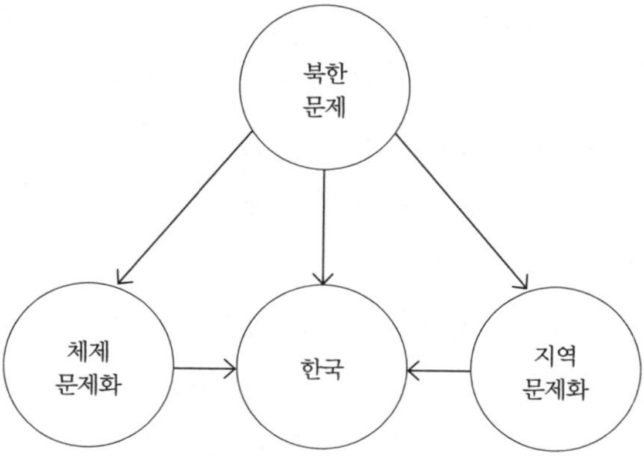

[그림 2] 북한문제의 대외적 확장성 및 상관성

북한의 위기는 앞에서 제시한 것처럼 결코 북한만의 문제가 아니다. 첫째, 일반적으로 북한이 중심이 되거나 북한으로 인하여 비롯된 북한문제인 핵, 기아, 인권, 국제범죄, 무기밀매, 테러집단과의 연계, 해킹 등은 하나같이 [그림 2]와 같이 국제문제, 지역문제로 인식된다. 그리고 궁극적으로는 우리에게 가장 좋지 않은 영향을 미친다. 앞으로 상황이 어떻게 전개될지는 모르나 남북한의 파멸과 공멸을 초래함은 물론 그 파급의 규모에 따라서는 지역, 나아가서는 체제적 공멸의 원인을 제공할 수 있다.

둘째, 북한의 위기는 장기적이고 진행형인 문제다. 북한의 문제는 북한정권의 자체적인 노력으로 개선된 바가 없다. 분단 이후 북한정권이 존속한 기간이 70여 년이며, 그 기간 내내 각각의 현상이 진행되어 왔다. 북한정권이 언젠가 붕괴한다는 가설 하에 현재 시점이 어느 정도인가를 예측하기는 어렵다. 그러나 북한이 정상적인 국가로 나아가지 않고 비정상적인 국가로 진행되는 것을 볼 때 그 정도가 심화될수록 붕괴의 시간은 가까워질 것이다. 또한 북한은 대내외적으로 복잡한 위기상황을 조성하고 있다. 이제는 북한 스스로 풀 수 없을 만큼 그 상황이 상호 연계되어 있고, 다양한 요소들

이 함축되어 있다. 특히 북한문제는 김정은 정권의 장기집권과 왕조체제 구축 목표 외에도 우리와는 심각한 생존경쟁의 관계에 놓여 있다. 무엇보다도 문제가 되는 것은 북한은 우리가 바라지 않는 패권경쟁의 빌미를 제공하기 위하여 혈안이 되어 있다는 점이다. 미국과 일본을 겨냥할 것처럼 핵무기 시위를 하고 미군과 우리를 공동의 적으로 끌어들이고자 애쓰고 있다. 우리의 주변국들은 한반도의 현상유지(status-quo)를 바란다. 강대국들은 국제사회에서 국익을 최대한 증대시키고 자국의 위험을 최소화하려는 특성을 보인다. 이는 현실주의와 자유주의 이론이 설정한 무질서와 상호공존의 상황에서 국가가 취할 수 있는 공통적 상황이다. 북한이 촉발하는 위기가 전쟁으로 발전할 경우 강대국들이 원하는 전쟁 장소는 한반도가 될 것이다.

셋째, 북한의 위기는 우리 민족의 미래에 암운을 드리우고 있다. 북한이 핵무기 개발을 가속화함에 따라 상호 간의 군사적 신뢰구축이나 군축 등의 노력이 어렵게 되었다. 북한지역에 존재하는 문제적 상황(기아, 인권, 국제범죄)과 문제적 물체(핵, WMD, 각종 무장), 그리고 문제적 인물(김정은을 비롯한 핵심집단)에 대해서 우리가 독자적으로 방향을 설정하고 그 처리를 주도하기가 어렵다. 만약에 북한에 급변사태(김정은의 사망으로 인한 권력 공백 혹은 쿠데타, 통제 불능 사태 등)가 발생할 경우 주변국과 국제사회가 우리에게 해결의 주도권을 부여할 것인지, 순조롭게 통일을 지원할 것인지 등 여러 가지 조건상황을 설정해보면 그 어떤 것도 만만치 않음을 알 수 있다. 우리의 역할을 인정받으려면 앞으로 관련국들의 공식적인 약속을 받아야 하고 그에 걸맞는 국력을 갖추는 것이 시급하다.

마지막으로 북한에 대한 우리의 영향력과 개입 능력을 고려할 때 북한의 위기가 우리의 안보와 총제적 운명의 블랙홀이 될 우려도 없지 않다. 북한의 김정은 정권은 벼랑끝 전술을 전유물처럼 활용하는 집단으로서 자신들의 위기 상황을 한반도 전체에 확산시키는 등 정권 몰락의 상황을 극도

로 악용할 가능성이 있다. 이는 북한위기의 본질적 특성이며, 위기상황의 해결이 쉽지 않음을 뜻한다.

3. 북한위기의 대남위협적 속성

북한의 위기는 왜 우리에게 동시에 위협이 되는가? 첫째, 북한의 위기는 그 발생과 진행, 결말의 과정에서 다양한 형태의 위협을 초래한다. 그 위협의 가장 중심에 있는 상대가 우리다. 이는 북한위기의 다음과 같은 대남위협적 속성에 기인한다.

- 분단 상황에서의 적대적 생존 추구
- 유일지배 독재정권의 명분 축적 대상
- 우리의 안보와 통일의 장애 요인
- 한반도의 안보복합체적 영향력
- 북한위기의 경계 파괴력
- 북한의 모험적 태도와 초법적 사고

북한의 위기의 근본은 북한정권의 탄생이며, 그 생존과정에서 보여준 적대적 몸부림에서 기인한다. 즉 남북한은 반비례적 운명을 공유하고 있다. 분단 직후 일제의 공업시설을 소유하고 6·25전쟁 시에는 소련과 중국의 지원에 힘입어 북한이 거의 민주주의체제를 붕괴시킬 상황까지 우리를 몰아 붙였다. 북한은 전쟁만이 남한을 적화시킬 수 있다는 망상에 사로잡힌 집단이다. 1960년대 초부터 4대 군사노선의 추구로 국방과 경제 병진노선을 부르짖고 국력을 소모하는 것으로부터 2013년도에 핵무력과 경제 병진노선을 내걸고 체제의 명운을 거는 행위의 가장 큰 원인은 대한민국의 존재

다. 이러한 측면에서 보면 북한의 위기상황의 본질은 대한민국에 대한 위협이라고 할 수 있다.

둘째, 북한정권은 독재정치와 핵 건설의 궁극적 목표를 대남적화의 달성에 둠으로써 주민의 불만과 저항의지를 우리 쪽으로 돌리려고 애쓰고 있다. 그러나 실제로는 독재체제의 견고한 구축과 세습체제를 존속시키려는 내부적 목적과 동시에 이를 억제하려는 세력을 견제하기 위하여 명분을 축적하는 것에 다름없다.

셋째, 북한의 위기는 한반도에서 발생 가능한 분쟁이나 전쟁, 혹은 통일의 상황에서 대부분 우리의 목적 달성을 실행하는 과정에 장애가 되는 위협으로 작용할 것이다. 특히, 한반도에는 남북한을 비롯하여 주변 4국 등의 이해가 중첩되어 있으며, 북한문제의 단기적 해결이 쉽지 않기 때문에 장기화될 소지가 있다. 이는 우리의 미래를 매우 불안정하고 불확실하게 만들 요인이다.

넷째, Barry Buzan의 지역안보복합체 이론(Regional Security Complex Theory)은 지역단위의 국가들 간의 안보 상황은 단순히 정치, 안보, 군사, 외교뿐만 아니라 장기간에 걸친 사회, 문화, 역사, 경제 등의 상호 작용 혹은 관계 등에 의해 결정된다는 내용을 함축하고 있다. 즉, 한 국가의 위기가 어느 상황을 만들지 알 수 없다는 뜻과 다름없다. 동북아안보복합체는 매우 다양한 요인이 작용하고 있어서 쉬운 문제도 풀기 어려운데 그 틀 안에 존재하는 북한문제는 매우 복잡한 역사와 이해가 중첩되어 더욱 난해하며, 이를 헤쳐 나가야 할 우리에게 큰 부담이 될 것이 분명하다.

다섯째, 북한의 위기는 파급을 미치는 경계가 분명치 않기 때문에 그것이 순환적이든 비순환적이든 우리는 그 해로움에서 자유로울 수가 없다. 북한은 통미봉남 전략을 구사하는 것처럼 실질적 상대인 우리를 애써 외면하거나 배제함으로써 외부에서 더 큰 실리를 얻으려고 한다. 이러한 북한의

습성은 북한의 문제, 나아가 한반도 문제를 더욱 지역적으로 확산시킴으로써 늘 주변국 혹은 국제사회의 개입을 초래한다.

마지막으로 북한은 국제사회의 규범적 태도를 가진 집단이 아니다. 이미 문제아로 낙인찍힌 북한이지만 핵무기를 개발하고 강력한 군사력까지 보유하고 있어서 상대하는 것이 쉽지 않다. 특히 우리와 극심한 갈등을 초래하고 있는 북한의 모험적 태도와 초법적 사고는 상시적 위협이 아닐 수 없다.

4. 국제 환경의 빠른 변화 속에서의 북한문제와 남북한 관계

작금의 국제 관계 혹은 사회는 그 어느 때보다도 변화가 심하며 살아남기 위해서는 고도의 집중력이 필요한 시기다. 이러한 시기에 남북한이 극도의 대결 국면에 놓여 있다는 것은 매우 불행한 일이다. 그동안 우리는 정치적 성숙을 도모하고, 경제적 부흥을 통하여 국가적 이미지를 개선해왔다. 그러나 여전히 분단국으로서 핵위협의 존재, 군사력의 충돌 가능성 등 부정적 이미지가 존재하여 간접적인 국가적 손실이 항시 존재하는 상황이다. 다음은 체제 차원과 지역 차원에서의 현상을 축약한 내용이다.

1) 체제 차원의 현상

- 무한경쟁의 시대: 국가의 서열화, 경제적 능력이 국민의 국제적 수준 결정
- 국제사회에서의 국가의 역할 증대
- 한 국가의 문제가 다른 인접국가에 영향 초래
- 국제사회에서 인권, 빈곤, 범죄 등 다양한 문제 표출
- ISIS 등 非국가 조직의 영향력 증대: 테러의 국제화
- 한반도 문제가 국제사회의 중심으로 부각
- 현실주의와 자유주의의 시각 여전히 양립: 국제사회에 대한 평가와 지향성의

충돌

- 국민의 국제적 수준과 인식(global culture) 중요: 국제사회의 계층화
- 지구온난화, 환경오염, 재해 등의 확산: 지구촌의 문제 심각

2) 지역(동북아) 차원의 현상

- 주변국 간 패권 경쟁 지속: 미국에 도전하는 중국과 러시아, 일본의 잠재력
- 가장 역동적인 지역: 경제 및 군사 대국의 존재
- 협력과 갈등의 공존 지역: 남(한미일)·북(북중러)방 삼각지역의 대립
- 남북한과 등거리 관계 유지: 한반도 문제 개입의지, 상이한 접근방법
- 과거사와 민족감정의 고리 존재
- 완충지대(buffer zone) 존재: 한반도의 상태
- 중국과 러시아의 변화 가능성
- 한국의 도약을 위한 과도기: 갈등의 해결 또는 심화
- 북한의 붕괴 가능성과 핵도발 가능성: 핵 도미노의 진원지

위에서 언급한 특징을 종합해보면 체제 차원에서 변화의 속도가 매우 빠르며, 경쟁의 범위와 정도 또한 간단치 않다는 것이다. 이미 남북한은 외형적으로는 경쟁이 필요 없는 상태라고 할 수 있다. 남한은 전쟁의 폐해를 딛고 개발도상국을 거쳐 경제강국으로 거듭난 반면, 북한은 군사국가로서 기아와 인권 문제가 심각하며, 공포정치를 펼치는 김정은의 이미지가 각인되어 있다. 또한 우리는 전 영역에서 국제적 평균수준을 넘어 일부 분야에서는 국제사회를 선도하는 국가인데 반하여 북한은 핵·인권·국제범죄·무기밀매 등 국제적 문제를 유발하는 문제국가로 평가될 뿐이다.

5. 왜 김정은 정권의 위기이며, 위협인가?

김정은은 젊다. 70대까지만 살아도 50년 가까이 산다. 김정은은 연이은 핵실험, 탄도미사일 및 SLBM 실험, 군사적 도발을 빈번하게 벌이는 매우 위험한 인물이다. 앞으로 북한에서 쿠데타, 암살, 병사 등의 사태가 벌어지지 않는 한 한반도의 미래는 광적이고 모험적이며 핵무기에 극도로 집착하는 한 인물로 인하여 암울할 것이다. 김정은은 김일성 및 김정일과 무엇이 다른가? 필자는 리더십의 안정성, 핵무기 개발의지, 군사적 모험주의, 권력엘리트의 역할과 비중, 주민의 충성도, 남북관계의 중요성 인식, 대외관계 관리능력 등의 관점에 대해서 〈표 2〉와 같이 주관적이고 자의적인 평가를 하였다.

〈표 2〉 북한의 시대별 주요 요소 비교

구분	김일성 시대	김정일 시대	김정은 시대
리더십의 안정성	8	8	5
핵무기 개발의지	9	9	10
군사적 모험주의	8	8	8
권력엘리트 역할/비중	9	8	6
주민의 충성도	8	7	5
남북관계의 중요성 인식	7	8	5
대외관계 관리 능력	8	7	5

*9-10: 매우 높음, 7-8: 높음, 5-6: 보통, 3-4: 낮음, 1-2: 매우 낮음

여기에서 자의적이고 주관적이라는 평가는 객관적이고 논리적인 것이 완전히 배제된 의미는 아니다. 단지 북한을 보는 시각 차이에 따라 북한의 현 상황을 평가하는데 차이가 발생할 수 있다는 것을 전제한 것이다. 첫째,

김정은의 리더십은 상식적인 수준에서 볼 때 연령과 경험, 후계자 수업, 현재까지 표출된 주변인의 관리 등 여러 가지 측면에서 김일성과 김정일보다 뒤떨어진다. 김일성은 분단이 시작된 초기에 권력투쟁의 과정을 통하여, 김정일은 남북분단이 고착화되어가는 과정에서 유일지배체제의 구축과 세습을 통하여 리더십을 확고히 다졌다. 그러나 김정은은 김정일이 물려준 권력기반을 손쉽게 이어 받아 과감하게 권력기반을 다지는 과정을 겪고 있다. 이러한 재편 과정에서 김정일의 핵심측근들이 일부 제거되었으며, 모험적인 핵개발 정책을 추진하고 폭압정치를 강행함으로써 인위적인 리더십이 구축되었다고 볼 수 있다.

둘째, 김정은의 핵무기 개발의지는 김일성과 김정일의 유훈을 지속시킨다는 의미에서 그 의지 면에서는 유사하다고 할 수 있으나 개발속도에서 차이가 크다. 김일성이 핵물질의 확보 및 핵의 인프라 구축에 주력하였고, 김정은은 국제적 압박 속에서 핵무기의 3대 축인 핵물질, 기폭장치, 이동수단 등의 기초를 다졌는데, 김정은은 우라늄 농축 프로그램의 가동은 물론 핵무기의 소형화·경량화·다종화를 달성하고자 함을 공공연히 시사하고 있다. 김정은의 이러한 의지가 국제적 제재와 남북관계의 경색국면에서 어떻게 전개될 것인가도 불확실한 상태다.

셋째, 군사적 모험주의는 북한의 전형적인 행태로서 처음 이후 지금까지 변화가 없다. 북한은 남북관계의 명암과 상관이 없는 것처럼 도발을 일삼았다. 이러한 모습은 북한이 군사국가이면서도 군사력 외에는 우리에게 위협을 가할 자원이 부족하다는데서 기인한다. 단지 김일성 및 김정일 시대와 다른 점은 북한이 핵무기를 전력화하고 있다는 점이다. 그만큼 군사적 모험 시 강도가 강하고 위협적이라고 할 수 있다.

넷째, 권력엘리트의 역할 및 비중은 김정은 시대에 상당히 반감되었다고 판단된다. 장성택과 리영호 등을 비롯한 김정일 시대의 핵심인물들이 권

력의 장애물로 여겨져 제거된 만큼 새로운 인물의 부상은 허용되지 않을 것이다. 김일성의 빨치산 동료애, 김정일의 대를 이은 충성심과 측근에서의 보좌가 과연 김정은 시대에 가능할 것인가? 지금 김정은과 김여정 등 권력 주변은 오로지 김정은만을 위한 세계를 구축하려는 시도를 하고 있다. 정권을 유지하기 위한 다양한 전문적 역할과 분야별로 균형을 이루는 인물군은 아닐 것이다.

다섯째, 주민의 충성도 저하는 김정은 정권의 가장 심각한 위기로서 북한정권의 미래와 직결된 부분이다. 김정은의 가장 큰 약점은 나이에 있다. 봉건적 잔재가 남아 있는 북한의 인민들에게 경험은 적고 김일성 흉내를 내며 온갖 포악한 행동을 다하는 김정은이 맘에 들 리가 없다. 김일성은 북한주민들의 먹고 사는 문제에 그나마 관심을 가졌고, 김정일은 북한주민의 민심을 고려하거나 대외적 이미지를 의식하여 행동 자체는 신중하였다. 김정은의 부족한 권력 승계 수업, 정적에 대한 잔인한 숙청, 측근들과 어우러져 보여지는 제왕적 분위기, 비만한 몸짓은 북한주민들에게 거부감을 줄 수 있으며, 극심한 경제난에도 불구하고 많은 비용이 필요한 핵 및 미사일 실험 등에 집착하는 모습도 주민의 충성심을 반감시키는 요인이 될 것이다.

마지막으로 김정은의 외부에 대한 시각이나 관리 능력은 김일성과 김정일에 비해서 문제점이 많다. 김정은 정권은 현재까지 뚜렷한 남북관계나 대외관계에 대한 입장이 없다. 단지 모든 것을 핵을 통하여 해결하려는 입장을 견지하고 있으며, 외부의 평가에 대해서도 오로지 '김정은의 위상'을 뜻하는 '최고존엄'의 기준에서 접근하는 성향을 보이고 있다. 이러한 독선적이고 직선적인 대남접근 방법과 외교력으로는 김정은 정권의 위기를 해결하는데 있어서 한계가 있을 것이다.

종합하면, 김정은 정권의 위기는 보다 치명적이고, 포괄적이며, 한반도는 물론 동북아의 제반 갈등 요인을 분쟁으로 촉발할 수 있는 양상을 보이

고 있다는 점이다. 비록 김정은 정권의 위기가 당장의 몰락 혹은 분쟁을 촉발하는 것은 아니지만 김정은 자신이 갈 길을 모르고 내달리는 불안감을 보여주기에는 충분한 상황이라고 할 수 있다.

6. 북한과 한반도의 미래: 바라지 않는 미래의 예방 및 대비 필요

미래학자들은 미래는 현재와 관련되어 있으며, 변화가 가능한 현재의 이미지라고 정의한다. 이러한 전제는 미래가 단수가 아닌 복수형임을 의미한다. 이 중에는 우리가 바라는 혹은 필연적일 것 같은 바람직한 미래(desirable future)도 포함될 수 있는데, 미래학자들은 때로는 이러한 미래가 사실은 전혀 가능성조차 없는 미래이거나 바람직하지 않은 미래일 수 있다고 경고한다.[1] 다시 말해서 바라지 않는 미래도 가능하다는 뜻이다.

필자는 '남북한이 각각 바라는 미래'를 고려하여 [그림 3]과 같이 2개의 도로를 구분하였으며, 사례로서 핵무기에 대한 상황의 인식 차이를 비교하였다. A도로는 북한의 인식으로, 핵무기는 북한의 체제 유지 및 핵보유 목적을 달성하는 데 유용하며, 동시에 다른 문제의 걸림돌이 되지 않는다는 인식인데 반하여 우리는 B도로와 같이 북핵무기의 해결 없이는 비핵화의 달성과 한반도의 안보를 보증할 수 없다는 입장으로서 그 인식의 차이가 극명하다. 이는 단순히 핵무기에만 적용 가능한 것은 아니다. 김정은의 미래, 남북한의 미래, 핵의 미래 등 다양한 분야에서 미래가 존재할 것이다. 우리가 바라는 미래는 다음과 같은 바라지 않는 미래의 정반대의 현상이다.

---

1 박순창. 『미래학의 이해』(서울: 청목출판사, 2016), pp. 16-24.

바라지 않는 미래

- 김정은 체제의 지속 및 북한체제의 불안정성 증대
- 북 핵무기 제거 실패 및 핵위협 지속
- 주변국의 한반도 현상 유지 정책 고착화로 분단 문제 해결 난망
- 중국의 대북 혈맹 공고화와 역내 패권 전쟁 본격화
- 우리의 정치적 응집력 및 국력 상승 동력 저하
- 평화적 통일 환경 조성 실패

바라지 않는 미래를 열거하면 실망이 크지 않을 수 없다. 어떻게 하면 바라지 않는 미래로 가는 길의 방향을 바꿀 수 있을까? 우리는 통상적으로 안보의 3축을 자체적 안보역량, 남북관계, 그리고 외교에 두고 있다. 즉, 국방의 내실화를 통한 대북 억제능력을 보유하면서, 동시에 안정적인 남북관계를 유지하며, 대외적으로 우리에게 유리한 안보환경을 조성하는 외교를 전개하는 것이라고 축약할 수 있다. 이러한 3축에서의 행위자는 남북한을 비롯하여 주변국, 넓게는 국제사회가 포함될 수 있다. 우리는 우리를 제외한 행위자들과 관계에서 영향력을 발휘하고 있는가?

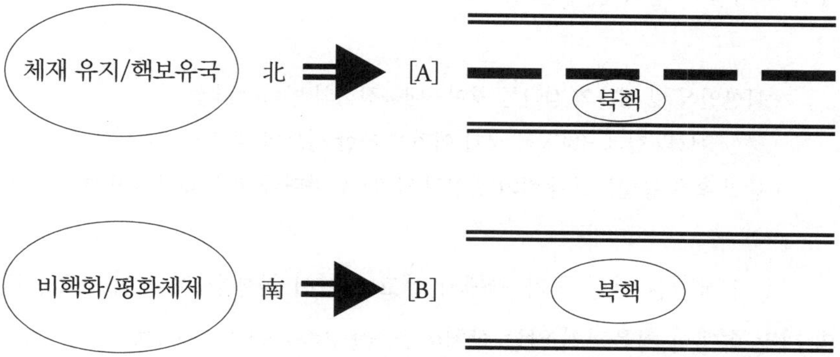

[그림 3] 남북한의 북 핵무기 인식 차이도

현재의 상태를 진단해보면 동북아와 한반도, 그리고 남북분단의 상황에서 우리는 안보상황을 관련하여 주도권을 행사하기에는 부족함이 많다. 보다 본질적인 문제(모두가 절감하는 문제)를 거론하자면 우리는 아직 대북 억제력이 충분하지 않으며, 북한을 다룰 지렛대가 약하고, 주변 4대 강국에 합류할 강국 혹은 대국이 아니라는 점이다. 따라서 북한이 두려워하는 상대가 되어야 하고 주변국이 무시할 수 없는 국가가 되기 위하여 국력을 축적하고 차분하게 내실을 다지는 것이 필요하다. 이제까지 정부들은 가시적으로 뭔가를 보여주기 위하여 국력을 다지기 보다는 재원을 소모하는 일에 몰두함으로써 국고를 축내곤 하였다. 앞으로는 국력도 아끼고 저축하는 것처럼 소중히 다뤄야 할 것이다. 그것이 국민의 신뢰를 얻는 길이고 불확실한 미래에 대비하는 길이다.

7. 다루기 어려운 주제들

북한연구 혹은 분석에 있어서 언제나 큰 벽처럼 느껴지고 고민되는 주제들이 다음과 같이 존재한다.

- 북한인식 및 접근의 심각한 차이－대북정책의 빈번한 혼선
- 북한정보의 한계－치명적 국가 이익에 대한 정보의 필요성
- 통일 혹은 통일논의 동력의 점진적 약화－남북대화 및 교류의 중요성

'우리 국민은 분단 국가 안에서 살고 있어서 불행한 것이 아니고 분단의 과정 속에서 치유되지 않는 상처(6·25전쟁 전후의 좌우익 간의 보복과 살상, 지속되는 진영 대결 등)를 안고 살아가고 있어서 불행하다'라고 단정하는 것은 지나친 것인가? 우리는 일제의 식민지 치하에서 해방을 맞이하였지만 민족적 불행

인 6·25전쟁을 경험하였고, 그 이후 민주국가로 거듭나는 과정 속에서도 이념 논쟁으로 인한 유무형의 고초를 겪어 왔으며, 이러한 논쟁은 현재에도 멈추지 않고 있다. 더욱이 북한의 핵무기 개발은 대북인식 및 논쟁의 전면에 자리 잡으면서 핵불가론과 대북포용론 혹은 접근론의 중간지대를 봉쇄하고 있다. 앞으로는 북한이 우리의 적이지 뜻이나 생각이 다른 사람이 적이 아니라는 인식 하에 내부에서 먼저 소통하며 접점을 찾아가는 것이 필요하며, 이러한 과정을 거쳐야만 한반도의 미래를 이끌어갈 올바른 대북정책이 수립될 수 있을 것이다.

둘째, 우리에게 가장 중요한 정보는 김정은과 그 수뇌부, 그리고 북한의 핵무기를 비롯한 치명적인 무기에 대한 것들이다. 국가 수준의 정보기관에서 국가의 위기를 막아줄 만한 정보를 잘 수집하고 있는지 궁금하기만 하다. 만약에 그러한 정보에 접근하지 못하고 있다면 정보를 취급하는 기관들에게 국가가 지나치게 관대한 것이며, 하루빨리 정보수집의 우선순위를 높이고 이를 실행하기 위한 자원을 투입해야 할 것이다.

마지막으로 첫 번째 주제와 일맥상통하지만 국가주도의 통일교육은 열악한 토양 속에서 진행되고 있는 것이 현실이다. 교육의 대상들에게 비친 우리의 통일현실은 매우 부정적이다. 남북한이 대결하고 있고, 북한은 연일 위협적인 핵개발을 계속한다는 소식이다. 통일에 대한 우리 내부의 단합된 모습도 부재하다. 국가 차원의 통일 노력이 일선 현장까지 도달하기도 쉽지 않다. 통일 논의나 동력이 갈수록 약해지고 있다. 남북교류로 인하여 북한의 핵개발을 도왔다는 오해를 받지 않도록 투명성과 효율성을 높이고 남북 간의 접촉과 대화를 통해서 문제를 풀어 나가는 것이 바람직할 것이다.

제1부

북한 김정은 체제의 특징과 실체

제1장

북한정치의 주요 특성

북한의 1인 독재체제와 정치조직은 사실상 북한의 전체적인 특성의 절대적인 부분과 겹친다고 할 수 있다. 북한의 유일지배체제라는 절대 권력하의 독재체제에 대한 이해나 규명 없이는 경제, 사회, 문화 등에 대한 설명에서 오류 내지는 왜곡의 가능성이 존재한다. 북한은 오랜 기간 1인 독재체제 구축과 3대 세습의 과정을 거치면서 북한식 사회주의(김일성·김정일주의)를 완성하였다. 즉, 절대적·독재적·폐쇄적·형식적·통제적·빈곤적 특징이 북한이 주장하는 북한식 사회주의의 본 모습이다. 이를 세분화하면 다음과 같다.

구분	내용
유일지배체제	유일지배체제 10대 원칙의 실천
우상화와 세습의 규정화	김일성의 정권/당, 김정일이 승계
숙청과 처형의 일상화	분단 이후 정적 제거 및 숙청 다반사
1인의 결정과 정보 집중	교시가 최우선, 다양한 보고체계 구축
당규약이 헌법에 우선	당규약 중심의 운영체제
당주도의 중앙집권체제	사회주의체제와 북한식 체제 접목
회의체/집행조직 이중 구조	회의체는 명분 축적, 집행조직은 권력 행사
조직적 당적지도	중앙조직에서 말단을 당이 직접 통제
군의 정치적 역할 심화	인민군대 권력이 당·정치·행정조직에 망라 위치
형식적 기구/외곽조직 운영	회의체·선거제 유지 및 선전 조직으로 활용
대남적화통일 고수	당기본원칙, 미군철수 주장, 위장평화공세
출신성분 중시/연좌제	핵심·유동·적대의 성분 조사 상시 시행
勢 과시차원 당원 확충	분단 이후 당원 확충 지속, 인구의 16%

1. 유일지배체제적 통치시스템 완비

북한은 유일지배체제 원칙을 만들어 김일성·김정일·김정은 외에 그 누구의 권력도 인정하지 않는 정치체제를 가지고 있다. 즉, 김일성 왕조만이 권력을 소유하고 승계하는 유일지배체제가 작동의 중심부이며 가장 핵심적인 프로그램이다. 유일지배체제는 김정일이 후계자로 내정된 이후 주체사상을 김일성주의로 공식화하고 북한사회를 김일성주의로 포장하면서 구체화되었다. 김정일은 1974년 4월 '유일사상체계확립의 10대 원칙' 공

〈표 1-1〉 유일사상체계확립 10조

제10조. 위대한 수령 김일성동지가 개척하신 혁명위업을 대를 이어 끝까지 계승 완성해 나가야 한다. 당의 유일적 지도체제를 세우는 것은 수령의 혁명위업을 고수하고 계승 발전시키며 주체혁명 위업의 종국적 승리를 쟁취하기 위한 확고한 담보이다. ① 전당과 전 사회에 유일사상체계를 철저히 세우고 수령의 혁명 위업을 대를 이어 완성해 나가기 위하여 수령의 령도 밑에 당중앙의 유일적 지도체제를 세워야 한다. ② 위대한 수령 김일성동지가 항일혁명투쟁 시기에 쌓아올리신 영광스러운 혁명전통을 고수하고 빛나게 계승 발전시키며, 혁명전통을 헐뜯거나 말살하려는 반당적 행위에 대해서는 사소한 표현에 대해서도 반대하여 엄격히 투쟁하여야 한다. ③ 당중앙의 유일적 지도체제와 어긋나는 사소한 현상이나 요소에 대해서도 묵과하지 말고 비타협적으로 투쟁하여야 한다. ④ 자신뿐만 아니라 온 가족과 후대들도 위대한 수령을 우러러 모시고 수령에게 충성을 다하며 당중앙의 유일적 지도에 충성하도록 하여야 한다. ⑤ 당중앙의 권위를 백방으로 보장하며 당중앙을 목숨으로 사수하여야 한다.

표함으로써 수령절대주의체제 구축을 위한 제도적 기반을 확립하였다.[1] 유일사상체계 10대 원칙은 '신격화·절대화·신조화·무조건성'을 강조하는 것으로써 권력의 완전한 장악과 세습의 과정이기도 하다. 10대 원칙의 내용을 보면 1~9조까지는 김일성의 유일사상체계 확립을, 1조의 첫 번째 조항을 비롯하여 마지막 10조(〈표 1-1〉)에서 권력세습과 유일적지도체제를 강조함으로써 김정일의 당·군·정에서의 권력장악의 명분을 제공하였다.

북한의 유일지배체제는 소련공산당과 중국의 공산당과는 확연히 다른 북한식 체제라고 할 수 있다. 소련에서도 스탈린 사후 후르시초프가 탈스탈린화를 추진하여 집단지도체제로 전환하였으며, 중국에서도 시진핑 국가주석이 권력을 장악하고 있지만 중국의 상향식 인재 육성체제에 의해 집단지도체제가 형성되고 그 권력을 시진핑이 한시적(최대 10년)으로 대표한다는 측면에서 1인 독재체제가 아니다. 김일성 일가가 한반도 분단 이후 소련의 무력을 배경삼아 반대파를 숙청하고 1인 독재체제를 구축하는 과정을 본다면 김일성이 조선노동당을 모방 창시했다고도 할 수 있다. 그러나 노동당의 뿌리는 분명히 소련의 레닌과 스탈린으로 이어지는 공산당에 두고 있다고 하는 것이 맞다. 레닌은 프롤레타리아의 혁명론을 바탕으로 한 당의 사상과 전략 및 전술, 그리고 당의 독재와 주요 조직들의 역할을 정립하였다. 스탈린은 종파와의 양립을 배격하고 1당 독재를 합리화함으로써 많은 정적을 제거하면서 북한식 당체제의 근거를 제공하였다. 그러나 소련 당체제의 수령은 프롤레타리아의 혁명을 통하여 당이 만들어지고 당에서 유능한 수령이 나와 당을 영도하는 bottom-up 방식이다. 북한의 수령체제는 수령이 당을 만들고 당이 인민을 영도하는 top-down 방식이다. 북한식 사회주

1 김정일, '전당과 온 사회에 유일사상체계를 더욱 튼튼히 세우자'(중앙당, 국가, 경제기관, 근로단체, 인민무력, 사회안전, 과학, 교육, 문화예술, 출판보도 부문 일군들 앞에서 한 연설, 1974년 4월 14일),『김정일 주체혁명위업의 완성을 위하여 3』(평양: 조선로동당출판사, 1987) 참조.

의는 소련식 사회주의 태동 방식을 뒤집어 놓은 것으로서 김일성이 아무 것도 없는 상태에서 노동당을 만들었다는 의미다.

이러한 유일지배체제 하에 노동당 체제에서는 어떠한 2인자도 존재할 수 없다. 북한에서는 김정은 외에는 권력과 돈, 심지어 외부의 좋은 평가와 이미지까지도 소유할 수 없다. 소위 김정은의 측근으로 분류되는 권력엘리트들도 김정은의 권력과 돈과 이미지에 나쁜 영향을 주는 순간 몰락하게 된다. 김정은 체제 출범 이후 리영호, 장성택, 현영철 등 상당한 엘리트들이 숙청되었다. 공교롭게도 우리의 언론에서 '김정은 정권의 실세'라고 부각시키는 인물들은 대부분 사라졌다.

2. 우상화와 세습의 명문화·규정화

북한의 주요 문건에서 '김일성과 김정일, 유일체계, 그리고 주체'는 핵심단어다. 〈표 1-2〉를 보면 노동당이 김일성의 당이라고 규정한다. 김일성이 노동당의 창건자이며 영도자라고 한다. 김정일은 김일성의 업적을 계승하고 마치 유일사상체계가 가장 중요한 업적인 것처럼 이를 확립한 것을 강조하고 있다. 또한 북한은 당의 기본원칙으로서 유일체계와 권력세습을 보장한다고 한다. 우상화란 대상을 신격화하고 과장하여 위대하거나 절대적인 것으로 믿게 하는 것인데 북한은 이를 일상 속에서 반복적으로 세뇌시켜 의심하지 못하도록 하고 있다. 그러나 북한주민들도 수많은 외부 정보에 노출되면서 우상화의 그늘에서 벗어나고 있다. 김정은이 할아버지인 김일성을 닮은 외모를 하고 고아를 어루만지는 모습을 보이며 북한주민에 다가가려고 해도 한계가 있다. 먹는 것을 비롯하여 일상용품이 부족하며, 전기공급이 끊겨 엘리베이터가 작동하지 않아 고층아파트에 사는 것이 힘들어진 현실이 그것이다.

〈표 1-2〉 노동당 규약 전문 주요 내용

구분	주요 내용
정체성	수령인 김일성과 김정일의 당
김일성 부각	당의 창건자, 영도자, 수령, 주체사상 창시 당조직 및 혁명전통 마련, 인민대중의 지지 확보
김정일 부각	김일성의 업적 계승, 유일사상체계 확립 선군혁명 및 조직 강화
당위상/업적	김일성과 김정일이 북한발전 영도
당정체성	유일체계 숭배와 노동계급과 대중의 핵심전위부대 주체형의 혁명적 당
지도사상	주체사상을 근거로 혁명적 영도
역할	대중성, 이익 대표, 영도적 정치조직·혁명참모부 김일성의 혁명 위업 위한 투쟁
당면/최종 목적	당면: 강성대국 건설과 한반도 적화 최종: 주체사상화의 달성, 인민의 절대 충성 확보
기본원칙	유일체계와 권력세습 보장 주체사상·계급노선과 군중노선의 유지 실천 인민생활 독려, 정치사업 및 사상 강화 항일유격대식·주체·노동계급원칙 선군정치를 기본 정치방식으로 확립·영도 사상·기술·문화의 3대 혁명 강화 통일전선과 미군 철수노선, 대남전략 강화 자주·평화통일·민족대단결의 통일론 고수 자주·평화·친선의 대외정책 고수

3. 숙청과 처형의 공포

김정은 정권은 김일성으로부터 시작된 숙청과 처형을 가장 중요한 권력 구축의 수단으로 삼고 있다. 〈표 1-3〉에서와 같이 북한의 역사는 피의 역사이며, 숙청의 역사다. 그 역사는 지금도 반복되고 있다. 김정은도 김일성 부자가 주장한 '권력은 총구에서 나온다'는 말을 맹신하는 모습을 그대

〈표 1-3〉 북한의 1人 독재체제 구축과정의 비판/숙청 내용

구분(시기)	주요 내용
함남파 (제2차 전당대회)	북조선분국 결성당시의 종파주의 비판
연안계 무정/ 남로당계 (1950. 12)	팽덕회와 절친한 무정 견제, 전쟁 책임 박헌영 간접 경계
소련계 허가이 (1951. 11)	김일성의 당원 책벌 완화조치 비판
남로당계 (1952. 12-1955. 12)	전쟁 책임과 종파주의, 박헌영 사형 선고
8월 종파사건/연안계 등 (1956. 7-1956. 8)	최창익·윤공흠·오기섭 등 반김일성 연합 결성
반종파투쟁 (1957. 5-1958)	김두봉·류축운·김을규와 총정치국 숙청 단행 사상투쟁과 경제건설사업 연계
갑산파 숙청 (1967. 5)	박금철·이효순 유일사상체계 비판죄 적용 김정일이 숙청 주도 및 권력 핵심으로 부상
군대내 반당분자 숙청 (1968. 9-1969. 1)	김창봉·허봉학 등 군대내 반당·혁명분자 숙청 군대를 당에서 완전 장악 계기
김일성 측근 숙청 (1970년대 초)	김동규, 류장식 등 김일성 측근 10여 명 제거 김평일과 추종자, 김영주 숙청
소련 유학파 장교 숙청 (1992. 10)	체제비판 혐의, 군권 강화
6군단 반란 모의 숙청 (1995. 4)	수백 명 인민군 처형
간첩단 조작 숙청 (1997-9/2000. 3)	심화조가 주도 고위급 2만여 명 처형
대남라인 숙청 (2001/2007년)	외자유치 부빈 및 부패 혐의 대남 및 해외 무역, 대남라인 비리 혐의
리영호 해임/숙청 (2012. 7)	군부장악 및 권력 강화
박남기 등 숙청 (2010)	화폐개혁 실패 등 혐의로 00 여명 처형 김정은 주도하 주상성·류경 등 처형
장성택 처형 (2013)	장성택과 측근 장수길, 리용하 등 처형
현영철 등 (2015. 4)	반당종파분자로 몰아 숙청, 김정은 세력 강화 변인선, 한광상, 마원춘 숙청

로 보여주고 있다. 북한에서 숙청의 가장 큰 이유이자 목적은 체제비판과 반대이며, 이들 세력의 제거다.

분단 초기 김일성은 소련의 무력을 앞세워 북로당의 전면에 나서기는 했지만 다른 세력들과 결코 섞일 수 없는 1인 독재적 특징을 가지고 있다. 스탈린의 독재를 체험한 김일성의 최종 목적도 1인 독재체제다. 김일성은 무지하고 맹목적이며 충성심으로 뭉친 빨치산 세력을 앞세워 반대세력을 제거했다. 김일성은 외세를 등에 업은 소련파와 연안파, 지역주의로 뭉친 갑산파 및 함남파 등을 제거하고, 자파 세력 중에서도 1인 독재에 반대하는 세력을 숙청하였다. 김정일도 김일성의 유일체계를 확립한다는 명분하에 반대세력과 잠재적인 반대세력을 모두 제거하였다.

이외에도 정권이 위기에 처할 때 이를 탈피하기 위하여 희생양을 찾아 숙청한 사례도 많다. 남북관계 경색의 책임을 물어 대남라인을 숙청하거나 화폐개혁 실패를 문제 삼아 박남기 등을 처형하였다. 김정은은 숙청이나 처형을 세력 구축의 방편은 물론 공포정치의 도구로도 삼고 있다. 북한에서 공개처형이 일상화되고 있지만 숙청대상을 기관총으로 총살함으로써 참관한 고위간부나 주민이 공포심을 갖도록 하는 것이 일상화되고 있다.

4. 정보의 1인 집중과 결정 독점

북한에서는 김정은이 유일한 최종 정책결정자이며 모든 정보가 1인에 집중되고 있다. 유일지배체제는 절대 권력=절대 결정권으로 해석할 수 있다. 북한에서 김정은의 의사에 반하거나, 관례화되지 않거나, 사전 교감되지 않는 건의를 할 경우 중대한 처벌을 받기 때문에 건의보다는 주로 김정은의 교시나 당의 방침이 일방적으로 하달된다. 이러한 정책결정 시스템은

당체제하에서 확실하게 실행되고 있다. 당은 김정은의 의사나 정책을 실행하는 집행부서로서 정책계획에서부터 집행까지 모두 통제한다. 또한 인사권까지 장악함으로써 의사결정의 모든 매개체를 사실상 통제하는 셈이다. 북한에서 '조직'이라는 단어는 정치적 행위의 가장 강력한 의미다. 이 단어는 김정은의 교시를 실행하기 위한 조직을 만들고 강력하게 집행하며 점검하는 일체의 행위를 포괄한다. 동시에 주체 또는 혁명이라는 내적인 뜻도 가미되어 있다. 바꿔 말하면 북한의 모든 결정과 정보는 1인에게 집중되고 1인을 위하여 존재되어야 함을 말한다.

김정은의 정책결정 방식은 아직 공식적으로 확인되지 않고 있다. 김정일은 정책결정 시 수직적·단순 업무처리 방식을 선호하였으며, 당에 산재한 회의시스템보다는 측근들의 보고에 의존하는 경우가 많았다. 또한 북한 체제상 비밀을 선호하여 공개하는 경우도 드물었다. 김정은도 김정일과 크게 다르지는 않겠지만 국무위원회보다는 당군사위원회를 강화하여 활용하는 성향으로 보아 공식적인 정책결정과 김정일의 비밀주의를 병합하여 정책결정을 할 것이다. 보고에서도 각급 당조직에서 매일 진행하는 일보체계와 비정기적인 보고체계를 갖추고 있다. 공포정치하에서 책임지지 않으려는 풍토와 함께 통제장치가 정상적으로 작동하면 중요한 정보가 빠짐없이 당계통을 통하거나 핵심측근에 의해서 보고될 것이 분명하다.

5. 헌법에 우선하는 당규약

노동당의 당규약은 북한의 사회주의헌법에 우선한다. 북한의 헌법은 총 9회에 걸쳐 수정되었다. 1998년 9월 5일 최고인민회의 제10기 제1차 회의에서 수정되었다가 당규약의 내용과 연계된 내용을 중심으로 최종본

은 2012년 4월 13에 수정·보충되었다. 당규약은 2010년 9월 28일 제3차 당대표자회에서 개정되었는데, 1980년 10월 13일에 개정된 이후 30년 만이다. 최종 수정헌법은 당규약에서 언급한 김일성과 김정일의 찬양 내용을 반영하였는데, 2012년의 주요 개정내용은 김정일을 찬양하고, 핵보유국을 명시하고, 김일성·김정일의 유훈통치를 강조하고 있다. 아울러 헌법에 조문을 추가하여 김정일을 '영원한 국방위원회 위원장'으로 추대하고 김정은의 지위를 제1위원장(현재는 국무위원장)으로 정리하는 등 유일지배체제와 세습의 정당성을 확보하고 있다.

위와 같은 전형적인 법령체계의 정비는 사회주의 헌법이 당규약에 종속되어 있음을 보여준다. 우리와 일반 자유주의 국가의 법령체계는 헌법 → 법률 → 대통령령의 순인데 비해 북한에서는 노동당 규약이 최상위 법규로서의 지위를 가지고 있다. 법령체계는 김정은의 교시 → 노동당 규약 → 당강령 및 지침 → 헌법 → 내각의 정령 및 지침 등의 순이다. 참고로 노동당 규약은 전문, 10장 60조로 구성되어 있으며, 헌법은 서문, 7장 166조로 되어 있다.

이같은 현상은 법제정 기관인 최고인민회의가 이미 당이 정한 법을 의사결정만 하는 형식적인 기관에 불과한데다, 북한에선 법의 집행보다는 당의 정책 집행이 우선하기 때문이다. 또한 북한의 법은 김정은을 반대하는 세력과 사회·경제·언론·문화 등 각 분야를 통제·감시하는데 집중되어 있으며 인민을 독재의 도구로 활용하는데 목적이 있어서 법의 본래 가치인 자유·권리·평등·행복추구 등과는 거리가 멀기 때문이다.

6. 당주도의 중앙집권체제

북한은 당주도의 중앙집권체제를 조직원칙으로 정하고 있다. 이 같은 사항은 노동당 규약 제2장에 명시되어 있는데, 형식적인 민주주의 중앙집권제 원칙을 내세운다. 즉, 민주주의 절차에 의하여 지도기관을 선거하고 그 지도기관은 모든 사업에 대해 정기보고 의무를 부여한다. 이러한 중앙집권제는 축약하면 '당원은 당조직에 복종하며, 소수는 다수에 복종하며, 하급 당조직은 상급 당조직에 복종하며 모든 당조직은 당중앙위원회에 절대 복종한다'라는 내용이다. 북한의 중앙당 중심의 당체제에서는 반론과 이의 제기가 없이 무조건 복종해야 하는데 이것이 독재체제의 기본적인 틀임을 말해준다. 조직구조 또한 중앙집권의 기능을 달성하기 위하여 수직적인 구조로 체계화되어 있다. 노동당이 철저한 중앙집권체를 형성하고 있다는 것은 [그림 1-1]이 잘 보여주고 있다. 중앙조직에서 시작하여 말단 당세포에

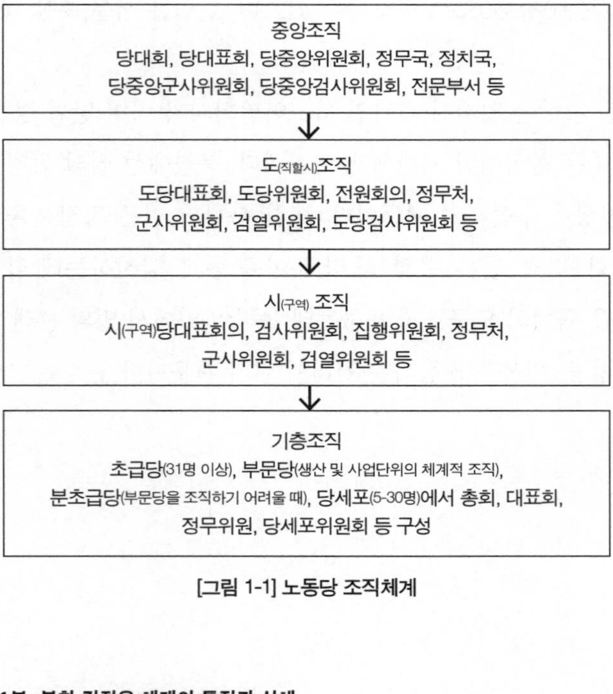

[그림 1-1] 노동당 조직체계

이르기까지 철저한 통제를 위하여 모든 당원을 당조직체계에 연결시키고 있다. 20명 이상의 당세포 조직에도 비서를 임명하는 것은 북한노동당의 강점이라고 할 수 있는데, 어떠한 상황에서도 당세포가 조직되어 중앙의 지시를 수행한다. 그러나 중앙집권적 수직구조의 문제는 다수의 중앙당집행기구의 지시를 하급 당조직에서 완수해야 하는데 모든 지시를 충족하는 자원이 절대 부족한 데 있다. 이로 인하여 말단 세포를 형성하는 주민의 삶이 고달파진다. 동시에 당원으로서의 특권이 약화되는 상황에서 주민에 대한 통제나 감시가 허술해질 수 있는데, 북한의 경제난 심화가 당조직의 약화에 영향을 미치는 요인이기도 하다.

7. 회의체와 집행조직 병행 운영

북한은 모든 단위에 회의체와 집행조직을 운영하는 이중구조의 정치체제를 가지고 있다. 북한의 회의체는 '회 또는 위원회' 등의 표기를 쓰는데, 북한이 강조하는 민주주의가 비록 형식적이고, 권력의 도구에 지나지 않지만 절대적 대표성을 인위적으로 부여하기 위해서 필수적인 조직이다. 북한의 정치체제에서 회의체도 조직기구에 포함된 하나의 기관으로 명시하고 있다. 회의체의 주요 기능은 헌법과 규약을 채택하거나 수정보완하고, 대표를 선출하는 것인데, 김정은을 절대 권력자로 추대하는 형식절차를 대행하기도 하였다. 이를테면 북한인민이 추대하는 절차를 거침으로서 권력을 정당화하고 저항하거나 반대하는 명분을 차단하는 것이다.

그 대표적 기관이 당대회와 당대표자회이며, 〈표 1-4〉가 그것을 보여준다. 당대회는 지금까지 총 7회를 개최하여 노동당의 창립과 주체사상의 공식화, 정무국 출범, 군사위원회 강화, 김정일의 권력 장악 등을 결정하였

〈표 1-4〉 조선노동당 당대회 개최 및 주요 내용

구분(시기)	주요 내용
제1차(1946. 8)	-노동당 창립 공식화 -노동신문과 근로자 발행 결정
제2차(1948. 3)	-자주통일노선 채택, 당중앙위 선출
제3차(1956. 4)	-마르크스-레닌주의를 당지도이념으로 채택 -4년에 1회 개최 명시, 당중앙위 개최시기 조정 -당중앙위 정치위원회 역할 강화 사회단체, 협동단체 등의 외곽단체 명문화
제4차(1961. 9)	-빨치산 세력 강화 -민주청년동맹 당규약에 명시
제5차(1970. 11)	-김일성 주체사상 추가 총비서체제하의 비서국 정식 출범 당중앙군사위원회 확대 강화
제6차(1980. 10)	-주체사상을 유일 지도이념으로 선언, 당규약 개정 -정치위원회→정치국으로 변경, 정치국상무위원회 신설 -당대회 개최 시기 5년에 1회 규정, -김정일 정치국 상무위원 선출
제7차(2016. 5)	김정은을 당위원장으로 추대, 정무국 신설 -김정은의 유일지배체제 선포, 핵보유국 언급 국가경제발전 5개년 전략(2016-2020년) 채택

다. 특히 제7차 당대회에서는 김정은을 조선노동당 위원장으로 추대하고, 주요 권력엘리트를 부위원장으로 임명하고 김정일 시대의 '비서국'을 '정무국'으로 대체하였다. 최근에는 당대표자회를 주로 활용하고 있는바, 1958년 3월(1차), 1966년 10월(2차), 2010년 9월(3차), 2012년 4월(4차) 등 총 4회가 개최되었다. 3차 당대회에서 당규약이 개정되고, 4차에는 헌법의 수정과 아울러 김정은을 노동당 제1비서, 국방위원회 제1위원장으로 추대(2014년 4월 9일 재추대)한 바 있다. 이 밖에도 주요 회의체에서는 각급 수준의 당노선의 추진계획을 수립하거나 사업을 의결하는 역할도 담당한다. 또

[그림 1-2] 장성택 처형 전 체포 사진

한 반대세력의 숙청이나 비판 시에도 회의체는 처형의 명분을 제공함으로써 인민의 공분을 유발하거나 대외적 선전목적으로 활용된다. 일례로 장성택 숙청을 노동당 정치국회의에서 결정하였는데, 권력엘리트들이 지켜보는 가운데 장성택을 체포하는 장면([그림 1-2])은 대내외적으로 북한체제의 공포성을 보여주는 대목이라고 할 수 있다. 북한의 회의체는 거의 만장일치거나 이에 가까운데, 북한이 민주적이라고 선전하는 것이 오히려 비민주적이고 독재의 전형으로 비춰지고 있다. 북한은 2015년 7월 19일에 실시한 도·시·군 인민회의 대의원 선거와 투표율이 99.97%에 이른다고 선전하였다. 북한이 평등·직접·비밀투표를 한다고 하고 있지만 오히려 국내외의 비난과 함께 김정은이 위압적으로 1인 독재체제를 강화하고 있는 현실을 보여준 것에 불과했다.

8. 당적지도로 체제통제력 확보

북한은 '당적지도(黨的指導)'를 통하여 유일지배체제의 유지 및 1당 독재체제를 강화하고 있다. 당적지도는 기존의 주장들을 종합해보면 '당 우위의 체제하에서 모든 정치 및 행정조직과 단위, 말단 기층 조직에 이르기까지 유일지배체제와 주체사상을 견고하게 하는 각종 정치적 행위와 김정은의 교시와 당의 지령 및 사업 등이 집행되고 이를 모든 당원과 주민이 충실히 따르는 가를 감독하고 통제하는 행위'를 말한다. 북한체제와 노동당의 특징을 열거할 때 가장 중요하고 의미 있는 용어가 바로 당적지도다. 북한이 당체제와 정치 및 행정체제를 갖추고 있는 것을 하드웨어라고 한다면 당적지도는 그 기능이 원활하도록 만드는 소프트웨어라고 할 수 있다.

노동당의 당적지도는 김정은을 제외한 북한주민 모두에게 적용된다. 국무위원회, 당중앙위원회 등 기관들, 인민군대, 국가보위부 등 권력기관, 입법 및 사법기관과 모든 국가 및 지방기업소, 해외의 대사관 모든 계층과 대내외 기관이 당적지도의 대상이다. 당적지도는 당집행기구를 통하여 이루어지는데 당의 중앙기구와 전문부서가 하부단위의 연관부서를 통제하여 말단까지 해당 업무가 원활하게 돌아가도록 지도 감독한다. 이를테면 조직지도부, 선전선동부, 간부부 등 부서에서 지방 당위원회 정무처의 조직위원, 선전선동위원, 간부위원 등을 통제하여 각각의 업무를 추진하는 시스템이다. 또한 노동당 중심에는 각 전문부서에 해당 분야를 세분화하여 담당하는 부부장급이 포진하고 있어서 이들이 김정은과 단위조직들과의 연결고리 역할을 수행한다.

9. 군부의 전방위 역할 수행

북한에서는 군부의 정치적 역할이 매우 크고 광범위하다. 북한의 군부는 중앙조직과 정치 및 행정조직에 골고루 포진하고 있다. 북한의 당규약과 헌법, 그리고 모든 문건의 서두에 등장하는 것이 주체사상과 더불어 항일혁명정신이다. 항일혁명의 뿌리가 빨치산이며 김일성의 권력의 원천이 항일 빨치산[2]이며, 인민군대의 뿌리이기도 하다. 따라서 북한은 태생적으로 빨치산이라는 형태의 군부와 운명을 같이 하고 있다. 비약하자면 이러한 원천적 권리를 가진 것이 북한의 군부이며 상식을 넘어선 대접을 받고 있는 셈인데, 김정은을 보위하고, 유일지배체제하의 1당 독재체제를 떠받드는 것이 군부의 중요한 책무이기도 하다.

빨치산은 해방초기 김일성의 가장 든든한 조력자였다. 소련군정의 후원하에서도 김일성이 취약한 정치기반을 극복할 수 있었던 것은 빨치산이 무력을 앞세워 역할을 잘 해냈기 때문이다. 김일성과 빨치산 세력은 초기에 북한의 군·보안·치안조직 등 모든 무력을 장악하여 김일성의 권력 장악에 결정적 기회를 제공하였으며, 6·25를 거치면서 단일세력으로서 김일성의 독재를 완성하는데 기여했다. 이후에도 김정일이 권력을 세습하여 장악하고 유일지배체제를 확립할 수 있었던 것도 빨치산을 주축으로 한 군부의 역할이 컸기 때문이다. 김정은의 3대 세습에 있어서도 리영호·최룡해·황병서 등 군부 핵심세력과 김정일 시대의 군원로 등이 큰 역할을 하였다.

북한군부의 체제적 역할은 모든 분야에서 확대되고 있는데 강력한 병력을 바탕으로 영농 및 건설에 참여하는 것이 그것이다. 북한군부는 군 지

---

2 북한에서 김일성과 항일투쟁 및 권력 구축을 함께한 세력을 혁명세대라고 하며, 1930년대 중반 중국공산당 동만주지역의 유격대 및 1940년대 소련 극동군 제88특별여단 소속 출신을 말한다. 김일성의 최측근 빨치산 동료로는 최용건, 김일, 김광협, 유경수, 이영, 최광, 김창봉, 서철, 최용진, 석산, 오진우 등이 있으며 이들의 자손 들이 빨치산 2세 그룹을 형성하고 있다.

휘계통을 가동하여 일사불란한 지원이 가능하며, 체제위기 시 전면에 나서서 정권의 위기를 극복하는데 기여하고 있다. 김정일 시대에 이어 김정은 시대에도 선군정치가 당기본 정치방식으로 채택되고 있어서 모든 일에 군대가 개입할 여지를 제공하고 있다. 4대 군사노선은 변함없는 북한의 군사노선이며, 2013년 경제·핵무력 병진노선을 선언함에 따라 더욱 강력한 군사 국가로 변화하고 있다. 아울러 북한군은 강력한 무장 세력으로서 120여만 명의 정규군 병력과 770만여 명의 예비전력을 보유하고 있으며, 핵무기와 다양한 사정거리의 탄도미사일, 2,500-5,000톤의 화학무기 및 생물무기를 가지고 있고, 무력도발을 위하여 약 1-3개월 분량의 전쟁물자를 갱도에 보관하고 있다.[3]

북한의 군부는 동시에 최룡해, 황병서 등이 권력서열의 상위에 포진하고 있으며, 당정의 주요 분야에 진출하고 있다. 정치국 상무위원과 후보위원, 정무국, 당중앙군사위원회, 전문부서와 국가기구인 국무위원회에도 군부가 요직을 차지하고 있다. 김정일이 최고사령관을 겸하고 있고, 군사국가인 북한의 입장에서 보면 언뜻 당연하다고 할 수 있으나, 선군정치를 정치방식으로 택하여 경직성이 가중됨에 따른 국가운영의 부실과 민간분야 폐해, 군부의 외화벌이 진출과 각종 건설사업 장악 진출 등 부패의 고리 심화 등 문제점이 다양하게 노출되고 있다.

10. 형식적 조직과 외곽기구의 운영

북한의 정치조직에는 형식적인 조직과 선전선동을 담당하는 외곽기구가 운영되고 있다. 그 대표적인 기관이 최고인민회의다. 북한은 헌법을 통

3 국방부, 『2016 국방백서』(서울: 국방부, 2016).

하여 최고인민회의가 주권기관이라고 칭하며, 말단 회의에 이르기까지 일반적·평등적·직접적 원칙을 준수하고 있다고 선전한다. 아울러 민주주의 국가에서 존중되는 가치를 모두 갖춘 것처럼 성문화하고 있고, 선거장면을 공개하며 민주적 정권임을 홍보하고 있지만 모든 선거기관은 주권기관이 아닌 정권의 도구에 불과하다. 외곽기구는 북한의 중앙집권제 및 집단주의 원칙에 따라 정치사상교양과 조직관리 및 선전선동 목적으로 만들어졌다. 통일부가 제시한 외곽기구는 정당 및 대남분야 12개, 대외 분야 15개, 사회분야 10개, 종교분야 5개, 학술 및 체육 분야 8개 등 50개가 있으나 알려지지 않은 조직들도 존재할 것으로 추정된다. 이는 북한의 외곽기구가 북로당 결성 이후부터 산발적으로 창설되었다가 해체되거나 통합, 혹은 명칭이 변경되는 과정을 거쳤으며, 동시에 남북 관계와 대외 관계 변화에 따라 창설된 조직을 포함하여 기능의 수행 정도가 천차만별이기 때문이다.

외곽기구 중 김일성사회주의청년동맹(구 사로청), 조선직업총동맹, 조선농업근로자동맹(농근맹), 조선문학예술총동맹, 조선과학기술총연맹 등 사회 및 학술, 체육분야의 외곽기구는 김일성에 의해 분단 초기부터 결성되기 시작한 조직으로서 해당 분야의 조직적 통제와 사상교양을 실시하고, 당적 차원의 관심이 배가되는 활동적인 조직으로서 외곽조직이라기 보다는 당단체에 가깝다. 정당 및 대남, 대외, 종교 분야 단체는 위장평화공세나 북한의 대외 선전용 기구로서의 역할을 담당한다. 조국통일범민족연합북측본부와 민족화해협의회 등은 노동당 전문부서인 통일전선부의 지시에 따라 남한 내의 친북조직과 연계되어 활동하는 조직으로서 대남공세측면의 활동을 전개하고 있다. 특이한 것은 2016년 6월 29일에 개최된 최고인민회의 제13기 4차 회의에서 조국평화통일위원회가 국무위원회 산하 직속기관으로 승격되었는데, 대남선전의 중요성이 부각된 결과로 해석할 수 있다.

11. 대남적화통일 명시

북한의 정치체제는 당규약 및 헌법에 대남적화통일을 명시하고 있다. 북한은 당규약에서 '당면목적은 전국적 범위(한반도)에서 민족해방과 인민민주주의 혁명의 과업을 수행하는데 있으며, 최종목적은 온 사회의 주체사상화하여 인민대중의 자주성을 완전히 실현하는데 있다 … (당건설의 기본원칙으로서) 남조선에서 미제의 침략무력을 몰아내고 온갖 외세의 지배와 간섭을 끝장내며 … 남조선 인민의 투쟁을 적극 지지성원하며 우리민족끼리 힘을 합쳐 자주, 평화통일, 민족대단결의 원칙에서 조국을 통일하고 나라와 민족의 통일지역발전을 이룩하기 위하여 투쟁한다'라고 명시하고 있다. 헌법 서문에서도 '김일성과 김정일이 통일의 강력한 보루를 다지고, 통일의 근본원칙과 방도를 제시하고, 통일을 전민족운동으로 발전시키고 있다'는 표현을 쓰고 있다.

또한 북한은 주한 미군철수를 통일수행의 전제조건으로 삼고 있으며, 비록 평화통일을 내세우고 있지만 비무력·무력 수단을 병행하면서도 무력통일을 주요 수단으로 삼고 있다. 우리가 북한의 대남전략을 무력 적화 통일로 규정하는 이유는 무엇인가? 이미 우리는 민족참상인 6·25전쟁을 경험하였다. 북한이 자주, 평화, 친선의 대외정책 원칙을 내세우고 있지만 오직 무력을 확보하기 위하여 중국과 소련과 혈맹의 관계를 유지하면서 전쟁을 일으켰다. 6·25전쟁 이후에도 북한은 무력증강을 지속해 오고 있으며, 1960년대부터 4대 군사노선을 추진하여 상시 전쟁체제를 갖추고 있다. 또한 3천 회에 달하는 대남도발과 함께 공세적인 대남전략을 취하고 있다. 마지막으로 북한의 무력적화통일의 가장 확실한 근거는 북한의 핵무기 개발이다. 북한이 단순히 체제를 유지하기 위해서 핵무기를 개발하는 것이 아니라 우리를 대상으로 핵공갈을 하면서 핵무기를 실제로 사용하겠다는 상황

이 그 증거다.

12. 출신성분의 중시와 철저한 연좌제 실시

북한체제에서는 출신성분이 중시되고, 상벌에 있어서 철저한 연좌제가 이루어지고 있다. 북한의 출신성분은 사회주의체제의 태동단계에서부터 시작되는 권력쟁탈과 구축의 과정에 기인한다. 다시 말해서 봉건체제에서 새로운 독재체제를 형성하기 위하여 반대세력의 제거는 필수적이다. 그 이후에도 반대세력의 후손은 물론이며 또 다른 반대세력은 적대시되는 것이다. 북한에서 가장 대접을 받는 계층은 누구인가? 적대적 세력과 달리 항일투쟁이나 북한의 공산화과정에 동참하였거나 목숨을 걸고 독재자를 추종한 세력이며, 그 후손들이다. 그들을 핵심세력으로 칭한다. 북한에서의 신분은 과거, 현재, 미래를 아우른다. 북한에서의 신분에 영향을 주는 절대적 요소의 하나가 분단상황이다. 체제경쟁에 유리한 세력은 일단 적대세력에서 벗어난다. 마찬가지로 체제경쟁에 목숨을 건 6·25전쟁 참전자나 사망자 가족은 북한에서 최상의 대접을 받는다. 우리와 총칼을 맞대고 선 인민군 간부들도 핵심세력에 포함된다. 반대로 월남을 하였거나 대남침투 후에 자수를 한다거나 북한이탈주민과 그 가족은 체제반대 혹은 저항세력으로 간주한다.

북한은 개개인마다 그 출신성분을 평가하기 위하여 가능한 조상의 자료에서부터 현재의 상태 등을 하나의 파일[4]로 유지하고 있다. 이 자료는 모든 당원 및 직급의 임용, 승진, 그리고 성분을 분류하는데 이용한다. 이러한

4 개인의 자료는 시, 군(구역) 인민보안서(주민등록과)에서 보존하고 있다. 이를 주민등록표라고 하는데, 개인에 대한 행적 및 각종 자료와 가족과 친인척 관련 사항, 출신성분을 보여주는 조상들의 직업, 사상동향, 재산관계 등 가족사를 구체적으로 서술하고 있다.

체계하에서 김정은 가계가 북한에서는 황족이라고 할 수 있다. 김일성 혹은 김정일과 함께 투쟁하거나 목숨을 바친 인물과 그 가족은 평생 호사를 누린다. 북한에서 소위 권력엘리트로 분류되는 인물들은 김정은에게 절대 충성하는 당성이나 성분이 보장된 가계의 출신이다. 현재적 의미로는 김정은의 1인 독재체제에 반대하거나 저항하지 않으며 김정은을 왕처럼 떠받들 수 있는 인물이다. 북한은 6·25전쟁 이후 성분분류를 완료하였으며, 그 성분이 한 개인의 일생을 좌우한다. 북한에서 가장 상위의 계층이 핵심계층(core level)으로서 약 30%의 비중을 차지한다. 그 다음이 유동계층(flux level)이며 40%의 비중이다. 다음으로 북한정권에 적대적이라는 의미의 적대계층(hostile level)로서 나머지 30%를 점유한다. 이러한 분류는 직업은 물론이며 생존에까지 영향을 미친다. 이를테면 90년대 고난의 행군시기에 배급이나 정권적 배려에서 이탈된 적대계층에서 가장 많은 아사자를 양산하였다.

북한에서 연좌제는 일상적으로 벌어지고 있다. 북한에서의 연좌제는 일반적인 연좌제가 가족 및 친인척이 몇 촌인가를 가늠하는 것인데, 근무인과 혹은 인지관계 등으로 확대되어 그 의미가 광의적으로 해석되고 있다. 일례로 장성택을 처형한 뒤로 장성택 일가와 주변 인물 등은 물론 근무지 전체로 확대되어 관련자를 숙청하거나 전직시키는 등의 행태가 벌어지는 것으로 보아 북한의 연좌제의 가장 큰 기준은 유일지배체제인 셈이다. 북한에서는 연좌제를 초법적으로 적용한다. 1995년 4월의 제6군단의 반란모의를 적발한 뒤 김정일은 6군단 자체를 해체하고 모든 장병을 숙청의 대상으로 삼았다.

13. 당원의 확충을 통한 세과시 지속

북한정권은 세를 과시하기 위하여 당원을 확충하고 있다. 〈표 1-5〉는 북한의 당원이 증가하는 상황을 보여준다. 대체로 북한인구는 최고인민회의 대의원 수를 고려하여 6명 당 1명이 당원이며, 현재의 당원은 북한인구 2,450여만 명을 기준으로 대략 390여 만 명에 이를 것으로 추정한다. 북한이 당원의 수를 부풀려 세과시를 하는 이유는 무엇인가? 이는 북한의 당원이 바로 유일지배체제를 떠받치는 핵심계층이기 때문이다. 북한이 1990년대부터 시작된 경제난에 처해 있으며, 3대 세습으로 이어지면서 주민의 충성심이 예전 같지 않을 것이라는 국제사회의 시선이 존재하는 현실 속에서

〈표 1-5〉 북한의 시대별 당원수 변화 추정[4]

시기	인원
노동당 창당 전후	35-75만 여 명
6·25전쟁 후	90-110만 여 명
1960년대 초	120-130만 여 명
1970년대	160-200만 여 명
1980년대	200만 여 명
1990년대 이후	최대 300만 명
현재	390만 여 명(인구의 16%)

5 북한의 당원은 최고인민회의 상임위원회에서 정하는데, 과거 전례를 살펴본바 인구 6명 당 1명꼴이다. 북한이 의도적으로 대의원 수를 부풀려 당세를 과시하는 측면도 있고, 최근에는 남녀 각각 60세 및 50세의 정년제를 시행한다는 변수도 작용하고 정확한 내용을 파악하기가 곤란하여 추정의 과정을 거치므로 여러 의견이 존재할 수 있다; 1980년 대 이전 당원 수는 『북한연감, 1983』; 『북한개요, 1984』; 「노동신문」, 1979년 12월 13일자 등 근거, 1990년대 이후는 chosun.com 등 언론자료, 전체인구에서 16%를 추정한 자료를 얻기 위하여 한국은행의 북한인구자료를 참고하였다.

북한은 충성스러운 당원이 확대되고 있다는 것을 보여주고 싶을 것이다.

북한의 당원은 <표 1-6>에서 보는 것처럼 엄격한 자격 기준에 의해 후보당원을 거쳐서 입당한다. 당원은 북한주민으로서 유일지배체제와 김정은에게 충성해야 한다는 조건이 있다. 당원 두 사람이 보증을 서고 특별한 사람들을 제외하고 후보당원으로서 1년간의 관찰기간을 거친다. 당원은 과중한 의무를 부여받고 있으며, 당비를 납부한다.

<표 1-6> 당원과 조직원칙 규약

구분	주요 내용
정체성	주체혁명, 사회주의 추종
자격	북한인, 유일사상, 수령체제, 당규약 준수 근로자
입당 자격 및 심의	1년의 후보당원 기간 필요(청원서, 보증서) 특수한 경우 바로 입당 가능 18세부터 입당 가능 시, 군당위원회에서 심의
임무	유일사상체계, 선군사상, 수령체제 준수 당생활 충실, 강성대국 실천, 당적지도 준수 등 매월 수입의 2%를 당비로 납부
권리 및 책벌	의견 발표, 결의권, 선거권, 회의 참가 경고, 권리정지, 출당조치, 제명 등
조직원칙	민주주의 중앙집권제원칙, 정기보고 당원은 당조직에, 소수는 다수, 하급당은 상급당에, 모든 당조직은 중앙위원회에 절대 복종 당조직은 지역 또는 생산 및 사업단위별로 조직 각급 당위원회가 최고지도기관 당대회, 당대표자회 대표자는 한급 낮은 회의체에서 선거 당회의는 2/3참석 및 과반수로 결정

제2장

노동당 지도체제의 조직과 기구

노동당 조직 및 기구는 당규약에 명시되어 있으며, 최상위 기관으로서 김일성·김정일·김정은으로 이어지는 권력 구축의 역사와 궤를 같이하고 있다. 다시 말해서 노동당의 역사는 북한의 역사나 다름없다. 본 장에서는 유일지배체제하의 1당 독재체제를 이끌어 가고 있는 노동당 핵심조직과 이의 역할과 기능을 심도 있게 살펴보고자 한다.

1. 당대회와 당대표자회

당대회는 노동당 규약에 의하면 당의 최고기관이다. 그 소집은 당중앙위원회가 하며 6개월 전에 일정을 정한다. 당대회에 대한 규정은 〈표 2-1〉과 같이 개정되었는데, 당대회를 5년에 1회, 3개월 전 공고로, 주요 사업에는 총비서 추대를 담아 그 역할을 강화함과 동시에 운용에는 융통성을 부여하였다. 다음 내용은 당규약에 명시된 사업이다.

〈표 2-1〉 노동당 규약 주요 개정 내용(2010. 9. 28)

구분	과거	현재	의미
당 성격	김일성이 창건, 마르크스-레닌주의	김일성의 당	사당화, 세습화
당원 의무	김일성주의 외 배격	이색적/비사회주의 요소 배격	체제 위해 차단
당대회	5년 1회, 6개월 전 고지	6개월전 고지 총비서 추대	필요시 개최
총비서	-	당중앙군사위원장 겸직	군 자동 장악
당중앙군사위	군사 분야 지휘	군사·국방 전 분야 당적지도	당중앙군사위 활용 증대
인민군 성격	군=혁명적 무장력	김일성의 군, 당영도 강조	군 통제 강화
총정치국	군당위 집행부서	당중앙부서	중앙당 기구화

• 당중앙위원회 및 당중앙검사위원회 사업 총화[6]

6 북한에서 말하는 총화란 '사업이나 생활의 진행정형과 그 결과를 분석하고 결속지으며, 앞으로의 사업과 생활에 도움이 될 경험과 교훈을 찾는 것' 북한 사회과학출판사, 『조선말대사전』(평양: 사회과학출판사, 1992), p. 576; 총화의 의미는 북한의 주민 혹은 당원이 모이는 모든 조직에서 정기적·비정기적으로 개최되는 회의로서 단어 앞에 모임의 특성이나 주제를 붙여 사용하는데, 생활총화, 테제총화, 당사업총화 등이다. 즉, 사업의 계획과 실제 집행단계와 결

• 당의 강령 및 규약의 채택, 수정·보완
• 당의 노선과 정책, 전략·전술에 관한 기본문제 토의·결정
• 당위원장 추대
• 당중앙위원회 및 당중앙검사위원회 추대

당대회의 휴회기간에 역할을 대행하는 당대표자회에서도 위의 기능을 수행하지만 최고지도기관 선거와 당규약 수정·보충의 권한을 부여함으로써 노동당 규약의 최종안을 의결한 바 있다. 이러한 당기관의 구축은 김정은이 언제든지 자신이 원하는 당의 모습을 만들고 운영할 수 있음을 의미한다. 북한의 당대회는 노동당의 창당을 이끄는 등 북한 정권의 역사를 대변해 주고 있다. 지금의 명칭은 제3차 당대회부터 사용하였고 제1차까지는 전당대회라는 명칭을 사용하였다. 북로당 창당 시에는 연 1회를 개최하였는데, 그 의무나 권리는 다소 보완되고 있지만 지금과 크게 다르지 않았다. 제3차 당대회에 개최주기를 4년에 1회로 변경하였으며 제6차 당대회부터 5년에 1회 개최로 변경하였으나 그 이후에는 개최되지 않고 있다. 제1절에서 당대회 내용을 언급한 바 있는데, 〈표1-4〉와 같이 당대회는 제6차 시에 주체사상을 유일지도이념으로 선언하고, 김정일을 정치국 상무위원으로 선출하는 등 당의 주요 노선 결정과 김정일의 권력 구축의 시녀 역할을 한 바 있다. 7차 당대회에서는 당위원장과 정무국의 신설을 포함하여 국가경제발전 5개년 전략의 선택, 전면적 12년제 의무교육의 실시와 함께 '온 사회의 김일성-김정일주의화'를 내세웠다.

당대표자회는 당대회를 소집하기에는 복잡하고 정권 및 당차원의 중대사안이 발생하였을 때 최고기관의 대행적 역할을 담당하였다. 제1차 대

과를 결산하는 단계의 모든 과정을 일컫지만, 단순한 분석이 아니라 문제가 있을 경우 관련자를 처벌하거나 심할 경우 인민재판에 붙여 총살을 처하는 단계까지 포함된다.

회 시에 연안파 거두인 김두봉을, 2차에는 갑산파 축출을 의결하였다. 제3차 대회 시에는 김정은을 당중앙군사위 부위원장으로 추대하였으며, 제4차 대회에는 김정은을 최고권력인 노동당 제1비서, 당중앙군사위 위원장, 정치국 상무위원으로 자리매김하는 중심역할을 하였다. 동시에 최룡해를 정치국 상무위원과 당중앙군사위 부위원장으로, 김영남, 최영림, 리영호를 정치국 상무위원으로 각각 추대하였다. 북한헌법의 수정·보충도 이때 이루어졌는데, 앞으로 당대표자회의 활용이 증가될 것으로 판단된다.

2. 당중앙검사위원회

당중앙검사위원회는 당의 재정경리사업을 검사하기 위하여 분단 초기에 창설된 조직이다. 북한의 재정 및 경제 담당자들이 거치거나 위원장을 맡는데, 구체적인 조직내용이나 업무가 보도되는 경우가 드물다. 북한헌법 제2장 경제부문의 제35조에 의하면, '북한은 국가예산을 인민경제발전계획에 의하여 편성하며 재정 통제를 엄격히 한다'라고 명시되어 있다. 보다 구체적인 내용은 인민경제계획법에 설명해 놓았는데, 계획 작성, 비준, 실행, 결산의 단계를 중앙집권적으로 처리하고, '유일적'인 계획에 따른다는 용어를 사용하는데, 김정은과 중앙기관의 역할을 강조하고 있다.

당중앙검사위원회는 이러한 모든 과정이 제대로 이루어지는 가를 검사하는 것으로 추정되는데, 인민경제계획법 제6장의 인민경제계획사업에 대한 지도통제에 그 활동방향이 명시되어 있으며 내각과 더불어 전체적인 업무를 조율하고 지도·감독할 것이다. 그러나 노동당의 재정부분이 당예산과 내각의 예산, 세금, 외화벌이, 정상적인 수출입, 남북한 거래 등에서 발생하는데 그 정확한 업무범위는 명확하지 않다. 또한 제정법에도 북한의 모든

재정을 중앙의 재정지도기관이 지도하도록 되어 있는데, 비상설인 국가재정금융위원회와 행정부서의 재정검사위원회를 직접 통제할 것으로 판단된다.

3. 당중앙위원회 및 전원회의

당중앙위원회는 북한이 분단 이후 지금까지 한 번도 명칭을 변경하지 않고 동일하게 사용하고 있는 중앙조직이다. 가장 중요한 내용은 제7차 당대회에서 김정은을 당위원장으로 추대하였는바, 중앙위원회의 역할 강화가 예상된다. 그 주요 기능은 '당대회와 당대회 사이에 당의 모든 사업을 조직·지도한다'는 것이다. 당중앙위원회의 업무원칙은 유일지배체제와 주체사상, 그리고 선군사상을 중심으로 추진한다. 이와 같은 원칙 하에 당의 노선과 정책 수립을 하고, 이를 지도·감독하는데 모든 조직과 단체가 그 대상이며, 아울러 예산문제도 다룬다. 당중앙위원회는 전원회의를 수시로 소집하는데, 여기에서 당의 중요한 문제를 다루고 정치국 위원, 비서, 검열위원회를 선거한다. 따라서 조직체계는 당중앙위원회라고 하지만 회의는 당중앙위원회 전원회의(때로는 확대회의, 연합회의로 구분)라고 부르는데, 정치국 및 정무국 회의도 당중앙위원회 정치국회의 등으로 호칭하며, 제 몇 기 몇 차 등으로 분류한다. 당중앙위 전원회의는 1961년도까지는 표기방법에서 기와 차수의 언급 없이 년도와 월을 표시하기도 하였다.

북한에서는 1984년 12월에 개최된 제6기 10차 전원회의 이후 회의 내용을 공개하지 않고 있는데, 이전의 전원회의와 당대회에서는 당중앙위원회 총회내용을 공개하였다. 북한이 공개하는 내용은 김일성의 업적과 당노선, 그리고 우상화에 중점을 두고 있으며, 김일성 저작선집에 실린 내용

들도 각종 교시 등을 포함하고 있다.

당중앙위원회는 북로당 초기 당대회가 1년에 한 번씩 개최됨에 따라 실질적인 당운영과 관련한 결정을 하였지만 초기에는 3개월 간격으로 개최하다가 중앙상무위원회를 두어 수시로 회의를 개최하였다. 남북노동당을 합당한 이후에는 상무위원회가 폐지되었다가, 1953년 8월 중앙위원회 제6차 전원회의 이후 김일성 세력이 주도하는 구도로 부활되어 운영되었으나 1961년 9월 제4차 당대회에서 다시 폐지되었다. 당중앙위원회의 개최시기도 수시로 변경되었는데, 제3차 당대회에서 4개월에 1회로 수정되었다가 제4차 당대회에서 6개월에 1회로 변경되었다.

4. 정치국 및 정치국 상무위원회

정치국과 정치국 상무위원회는 전원회의와 전원회의 사이에 당중앙위원회 이름으로 모든 당사업을 조직·통제하는 기능을 수행한다. 정치국은 분단 초기에는 정치위원회라는 명칭을 유지하면서 정치사업을 주도하였으나, 노동당 창당 이후 정치위원을 선출하는 등 기능을 강화하였다. 이때에는 위원장과 부위원장체제를 유지하였다. 그러나 정치위원의 숙청 등 권력 투쟁의 여파로 1956년 4월 제3차 당대회에서 폐지되었다가 1961년 제4차 당대회에서 다시 부활되었다. 그리고 1981년 10월 제6차 당대회에서 정치국이라는 명칭으로 변경되었으며 상무위원회가 동시에 운영되고 있다. 정치위원회는 당중앙위원회의 축소판으로서 북한의 권력 실세가 포진하고 있으며, 유일체계하에서는 오히려 권력이 응집되는 문제가 있어서 실제로는 최고권력의 필요에 따라 개최된다.

그동안 정치국의 활동은 1981년 2월의 당중앙위원회 정치위원회와

중앙인민회의 연합회의 시까지 공개되었으나 회의 내용이 잘 알려지지 않았는데, 최근 장성택을 정치국 회의에서 숙청하면서 그 위상을 보여준바 있다. 북한의 정치사전에 공개된 총 5회의 공개내용을 보면, 제국주의에 대한 투쟁과 비동맹국가와의 연계 등을 결의한 내용을 주로 다루고 있어서 선전 목적의 공개에 지나지 않는 것으로 판단된다.

5. 정무국

정무국은 제7차 당대회에서 비서국의 명칭으로부터 변경되었는데, 과거의 명칭을 재사용하게 된 점이 특이하다. 정무국은 당규약에 '당 내부 사업의 문제와 그 밖의 실무적 문제들을 주로 토의·결정하고 그 집행을 조직·지도한다'라고 명시되어 있다. 정무국의 역사를 보면, 1949년 남북노동당의 합당 이후 조선노동당으로 출범한 이후 비서를 선출하였고, 제1, 2, 3 비서가 있었다. 그러나 1953년 8월 중앙위원회 제6차 전원회의에서 3명의 비서를 폐지하였다. 1966년 10월 제2차 당대표자회에서 비서국을 비롯한 총비서와 비서제를 신설하였는데 정식적인 체제는 1970년 11월 제5차 당대회에서 출범하였으며, 총비서 이하 비서국체제를 구축하였다.

정무국은 최고지도자를 보필하는 전문적인 참모조직으로서 과거 김정일의 권력이 강화되는 시기에 출범한 전문집행기구이며, 이번 개편을 통해서는 최룡해 등 권력엘리트 10명이 부위원장으로 임명되어 분야별로 역할을 담당하고 있다. 관련 분야에서 전문성을 쌓은 최고의 권력엘리트가 한 개 혹은 여러 개의 업무분야를 관장한다. 또한 10명 이내의 부위원장이 19개의 전문부서를 맡아 당을 움직이고 전체 당·정·군의 관련 분야 업무를 장악한다. 당위원장은 과거의 총비서의 역할을 수행하는 바 당을 총괄

하는 역할을 담당한다. 당위원장은 '당의 수반이며, 당을 대표하고 전당을 영도하고, 당중앙군사위원장이 된다'라고 당규약에 명시하고 있다. 따라서 1997년까지 당중앙위 전원위에서 총비서를 선출하였으나 유일지배체제에서는 당위원장을 하부조직에서 선출하는 것이 맞지 않아 김정은의 직위는 추대형식을 따른다. 일반적인 공산당에서는 노동계급에서 당원이 선발되고 당원이 당을 이루고 당원과 당에서 지도자가 나온다는 시스템인데, 유일체계하에서는 이미 신격화된 '위대한 지도자'가 당을 만들고 당으로부터 당원이 선발되는 시스템이다.

6. 검열위원회

당중앙위원회 검열위원회는 '당의 유일사상체계와 유일적 영도체계에 어긋나는 행위를 하거나 당규약을 위반하는 것을 비롯하여 당규를 어긴 당원에게 당적책임을 추궁하며 당규율문제와 관련된 하부위원회의 제의와 당원의 신소를 심의하고 처리한다'라고 명시되어있다. 그러나 조직지도부에 검열기능이 부여되어 있으므로 조직지도부의 업무 방침에 따라 모든 전문부서의 전문성을 통합하여 운영하는 시스템을 구축하여 정기·비정기적인 검열 업무를 관장할 것이다.

북한의 신소법에서는 신소를 '자기의 권리와 이익 침해를 예방하고, 이 권리와 이익을 회복시켜줄 것을 요구하는 행위'로 정의하고 있다. 검열위원회에서는 신소실이 해결하지 못하는 문제이거나 당차원의 통합적인 해결이 필요한 문제일 경우, 검찰조직과 사법기능까지 동원해야 하므로 제반 처리원칙을 정하고 김정은의 결정에 따라 업무를 처리하는 것으로 판단된다. 김정은 정권하에서 최근 빈번한 숙청이 이루어지고 있는 점을 고려할 때, 신소

는 문제당원의 고발과 숙청의 발단이지만 대상에 대한 제보를 포함할 수 있어 중앙당과 지방조직에서도 위 조직의 역할이 활발할 것으로 예상된다.

7. 전문부서

북한의 당전문부서는 조직이라는 개념의 당조직이 형성될 경우 그 표준을 보여주는 당조직의 전형이다. 전문부서는 20개 내외의 부로 형성되는데, 분단초기에는 조직부, 당간부부, 선전선동부, 노동부, 농민부, 총무부, 재정부, 청년사업부, 부녀사업부, 문화부 등이 있었다. 각각의 부는 필요에 따라 통합되거나 해체되는 경우가 있는데 조직지도부, 선전선동부, 간부부 등은 오랜 기간 존속한 핵심조직이다.

전문부서는 김정은과 그 핵심측근, 그리고 전문관료가 각각의 분야에 속하는 당조직, 정치조직, 군, 사회근로단체 및 외곽기구의 업무를 총괄하여 관장하는 당의 핵심관료조직으로서 당·국가체제인 북한에서 우리의 청와대, 중앙부처, 여당을 합친 정도의 권위와 책임을 지고 있는 것으로 평가하기도 한다. 따라서 북한의 김일성 가계의 인맥과 빨치산 후예들 등 핵심권력엘리트들이 포진하여 분야별로 책임을 지고 있다. 이들이 권력투쟁의 한 복판에 위치하여 지금까지의 북한의 투쟁의 역사를 써왔다. 장성택 처형 이후 행정부가 폐지된 것이 그 사례다.

8. 조직지도부

북한체제에서는 조직이라는 단어가 갖는 의미는 크다. 조직은 지극히 정치적인 단어로서 공산당이 만들어지고 움직여지고 나아가 공격적인 모

습을 갖추는 것을 의미하는 동적인 단어다. 중앙당의 권력도 크지만 조직이라는 직함은 최고의 권력을 뜻하기 때문이다. 조직지도부는 실제로 북한사회 전체를 움직이는 가장 강력한 권력을 보유하고 있는데, 전 국가통치기관을 직접 지도하거나 정치국이 있는 부서를 통제한다. 당적지도의 핵심적인 부서가 바로 조직지도부다. 또한 검열기능을 보유하여 모든 국가기관 및 지방기관에 대한 검열을 하는데, 일상검열·집중검열·특수검열 등의 형태가 있다. 언제든지 북한사회를 공포로 몰아갈 수 있는 업무다.

조직지도부는 선전선동부와 함께 당의 기본부서이자 당의 심장부인데, 노동당의 조직을 강화하거나 핵심목표인 유일체계를 강화하기 위한 지도원 교육 및 육성, 당원에 대한 전반적인 통제, 당의 규율 강화 등을 추진한다. 김정일이 1960년 초 중앙지도원으로 업무를 시작하였고, 1966년 초 동부서의 중앙담당 책임지도원으로 활동하였으며, 1967년 5월 갑산파 사건에서 반당파를 색출하고 숙청하는 중추적 역할을 수행하였다. 1970년대 중반 김정일이 유일체계를 확립하기 위하여 당조직을 개편하고 조직을 강화하는 사업을 전개하면서 조직지도부를 대폭 개편 및 강화하였으며, 당·정·군 간부의 인사권을 장악한 바 있다. 이는 조직지도부가 북한의 최고의 핵심부서임을 말해주기도 하지만 조직지도부의 업무가 가장 중요하고 이를 이해하는 것이 권력장악의 전제조건이기 때문이다. 김정은도 김정일과 같이 당위원장 및 조직지도부장을 겸직하고 있으며, 모든 전문부서의 상위조직을 직접 통제하고 있다. 항간에 김정은의 친동생인 김여정이 조직지도부의 제1부부장에 임명되었다는 설이 나오는 것도 조직지도부의 업무를 배분하기에는 형제가 제일 안전할 만큼 그 권력이 확고해서다.

그 중앙당의 조직구성을 보면 4명 안팎의 제1부 부장이 본부당, 전당, 행정부분, 군사부분으로 나누어 관장하고, 10여 명의 부부장급이 집행업무를 담당하는데, 과장, 책임지도원, 부원 등의 하급조직 300여 명이 활동한다.

9. 간부부

간부부는 김책의 아들인 김국태가 장기간 전담한 부서로서 노동당 핵심부서중 하나다. 간부부는 조직지도부의 방침에 따라 간부의 선발·임명·배치를 위한 사전 작업을 추진한다. 조직지도부와 정확하게 업무구분이 명시되지 않았으나, 간부의 제반 자료를 정리하고 유지하는 기능을 수행한다. 간부 선발의 가장 중요한 요소는 김정은과 당에 대한 충성도, 그리고 출신성분이다. 또한 북한의 인력수급을 총괄하는데 주요 부서 혹은 고위직일수록 출신성분검사가 까다롭다.

북한의 당직이나 행정직을 제외하곤 6~7급의 체계에 따라 선발하나 1~3급은 출신성분에 좌우된다. 주요 조직의 인원선발 절차를 보면 해당기관 혹은 지역의 당위원회에서 명단을 작성하여 당중앙위 간부부에 보고하고, 간부부에서 이를 검토하여 채용 여부를 결정하여 하달한다. 지방은 도당간부부에서 후보를 추천하는데 각 도의 부위원장급은 당중앙위에서, 장관급 이상은 정치국에서 결정한다.

북한의 직급은 배급과 직결되고 신분상승을 의미하므로 부정부패도 심각하다. 따라서 뇌물을 써서 승급을 한다는데, 군 및 기관 등에 있는 하급간부부에서도 돈을 주고 좋은 자리를 사는 사례가 많다. 김정일도 1991년도에 총정치국의 지나친 인사 간섭을 문제 삼아 인민군 간부국을 독립적으로 운영하도록 조치하였다.

10. 경공업부

경공업부는 경공업과 농업, 수산, 임업 등과 관련한 업무분야를 관장하며, 내각의 경공업성 등 행정 조직, 예하의 기업소, 무역총국 등 각종 수출입

업무 통제, 합작회사 운영 및 통제 등의 업무를 수행한다. 또한 북한의 경제 전문가가 주로 거치는 곳으로서 중앙 및 지방의 공장에 정통한 전문 관료가 주로 경공업부장으로 임명된다. 1976년 도에 김경희가 경공업부 부부장으로 근무하다가 1987년 경공업부장에 임명된 이후 최근까지 맡은 자리로서 북한주민의 실생활과 관련된 까닭에 핵심부서라고 할 수 있다.

2013년 김정은이 공표한 경제-핵무력 병진노선에서 '농업과 경공업이 경제건설의 주 타격방향이며 인민생활의 조속한 안정을 위해 필수적인 분야'라고 강조하는 등 역량을 집중하도록 독려하고 있어서 노동당의 정책이 집중되는 곳이다. 경공업부는 동시에 중국의 개혁개방 연구를 담당한 곳으로서 대외경제분야에도 관여하고 있으며 외화벌이도 추진하고 있다.

11. 계획재정부

북한의 사회주의 계획경제를 총체적으로 지휘하는 곳으로서 김정은의 의도를 경제분야에서 관철하는 것이 주요 임무다. 1990년대 초 경제계획부, 중공업부, 건설운수부, 농업부 등으로 나누어졌던 것을 통폐합해 2005년 7월에 만들어졌다. 인민경제계획법에 의하면, 그 업무 범위가 인민경제 계획의 작성, 비준과 시달, 실행과 결산, 그리고 제도와 절차를 수립하는 것 등까지 포괄한다. 재정은 북한의 예산 수입과 지출, 금(金)의 통제, 화폐발행 및 외환관리, 은행관리, 회계 등을 포괄한다. 그러나 북한의 사회주의 경제는 계획경제로서 김정은의 유일지배체제를 위해 존재하는 경제이며 위의 인민경제생활의 향상보다 우선한다는 것을 주목해야 한다. 박남기 전 계획재정부장이 2010년 4월 화폐개혁의 실패의 책임자로서 간첩죄로 몰려 희생양이 된 것도 유일지배체제하에서 김정은을 제대로 보좌하지 못하고 해당 업

무분야에서 중대한 실수를 했다는 혐의를 뒤집어썼기 때문이다.

12. 과학교육부

과학교육부는 북한의 과학기술과 사회주의 교육 전반을 관리하고 통제하는 부서다. 모든 관련 기관을 통제하고, 대학의 정원을 편성한다든지, IT와 관련한 지침을 하달하는 등의 주민의 일상에 영향을 미치는 부서다. 김정일이 IT산업에 역점을 둔 이후 급성장한 부서라는 평가도 있다.

북한의 과학기술법에서는 과학기술중시원칙, 주체구현원칙, 핵심기초기술·기초과학·기술공학발전원칙, 경제의 현대화와 자연개발이용원칙, 연구개발과 선진기술사업배합원칙, 과학기술과 경제의 결합원칙 등을 정책의 근간으로 내세우고 있다. 이를 위하여 과학교육부는 과학기술 발전계획을 시행하고 있으며, 중앙에 과학기술행정 지도기관과 해당 기관, 기업소, 단체에서 이를 이행하도록 하고 있다. 하부조직으로 대학, 연구소, 지원 및 관리조직을 두고 있는데 해당 성에서 세부분야를 관장한다. 특히 북한에서는 국제적 선진 과학기술의 도입에도 주력하고 있는데 모방과 유사한 발명을 장려하고 있다. 또한 인재 양성을 도모하는데 세계적인 과학자와 기술자를 양성한다는 명목 하에 급수를 정하거나, 학위 수여, 원사(혹은 후보원사, 일종의 박사) 등으로 임명하기도 하며, 명예칭호를 부여하여 선전하기도 한다.

교육분야에서도 교육법에 추진원칙을 정하였는데, 사회주의교육제도발전원칙, 사회주의교육학의 구현원칙, 교육과 실천의 결합원칙, 학교교육과 사회주의교육의 결합원칙, 수재교육원칙, 교육사업 조건보장원칙, 전 사회의 인텔리화원칙, 교육과학 연구사업원칙, 해외동포 민족교육원칙 등이 그것이다. 북한에서는 중등교육까지를 의무교육으로 하며, 모든 교육에서

무료교육을 시행하며, 소수에 대한 장학금, 학용품 지급 등을 하고 있다. 교육기관은 학교교육과 사회교육기관으로 나누어져 있다.

특히 북한의 과학은 군사기술과 핵무기 기술개발의 원천이며, 교육은 유일지배체제를 합리화하고 우상화를 추진하는데 필수적인 분야이므로 과학교육부의 역할도 1인 독재체제의 유지에 매우 중요하다.

13. 국제부

국제부는 북한의 대외관계를 전담하는 부서로서 내각의 외무성과 해외 주재 기관을 통제 및 관리한다. 또한 북한의 국제적 문제와 관련하여 UN과 산하기구를 담당하고 있다. 따라서 핵문제 등 핵심적인 사안의 처리와 안보와 외교가 연계된 문제가 빈번하게 제기되고 있는 상황에서 김정은의 의중을 충분히 파악할 수 있는 인사가 담당하는 부서이기도 하다.

국제부와 외무성, 그리고 각종 외화벌이와 관련하여 해외에 근무하는 북한인이 탈북과 망명 등의 문제를 빈번하게 일으키고 있어서 북한당국의 감시가 집중되는 곳이기도 하다. 황장엽과 김양건 전 통일전선부장도 국제부장을 역임하였다.

중국 및 러시아 대사는 북한과의 혈맹관계를 유지하는 역할을 해야 하므로 북한의 권력실세의 추천과 김정은의 신임을 받는 인물이 임명된다. 또한 북한의 외교관은 경제난으로 인하여 위폐 및 마약을 유통하는 불법적인 일에 직접 관여하는데, 1998년 4월 북한의 국제부 부부장인 길재경이 위폐 3만 달러를 바꾸려다가 러시아 경찰에 체포된 사건이 발생하기도 하였다.

14. 군사부

군사부는 당중앙군사위원회의 업무를 보좌하는 총책으로서 당회의기구의 휴회 기간 중에 당차원의 모든 군사업무를 관장한다. 동시에 국무위원회 등 국가기구의 업무를 당적지도하는 부서다. 당규약에 '선군정치를 사회주의 기본정치방식으로 확립하고, 선군의 기치 밑에 혁명과 건설을 영도한다'라고 하였고, 인민군을 '김일성이 창건한 혁명적 무장력, 수령의 군대, 당의 핵심부대, 주력군'등으로 명시하고, 군의 정치활동을 당에서 직접 통제하도록 하고 있다. 따라서 군사부가 북한의 모든 군사부분 업무에 관여하고 있는데, 주요 군사명령, 최고사령관과 관련된 교시, 전·평시 훈련 및 부대이동, 징소집 및 동원, 복무 및 진급, 인민군의 급식 및 후생복지, 군수제도, 교육, 준군사부대 운영 등이 포함된다. 또한 군의 정치활동, 즉, 군내 당위원회 및 총정치국이 대행하는 각종 활동을 지도·감독한다. 이밖에도 군대 내의 중요한 문제에 대해서 특검을 담당하기도 하는데 1994년 12월의 6군단 사건 시에 국가안전보위부와 함께 군사부가 합동으로 집중 지도검열을 실시하여 대대적인 숙청작업을 하였다.

군사부는 600만 명에 달하는 북한의 예비전력을 총괄하는 민방위부와 함께 교도대, 노동적위대, 붉은청년근위대 등을 직접 통제한다. 무엇보다도 인민군은 수령의 군대, 당의 군대로서 선군정치를 직접 수행하는 부대이기도 하지만 무력을 가진 집단으로서 감시의 대상이기도 하다. 따라서 군의 동향과 사소한 문제들은 모두 김정은에게 보고되어야 할 사안이다. 일례로 1995년 김정일이 군사부로 하여금 인민군의 모든 외화벌이 사업에 대한 검열을 실시하고 이를 정비하라는 지시를 내린 적이 있다. 이로 인하여 군사부장은 리하일, 전 총참모장 김영춘 등 김정은의 최측근 인사가 담당한다. 김정은 시대에는 군부 실세이자 김정은의 측근으로 분리되는 빨치산 혈

통인 오진우의 아들 오일정과 공군사령관 출신 이병철이 군사부를 맡고 있다.

15. 근로단체부

근로단체부는 북한의 모든 직업의 노동과 근로에 해당되는 업무를 관장한다. 당의 핵심부서로서 중앙과 지방의 모든 기업소 및 공장을 당적통제한다. 주민들에 대한 직업 배당, 연금, 정년 관리 등 주민의 실생활과 관련된 업무의 영역까지 포괄한다. 이외에도 외곽단체인 조선농업근로자동맹, 조선직업총동맹 등을 통제한다.

북한에서는 노동자 및 농민 계급을 중심조직이며, 유일지배체제의 근간이라고 인식한다. 따라서 이들에 대한 사상교양과 조직사업을 중시한다. 북한의 사회주의노동법에 따르면 모든 주민은 유일지배체제와 주체사상에 기반한 노동의 의무를 가진다. 노동을 통하여 체제를 강화하고 유지한다는 의미다. 상세한 규정을 보면, 의무노동의 시작은 16세부터이며, 하루 노동시간은 8시간이다. 노동의 원칙은 대안의 사업체계로서 집단주의와 노동과 학습의 연계가 기본이다. 모든 여성의 노동참여를 위한 편의시설을 기본전제조건으로 삼고 있으며, 가내공업을 권장하여 노동의무를 다하도록 한다.

북한의 배급제는 노동의 양과 질에 의해 결정된다고 하면서 생활비는 도급지불제와 정액지불제를 유지하고 있다. 모든 집단은 독립채산체원칙에 따른다고 하며, 노력일을 두어 생산결과를 평가하도록 하고 있다. 노동에 따른 복지제도로는 일주일 1회 휴일, 14일 간의 정기휴가, 산전 60일, 산후 90일의 휴가, 정양소 및 휴양소 운영, 남자 60살, 여자 55살의 근속 연한 이후 연금 지급 등이 있다.

이같이 근로단체부는 주민의 생활에 깊이 관련되어 있으며, 체제유지 차원에서 중요한 역할을 담당하므로 김정은의 최측근이 담당하고 있다. 장성택이 1990년대에 비서를 담당하였는데, 처형 이후 이 부서 관련자들이 조사를 받는 등 도마 위에 오르고 있다.

16. 기계공업부

기계공업부(이전의 군수공업부 명칭 혼용)는 북한의 기계공업 전반을 통제·감독한다. 이 부서는 북한의 민간 및 군수산업은 물론 핵무기 제조에도 관여하고 있다. 주로 대량살상무기의 개발과 실험을 담당하며, 실제 운용은 하지 않는다. 그러나 북한의 제2경제위원회의 중심 부서로서의 역할이 지대하며, 북한의 군수산업의 미래를 책임지고 있다. 김정은이 기계제품 생산과 고도화 및 체계화를 독려하는 한편, '수입병을 망국병으로 규정하고 국산화를 강조'하는 등 기계 및 군수분야에 주력하고 있어서 향후 그 역할이 주목된다.

동 부서는 북한의 핵무기 개발 및 핵실험과 관련하여 기계공업부, 원자력공업성, 국가우주개발국, 혜성무역회사 등과 함께 유엔의 제재 대상에 포함되어 있으며, 주규창 기계공업부장 등 간부와 여타 부서 주요 직위자 등도 포함되었다. 홍영칠·홍승무 기계공업부 부부장, 그리고 조춘룡 제2경제위원장이 최근 김정은의 측근으로 주목받고 있다.

17. 당역사연구소

당역사연구소는 분단 이후 노동당의 권력장악과 발전과정을 연구하고 보존하는 부서로서 유일지배체제를 확립하는데 있어서 중심적 역할을 하는 부서다. 당역사연구소는 사실을 정리·보존하기도 하지만 김일성과 김정은의 빨치산 기록과 우상화를 위한 역사를 조작하는 일도 전담한다. 대표적인 업무가 김일성의 선집 및 회고록인 '세기와 더불어(1992년 김일성의 80회 생일 기념으로 1, 2권 출간, 이후 8권까지 출간)'를 집필한 일이다.

1970년대 초반부터 예하의 혁명사적지도국의 건설기관이 북한전역에 산재한 구호바위(주체사상과 혁명전통 찬양, 당구호 등 기록)를 건립하였고, 항일빨치산이 1990년대 초반까지 만들었다는 총 12,000여 건의 구호나무도 날조하였다. 아울러 구호문헌을 만들어 주민의 사상교육에 적극 활용하고 있다. 김정일의 '정일봉' 등도 이 부서가 담당하였다. 이외에도 각종 혁명사적관과 동상 등을 건립하고 관리하는 일도 담당한다. 최근에는 김정은이 '3세 때 총을 쏘고, 10세에 10발을 명중시켰으며, 6세에 기수보다 말을 잘 탔고, 8세에 자동차로 비포장도로를 질주했다'는 우상화 교재를 만들기도 하였다.

[그림 2-1] 김정은의 어린시절 모습(조선중앙TV, 2014. 1. 21)

18. 문서정리실

문서정리실은 당의 유일지배체제 확립 및 주체사상과 관련한 각종 교시나 문건 등을 관리하는 부서로 판단되는데, 주로 김정은의 교시나 지시를 하달하거나 보존하는 역할을 할 것으로 추정된다. 북한에서는 문헌법을 제정하여 문헌관리 및 편찬사업에 주력하고 있다. 주요 목적은 김일성, 김정일, 김정은의 우상화다. 당차원에서 희귀성이 있는 문건을 보존시설에 보관·관리하고 있으며, 지방에도 유사한 시설을 갖추고 있다. 북한에서는 우상화의 중요성 때문에 관련 문헌부문의 예산 편성에 우선을 두고 있다.

문서정리실은 한 때 서기실 산하에 있었으며 지금은 독립적으로 유지되고 있다. 황장엽이 문서정리실에 근무하였는데, 북한의 주체사상 등 사상전문가들이 다수 포진하고 있으며, 선전선동부와도 업무협조체계가 구축되어 있을 것으로 판단된다.

19. 민방위부

민방위부는 북한의 예비병력의 동원 및 훈련을 담당하는 부서다. 북한의 예비병력은 교도대 173만 명, 노농적위대 414만 명, 붉은청년근위대 118만 명, 기타 준군사부대 등 42만 명을 포함하여 770만여 명에 이른다. 북한이 6·25의 패전을 교훈삼아 전 인민의 동원 및 무장화를 추진한 결과다. 예비병력은 정기적으로 민방위부 통제 하에 전시 훈련을 받는데, 붉은청년근위대에 영입되는 만 14~16세의 학생들의 군사훈련을 실시하는 등 북한전반의 군사체제유지에 중요한 역할을 담당하고 있다.

북한에서는 노농적위대와 교도대의 전투력 강화에 주력하고 있는데, 정규군과의 정례적인 훈련은 물론 중앙당차원의 비상소집과 검열이 반복

[그림 2-2] 노동신문에 게재된 노농적위대 훈련 모습(2014. 12. 2)

되고 있으며, 2, 4호창고로 불리는 전시예비물자 실사, 지휘체계 단일화 훈련 등을 실시하고 있다. 이러한 문제는 북한의 경제난과 3대 세습에 따른 권력누수, 주민의 당성 약화 등과 무관하지 않다.

북한정권이 상시 전시준비체제를 준비하고 있어서 민방위부장의 역할은 매우 중요하다. 과거 장성택의 형인 장성우가 민방위부장을 담당한 것이 그 사례다. 또한 정규군과의 합동훈련과 비상계엄 선포가 일상화되어 있는 북한에서 그 역할은 인민군대의 수장들과 별 차이가 없다.

북한에서는 승진, 입당, 각종 편의를 위하여 부정부패가 심화되고 있는데, 민방위부의 부패도 심각한 수준이다. 민방위부가 주관하는 노농적위대 훈련이 보통 15일 정도 실시되는데, 장마당이 활성화된 이후 훈련에 빠지려는 주민이 늘어 뒷돈을 주고 훈련문제를 해결한다고 한다.

20. 선전선동부

선전선동부는 조직지도부와 함께 당의 양대 축을 담당하는 부서로서

분단 초기부터 '조직부, 간부부, 선전선동부, 노동부, 농민부, 사회부, 재정경리부 등'과 함께 출범한 조직이다. 원래는 구소련과 중국 등 여타 사회주의 국가들이 당과 당원의 당성을 확립하기 위해 설치한 것처럼 사회주의 우월성을 선전하는 부서였으나, 점차 1인 독재체제를 선전하는 기구로 전락하였다. 선전선동부는 김정은 왕조의 유일지배체제와 우상화를 이끌어가는 조직으로서 사실상 북한의 주체사상 교양의 심장부라고 할 수 있다. 1967년 후반기 이후 김정일이 동 부서의 문화예술 지도부장을 맡아 당의 유일사상확립체계를 관철하는데 주력하면서 그 위상이 확대되었다.

북한은 선전선동부의 감독 하에 모든 방송, 영화, 출판물, 교육을 포함하여 제반 정치적인 활동에 유일지배체제의 정신과 주체사상이 배합되도록 조치하고 있다. 또한 이 기구는 내각의 문화성, 중앙방송위원회, 노동신문, 각종 선전기관 등 모든 언론기관 및 출판기관, 활동단체, 외곽단체를 관장하고 있는데, 김정은의 교시나 당차원의 지시를 기관, 당원, 그리고 주민에게 숙지·관철시키는 것을 담당한다. 또한 북한의 대내와 남북관계, 그리고 대외관계에까지 체제와 우상화선전을 하는 것이 중심업무가 되고 있다.

특히 선전선동부는 당원을 김정은을 결사적으로 호위하는 조직으로 양성하는데 주력하고 있는데, 당원을 김일성 주의로 무장시키고 유일지배체제를 지키는 도구로, 인민군도 당의 군대, 김정은의 군대로 만드는데 주력하고 있다. 이를 위하여 모든 주요 기관에 선전선동부원이 구성되어 있어서 지도와 검열을 엄격하게 시행하고 있다.

김정은 시대에 들어와 김여정이 부부장급으로 격상되어 선전선동부를 장기간 장악해오던 김기남을 밀어내고 동 부서를 장악하여 김정은의 우상화 작업을 진두지휘하고 있다는 설도 있다. 조직지도부를 통한 장악인지 실제로 직위를 받는 것인지는 아직 확인되지 않고 있다. 선전선동부 조직은 대략 15개의 과가 존재하고 있으며, 사상교양, 출판지도, 혁명역사지도, 대

남선전지도, 대외선전지도, 방송지도, 검열지도 등의 업무를 담당한다. 직속기관으로 당문헌집행실, 혁명사적관리총국, 주체사상연구소, 당출판사, 대외선전국, 만수대창작사, 조선혁명박물관 등이 있다.

21. 신소실

신소실은 그 실체가 공개되지 않은 조직으로서 북한의 부문법인 신소청원법에 근거하여 추정하였다. 신소는 개인의 권리회복과 제안행위를 일컫는데, 관련법에 의하면 신소실과 내각이 신소청원사업을 지도·통제하도록 되어 있다. 주요 지도내용은 신소청원이 접수되었을 때 이를 제대로 처리하는가와 압력이나 묵살이 있는가 등이다. 북한정권에서는 신소행위가 체제 수호 차원에서 필요한 절차, 즉, 당의 중요한 통제행위로 인식하고 있다.

특이한 점은 신소의 처리 관할이 최고인민회의, 각 지역기관, 검찰 및 재판소, 군기관 등 해당 기관에 망라되어 있어서 신소가 일종의 감시장치 역할을 하는 것처럼 판단된다. 신소실이 중앙당의 하나의 전문부서로서 단순히 신소업무에 국한되지 않으며 별도의 업무가 부가될 것으로 추정되는데, 숙청대상자에 대한 사전 내사, 암행감찰, 혹은 김정은이 특별히 지시하는 인적조사 업무 등이 그것이며, 검열위원회가 신소실의 업무를 재검하는 기능을 수행한다고 보인다.

22. 재정경리부

노동당의 제반 예산과 실행을 담당하는 부서로서 북로당 창당 시부터 존재하였다. 당재정문제에 대해서는 당중앙검사위원회의 회계감사를 받는

다. 실질적으로는 김정은의 직접 통제를 받으며 형식적인 회계감사에 불과하다. 재정경리부의 가장 핵심적인 기능은 김정은과 그 일가, 그리고 권력핵심부의 의식주를 전담하여 공급하는 것이다. 이 조직에서는 이를 위하여 외국과 북한내부의 공급체계를 갖추고 있다. 이들이 공급하는 물품은 쌀, 육류, 수산물, 과일, 기름 등 식품이며, 중앙당 상점을 운영하여 평양 주재 외국 대사 및 당의 핵심권력층이 이용하도록 하고 있다. 재정경리부는 공급차가 직접 간부의 집을 방문하여 공급하도록 하는데, 1일 공급 대상은 정무국 부위원장, 부장급, 내각총리, 군단장 이상, 도당위원장, 김정은의 근접경호 인원들이며, 3일 공급 대상은 부부장급, 내각부총리, 각 성 장관들이 포함된다. 이를 위하여 재정경리부는 농촌, 목장, 어장을 운영하고 있는데, 정주영이 보낸 소도 예하의 목장으로 이동하였다고 한다. 건설부분에서는 아파트를 직접 건설하여 당간부나 퇴직 간부에게 분양하는 선심성 사업을 벌이고 있다. 김정은 일가를 위해서는 별도의 과가 운영되고 있으며, 김정은의 건강을 직접 담당하는 과도 운영하고 있다.

또한 재정경리부는 당자금이라고 불리는 김정은의 자금을 관리하고 있으며, 조선대성은행을 직접 장악한다. 이러한 관점에서 38호실과 39호실의 외화벌이 자금이 흘러들어올 가능성이 있다. 최근에는 마원춘 재정경리부 설계실 부실장이 자주 언론에 등장하는 바, 재정업무 외에도 당의 주요 사업 부분에 관여하여 김정은의 의도를 관철하는 부서로 추정된다. 김정일의 마지막 부인인 김옥의 아버지 김효가 재정경리부 부부장을 역임하였는데, 김정은 등장 이후 모두 퇴진하였다.

23. 총무부

총무부는 당의 모든 행정적 업무를 관장하는 중앙기관이다. 기밀업무 등 당의 행정적 업무와 관련한 지도 통제를 담당한다. 특히, 김정은과 관련된 문건, 사진, 녹음물, 녹화물, 디지털 자료 등을 엄격히 처리하고 있다.

북한에서는 기밀법에 의하여 비밀문건의 관리를 중시하고 있다. 기밀의 종류는 '절대 비밀, 비밀, 기관인에 한함' 등 3단계로 구분되며, 이러한 비밀을 모두 등록하고 관리한다. 기밀과 관련한 업무 규정 및 절차는 총무부에서 감독하고 지시한다. 위반자에 대해서는 매우 엄격한 처벌이 따른다.

총무부는 당과 국가의 기밀을 다루는 부서로서 중심적인 역할을 수행하고는 있으나, 북한의 정책이나 권력구도에 민감하지 않은 부서로서 상대적으로 중요성이 덜하다. 단지, 최룡해가 1998년 청년동맹 비리사건에 연루되어 평양시 상하수도관리소 당비서로 밀려났다가 2003년 노동당 총무부 부부장으로 기용되면서 거론되는 정도다. 장성택 처형 이후 행정부가 공중 분해되어 김정은의 비서실인 서기실 등의 소재가 드러나지 않는 상황에서 상당 부분의 업무가 총무부로 이전했을 가능성도 있다.

24. 통일전선부

통일전선부(통전부)는 해체된 문화부의 업무를 이어받아 1977년에 신설되었으며, 김정일이 권력 강화 차원에서 대남분야를 겸직하고 모든 대남사업을 직접 관장하였다. 부장, 정책·교류·회담·총련·조직담당 분야에 부부장급들이 있고, 총인원은 3,000여 명인 것으로 알려지고 있다. 남북대화 시에 업무기능을 위장하기 위하여 참사라는 직급과 참사실이라는 근무지를 주로 사용하기도 한다. 통전부는 당규약에 명시된 대로 당면 목표인 한

반도 적화통일을 달성하기 위한 전위부서이자 핵심부서다. 주요 임무는 통일전선공작으로서 남한 내 혁명세력을 확산시키기 위하여 대남공작, 대남선전선동, 남북한 대화 및 교류 등 공세적인 임무를 수행한다. 통전부는 외곽기구인 조국통일민주주의전선, 조국평화통일위원회, 반제민족민주전선, 조국통일범민족연합 북측본부, 조국통일범민족청년학생연합 북측본부, 민족화해협의회, 단군민족통일협의회, 조선평화옹호전국민족위원회, 재북평화통일촉진협의회, 6.15공동선언실천북측위원회 등을 포함하여 남북교류 내지는 남한과 관련된 모든 조직을 직접 통제하고 있다. 모든 남북 대화 및 교류에 나오는 인물들은 통전부의 지시에 따르고 있다.

통전부는 정찰총국, 보위사, 내각산하의 225국과 경쟁적으로 대남공작을 추진하고 있으며, 조평통의 포털기구인 우리민족끼리를 이용하여 인터넷을 통한 선전선동도 전개한다. 통전부 산하의 101연락소는 반미 동영상을 만들어 유튜브에 유포시켰다는 혐의를 받고 있는데, 이곳에 IT전문가들이 대거 포진하고 있다. 통전부는 중국 내 식당운영을 통한 외화벌이를 포함하여 해외 교포조직에 파고들어 북한체제를 선전하고 있다. 통전부가 남북교류 시 전개하는 공작은 주로 포섭공작인데, 방북자를 환대하며 북한의 체제선전과 지지에 이용하는 영향공작[7]이 대표적이다. 김영철이 교통사고로 사망한 김양건의 뒤를 잇고 있다. 김영철은 남북회담에서도 경험을 쌓고 서해교전을 감행한 인물로써 김양건 못지 않은 전문가로 만만치 않은 대남전략을 구사할 것으로 예상된다. 통일전선부는 2009년 2월 김정은이 후계자로 내정된 이후 기존의 노동당 작전부, 정찰국, 당35호실 등 공작부분을 정찰총국으로 통폐합하였는바, 통전부의 공작업무도 상당 부분 이관

---

7 영향공작은 1995년 10월 11일 전 국가안전기획부 권영해 부장이 국회정보위에서 언급한 내용으로서 대남공작의 한 유형을 설명하면서 거론하였다. 당시에 대상은 국내인과 모든 외국인사를 망라하였다.

되었을 것으로 추정된다.

25. 38호실

형식적으로 재정경리부의 관리에 있지만 39호실과 더불어 김정은의 외화자금을 관리하는 부서다. 두 부서는 국제적 제재 혹은 필요에 따라서 수시로 통합되거나 분리되는 과정을 거쳤다. 이 조직들은 김정은의 개인금고다. 38호실은 그 중요성 때문에 과거 김경희가 장악하였으며, 현재는 김여정이 장악하고 있는 것으로 알려지고 있다.

예하에 모란지도국(약초, 희귀생물, 고급목재), 낙원지도국(낙원백화점을 비롯하여 124개의 백화점 지도관리, 국외 기업과 납품계약 등 관장), 묘향산지도국(광물과 유류 담당) 등 3개국이 있으며, 북한의 각종 생산품을 수출한다. 또한 북한 내의 일류급 호텔에서 수입하는 외화를 통제한다. 외화상점과 식당들이 벌어들이는 외화도 포함된다.

북한에서는 38호실과 39호실이 모든 외화와 돈을 다 빨아들여 자금회전이 되지 않는다는 말이 있을 정도로 김정은 개인은 물론 당차원에서 자금을 독점하는 상황이다. 김정은 집권 이후 리영호와 장성택 등 권력실세가 숙청당하는 이유 중의 하나도 이들이 독점하는 돈줄을 회수하는 과정에서 불가피하였다는 주장도 제기되고 있다.

26. 39호실

39호실은 북한의 모든 외화를 관리하는 곳으로서 김정은의 허락 없이는 단 1달러도 사용할 수 없도록 체제를 구축한 곳이다. 사실상 김정은의

통치자금을 관리하고 있다. 통치자금의 사용처는 핵무기 개발 등 체제유지 차원의 군사력 건설, 200만 명에 달하는 핵심권력의 욕구 충족 및 충성 확보, 대남공작활동 지원 등을 의미한다.

핵심기관은 1974년 5월에 창설한 대성무역총회사(대성총국)이다. 산하에 역할을 담당하는 조직이 편성되어 있는데, 금속(1국), 편직(2국), 수산물(3국), 농·토산물(4국), 항(5국), 수입(6국), 인삼(7국), 전자연합(8국), 중개무역(9국), 대외상업(10국) 등이 그것이며, 최고의 목표는 외화벌이다. 이들이 다루는 주요 수출품은 금, 은괴, 기계설비, 화학·섬유제품, 송이버섯, 냉동문어, 고려인삼, 전복, 송이버섯, 인삼, 진주, 도자기, 녹용, 샘물 등이며, 주요 대상국가는 일본, 홍콩, 싱가포르로서 해외에 지사 및 대표부를 운영하고 있고, 산하에 120여개의 무역회사를 운영한다.

예하의 주요 지도국으로는 금강지도국(금·은·연·전기·아연), 대흥지도국(송이버섯), 경흥지도국(외화상점·식당·선박운영·대외무역) 등이 있으며, 1978년 11월에 발족한 조선대성은행이 이들의 외환업무를 담당한다.

39호실이 주도하는 북한의 외화벌이 사업은 국제적 우려를 낳고 있는데, 인민군 등이 양강도 및 자강도 등지에서 아편, 코카인, 헤로인 등을 재배 혹은 생산하여 밀매하고, 소위 '슈퍼노트'라고 불리는 100달러 위폐를 유통시키고 있으며, 불법무기거래를 일삼고 있다. 이러한 문제 때문에 2005년 미국이 방코델타아시아(BDA)은행의 2,500만 달러를 동결한 바 있으며, 북한은 더욱 지능적으로 돈세탁을 하고 지하자금을 늘려나가고 있는 실정이다.

27. 중앙은행

중앙은행은 부문법인 중앙은행법에 그 운용과 구조에 대해 상세하게 기술되어 있다. 주요 임무는 '은행법의 제도와 질서를 수립하고, 화폐정책의 집행, 금융사업의 개선 및 강화'다. 중앙은행은 북한화폐인 '원'을 발권하며, 통화조절과 유통을 책임진다. 중앙은행 또한 당적지도의 대상이다. 특이한 것은 '특수경제지대'라는 명칭이 있는데, 당을 비롯한 외화벌이 사업, 제2경제 영역 등을 말하는 것으로 추정되는바, 이들은 해당 법규에 따른다고 규정하고 있다. 이는 중앙은행이 명목상 모든 화폐유통과 금융사업을 통제한다고 하지만 당과 권력기관의 은행들이 통제권 밖에 있음을 의미한다. 중앙은행은 총재와 약간 명의 부총재, 비상설 조직인 이사회가 있으며, 평양의 중앙조직과 지방조직이 있다. 채권발행, 국고 관리, 기념주화의 발행, 금, 은 등의 귀금속 관리, 금융기관 설립 승인 등의 업무를 담당한다.

28. 당중앙군사위원회

당규약에 의하면 당중앙군사위원회는 '당대회와 당대회 사이의 모든 군사분야 사업을 당적으로 조직지도하고…당의 군사노선과 정책을 관철하기 위한 대책을 토의 결정하며 혁명무력을 강화하고 군수공업을 발전시키기 위한 사업을 비롯하여 국방사업전반을 당적으로 지도한다'라고 되어 있다. 김정은 시대에 들어와 가장 그 권위가 격상되고 활용도가 높은 조직이 당중앙군사위다. 김정은이 위원장을 맡고 있고 군부실세들이 포진하고 있다.

이 조직은 1962년 12월 당중앙위원회 제4기 제5차 전원회의에서 김일성이 경제건설과 국방건설 병진노선을 선포하고 4대 군사노선을 추진하

기 시작한 해에 당차원의 기능을 수행하기 위하여 신설되었다고 추정하기도 한다. 그러나 공식적으로는 1970년 제5차 당대회에서 당규약에 '당중앙위원회 군사위원회는 당군사정책 집행방법을 토의 결정하며, 군수산업과 인민군대와 모든 무력의 강화를 위한 사업을 조직하며 우리나라의 군사력을 지도한다'라고 규정되어 있어 그 실체가 드러났다.

당중앙군사위원회는 사실상 북한체제의 전위무장기구 세력인 군부의 역할을 대변하고 있는데 대부분의 중요한 발표 시에 당중앙위원회와 공동으로 발표하는 위상을 확보하고 있다. 김정은 시대에 들어와 국방사업 전 분야를 관할하도록 하고 있고 총비서가 당중앙군사위원장을 겸직하도록 하고 있어서 사실상 김정은의 군사력 장악력을 수행하는 기능을 하고 있다.

당중앙군사위원회는 김정은이 2010년 9월 대장임명과 함께 억지로 만든 당중앙군사위원회 부위원장에 임명된 관계로 어찌 보면 권력의 시작을 같이한 조직으로서 3대 세습의 불안한 시기를 겪고 있는 김정은의 호위조직의 역할도 수행하는데, 정찰국장, 최정예 군단인 11군단장 등이 동 위원회에 진입하는 등 김정은의 군부 행동조직 인물들이 포함되어 있다. 이들은 군부의 불만을 억제하고 불평세력을 견제하는 역할을 수행하며 동시에 유사시 김정은을 보호하는 역할 등을 담당한다. 아울러 대남도발을 강화하고 핵위협을 불사하는 위험 행동의 진원지이기도 하다.

29. 지방조직

지방조직은 분단 초기 시에 그 체계를 갖추었으며, 최고기관은 각급 당대회가 있고, 실제사업은 각급 인민위원회가 담당하고 있다. 북한에서는 지방조직이 중앙당조직의 축소판 형태이며, 당대표회, 당위원회 전원회의, 당

집행위원회, 정무처, 전문부서 등이 있다. 인민위원회는 인민위원장, 부위원장, 당정무위원, 분야별 전문국과 부대 기관인 검사소와 감독소 등이 있다. 그러나 당조직은 행정조직의 우위에 있으며 관련 기관들을 통제·감독한다.

30. 도(직할시·특별시·시(구역)·군) 당대표회와 당위원회

도당대표회는 당의 중앙당의 당대회처럼 지방조직 최고 지도기관이며, 그 형식과 운영 면에서도 유사하다. 도당대표회는 도당위원회가 중앙당의 지시를 받아 소집한다. 도당대표회는 도당위원과 도당검사위원을 선출하며, 모든 사업을 총괄하여 관장한다. 그리고 중앙 당대회에 보낼 대표를 선거한다.

도당위원회는 도 및 직할시 등의 조직의 당적인 업무를 실질적으로 처리하는 기관으로 유일지배체제와 당의 노선을 완수하는 집행기관이다. 모든 조직을 당적지도하며, 관할 내의 인민군을 측면 지원하고 항시 전쟁수행체제를 완수하는 역할을 한다. 아울러 도당의 재정관리와 각종 사업을 중앙당에 보고한다.

도당위원회는 4개월에 1회씩 전원회의를 운영하여 주요 정책과 사업을 토의·의결하고, 책임정무위원, 당위원회 및 검사위원회 위원을 선출한다. 도당의 정무처, 군사위원회, 검열위원회는 중앙당 상급부서의 업무를 위임받거나 지시에 따라 업무를 집행한다.

도당위원회 책임위원은 행정조직의 수장인 인민위원장과 상호 견제·보완하는 체제를 구축하고 있는데, 도당 정무위원은 도의 최고책임자로서 도의 전 부분을 관장한다. 조직담당 정무위원은 그 다음 서열로서 중앙당의

지시를 받아 도의 당기관, 행정기관, 군대 및 통제기관의 당원을 감시하고 통제한다. 이하 하부조직은 도당의 지시를 조직하고 집행하는 역할을 담당한다.

시(구역)에도 당조직이 형성되어 있으며, 시(구역) 및 군 당대표회의와 당위원회가 조직되어 있고, 주요 임무와 조직은 도당체계와 유사하다. 조직으로서는 시(구역) 및 군당조직이 말단 지도단위라고 칭한다. 단지 전원회의는 3개월에 1회 소집된다.

당기층조직으로는 초급당위원회와 당세포가 있는데, 31명 이상인 경우 초급당위원회, 당세포는 5~30명이 있는 경우 조직된다. 지방당은 중앙당의 직접적인 통제하에 놓이게 되므로 수시로 중앙당 요원이 지방당에 파견되어 업무를 지시하고 감독하는 것이 일상적이다.

또한, 대학 등 기타 특수 기관에 당위원회가 설치되는데, 일례로 김정일이 1961년 7월 대학 2학년 때 노동당에 입당하였으며, 대학당위원회 예하 학생 당위원회에서 주도적인 활동을 하였다고 선전하고 있다. 김정일은 대학 당위원회 소속이면서 중앙당의 주요 위원회를 방청하거나 주요 회의에 참석하는 특혜를 누렸었다.

제3장

국가기구와 정치조직 · 외곽기구의 역할

북한의 국가기관과 관련된 정치조직은 사회주의헌법 제6장에 상세히 기술되어 있는데, 유일지배체제하에서 주체사상을 지도지침으로 삼고 있다. 헌법에서도 '민주주의 중앙집권제 원칙을 조직원칙으로 내세우고 있으며, 일반적 · 평등적 · 직접적 선거원칙에 의한 비밀투표를 주장한다. 북한의 국가기구는 최고인민회의, 국무위원회, 최고인민회의 상임위원회, 내각, 지방인민회의, 지방인민위원회, 검찰소와 재판소 등으로 명시되어 있다.

1. 국무위원회

국무위원회는 최근까지 국방위원회로 존속되다가 최고인민회의 제13기 4차회의에서 명칭이 변경되었는데, 헌법상 '국가주권의 최고군사지도기관이며 전반적 국방관리기관'으로 명시되어 있다. 위원장은 김정일이 역임한 직위로서 공석으로 두다가 명칭을 바꾸면서 김정은이 위원장이 되었으며, 부위원장과 위원들이 구성되어 있다. 헌법에 명시된 국무위원회의 임무와 권한은 다음과 같다.

- 국가의 전반적 무력과 국방건설사업 지도
- 국방 부분의 중앙기관 창설 및 폐지
- 중요 군사간부의 임명 및 해임
- 군사칭호 제정 및 장령(장성)이상의 군사 칭호 수여
- 전시상태와 동원령 선포

국무위원회는 1972년 사회주의헌법을 발표하면서 군 최고조직으로 중앙인민위원회에 국방위원회로 신설되었다. 1992년 개정 헌법에서 "국가주권의 최고군사지도기관에 전반적 국방관리기관을 추가, 국무위원회의 지위와 권한을 강화하였으며, 국무위원장이 사실상 정치·군사·경제역량을 총체적으로 통솔 지휘하는 체제를 갖추었다. 1993년 김정일이 국방위원장으로 취임하여 국방위원회에 권한을 집중하면서 국가적 위기를 타개하는 데 주로 활용하였는데, 김정은은 국무위원회보다는 당중앙군사위원회를 주로 활용하는 등 당중심의 운영을 선호하고 있다. 따라서 국무위원회 산하에 포진한 인민무력성, 국가안전보위성, 인민보안성(4장에서 설명) 등의 통제가 이원화되어 있는데, 이러한 문제점을 해소하기 위하여 당규약을 개정하면서 당중앙군사위원회와 총정치국의 위상을 강화한 것으로 분석된다.

2. 최고인민회의 및 최고인민회의 상임위원회

북한의 최고인민회의는 1948년 8월 인민의 총선거에 의하여 창설되었으며, 명목상 최고주권기관이자 입법권을 행사하는데, 상임위원회도 휴회기간 중에 동일한 권한을 가진다. 최고인민회의 임기는 5년이며 중요한 임무는 아래와 같다.

- 헌법 및 부문법의 수정보충
- 최고인민회의 상임위원회가 의결한 사항 승인
- 대내외 정책 계획 수립
- 국무위원회 위원, 상임위원회 위원, 내각총리 및 위원장, 상 및 주요 직위자, 중앙검찰소장 및 재판소장 선거 및 소환
- 인민경제계획, 국가예산, 중앙기관들의 사업계획 등의 심의·승인
- 조약의 비준, 폐기 결정 등

또한 최고인민회의는 정기회의와 더불어 임시회의를 운영하며, 법제위원회, 예산위원회 등과 같은 부문위원회를 두고 있다. 헌법에는 1/3이상 소집 요청에 의하여 2/3의 찬성이 있어야 성원이 되고 의결한다고 하나 모든 의사결정이 만장일치에 가깝다. 대의원에는 당·정·군 주요 직위자가 선출되며, 대략 687개 선거구에서 687명이 대의원이 된다. 2012년 4월 13일 김정은을 국방위원회 제1위원장으로 추대하였다.

상임위원회는 초기에 상설회의라는 명칭을 가지고 있었으며, 1992년 개정 헌법에서 명칭이 변경되었고 명목상 권한을 강화하였다. 이 기구는 실질적인 의결기구로서 위원장, 부위원장, 서기장, 위원들로 구성되어 있으며, 최고주권기관으로서 주요 실세들이 형식상 참여한다. 상임위원회는 최고인민회의의 임무와 권한에 부가하여 상세한 법 규정의 해석과 적용, 지방

인민회의를 통제하고, 해외 주재관의 임명, 훈장과 메달 및 명예칭호 부여 등을 수행한다.

그러나 최고인민회의 및 상임위원회 또한 당적지도의 대상으로서 당의 지침에 따라 움직이며, 김정은의 지도력을 과시하고 북한이 민주적인 절차에 의하여 운영된다는 것을 보여주기 위한 대외선전 기구에 불과하다.

3. 내각

북한의 내각은 '최고 주권의 행정적 집행기관이며 전반적 국가관리기관'으로 명시되어 있다. 그 구성을 보면 [그림 3-1]과 같이 총리, 부총리, 7개 위원회 위원장, 31개 성의 성, 2국 1원, 중앙은행 등으로 구성되어 있으며 임기는 5년이다.

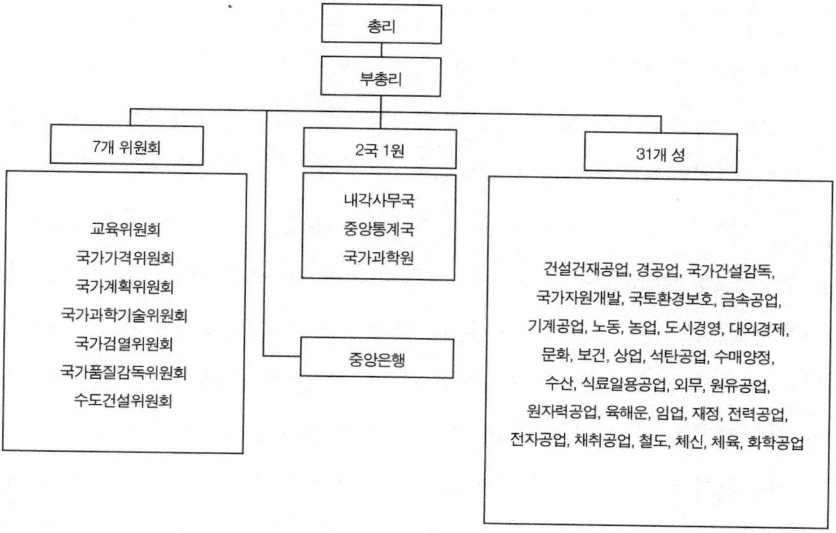

[그림 3-1] 북한내각 조직도

내각의 임무와 권한은 정권 차원의 계획을 집행하며, 헌법과 관련법의 규정을 제정하거나 보충한다. 내각은 각 분야의 세부 예산을 편성과 집행 계획을 수립하며, 검열사업도 진행한다. 동시에 대외적인 업무도 관장하며, 예하조직을 통제 감독한다. 내각에는 전원회의와 상무회의가 있으며 총리가 이를 주관하는데, 7명의 부총리가 있다. 내각전원회의는 행정·경제사업의 현안문제를 토의·결정하고 상무회의에서 위임한 문제들을 토의·결정한다.

북한의 내각은 분단 초기부터 정무원이라는 명칭을 사용해 왔는데, 1972년 헌법에서 '최고주권기관의 행정적 집행기관으로서 그 산하의 각위원회·부·지방행정 경제위원회의 사업을 지도하는 등 일체의 행정업무를 담당'하도록 함으로써 주석체제를 보좌하고 중앙인민위원회의 지도하에 총리·부총리·부장과 그밖에 필요한 기관들로 구성된 협의체 형태였다. 그 역사를 살펴보면, 1945년 11월 북조선 5도 행정국이 설치되었고, 산업, 교통, 농림, 상업, 재정, 체신, 보안, 사법, 교육, 보건 등 10개국이 운영되었다. 이때에는 실제 업무 집행권한은 지방인민위원회가 가졌다.

1948년 9월의 헌법에 의하여 수상, 내각, 각급인민위원회가 설치되었는데, 국가계획위원회와 민족보위성, 내무성, 외무성, 교통성, 체신성, 재정성, 사법성, 보건성, 교육성, 문화선전성, 노동성, 농림성, 도시경영성, 산업성, 상업성 등으로 일부 조직이 변경되었다. 1992년 개정헌법에서 국가주석과 중앙인민위원회가 폐지되고, 정무원이 내각으로 개편되었다. 따라서 내각총리가 국가주석과 중앙인민회의 지시를 받던 체제가 사라지고 전반적인 책임을 직접 지는 구조, 즉 실질적인 관리기구로 변경되었다. 따라서 정무원의 부가 성으로 부장이 상이라는 호칭으로 변경되었다. 북한에서는 성의 책임자를 상급, 즉, 장관급이라고 주장하고 있으며, 그 밑에 부상, 국장, 과장 등이 있다. 그러나 실제로는 당적지도의 대상으로서 당의 전문

부서 부장의 지시를 받고 있는데, 중앙당의 눈치를 살피는 위치에 있으므로 중앙당 관련 부장의 허락 없이 아무 일도 할 수 없는 존재라고 할 수 있다.

기타 특이사항으로서 2002년 7월 1일의 소위 7.1경제관리개선조치에 따라 국가적 계획은 국가계획위원회가 수립하고 실무를 해당 성, 기업소, 지방행정단위 등이 수립한다. 북한의 경제는 당경제, 인민경제, 군경제로 나누어지는데, 이러한 시스템으로 인하여 경제부분은 비정상적으로 분화, 발전되고 있다. 31개의 성은 권력의 부침과 역할변동에 따라 많은 변화를 겪어 왔으며, 현재와 같은 구조는 1950년대 초반에 그 골격을 갖추었는데, 국가건설위원회, 건설성, 전기공업성, 석탄공업성, 대내외상업성, 수산성, 지방경리성, 금속공업성, 화학공업성, 건설건재공업성 등이 신설되면서, 1956년에 경제 각 분야의 성이 체제를 갖추어 주요 산업을 관리하는 체계를 구축하였다.

4. 지방 인민회의 및 인민위원회

지방인민회의는 도(직할시), 시(구역), 구를 대표하는 지방 주권기관이다. 지방인민위원회에서 대의원을 선거하는데, 임기는 4년이다. 인민회의는 지방의 행정 및 예산 관련 계획과 결과를 심의하고 승인하는데, 헌법상 지방주권의 대표적 기관으로서 지방행정을 지도할 수 있으며, 주요 임무로는 지방의 경제발전계획과 그 실행방안의 심의·승인, 해당 인민위원장, 재판소의 판사, 인민참심원, 하급 임원 등 주요 직위자 들의 선거 및 소환, 잘못된 결정의 폐지 등이다. 1년에 1~2회의 회의를 소집하며 의장이 회의를 진행한다.

지방인민위원회는 인민회의의 휴회 중의 업무를 대행하는 기관으로

서, 위원장, 부위원장, 사무장, 위원들로 구성되며 임기는 4년이다. 지방인민회의가 형식적인 의결기관인데 반하여 인민위원회가 주로 업무를 관장한다. 전원회의와 상무회의를 두며, 사업별로 비상설기구를 두기도 한다.

지역 책임정무위원이 지방위원장을 겸직하고 있으며, 위원들은 행정경제위원장, 농촌경리위원장, 안전국장, 보위국장, 검찰소장 등 인민위원회는 합의체 기관의 특성을 보이기도 한다.

5. 검찰소와 재판소

북한의 검찰소는 중앙검찰소, 도(직할시), 시(구역), 군 검찰소와 특별검찰소가 있다. 검찰소는 감시기능과 함께 정책의 위법성과 범죄자 색출, 주민의 재산권을 보호하는 것을 주요 임무로 정하고 있다. 중앙집권적 체제로서 중앙검찰소가 검사를 임명하거나 해임하고, 예하 검찰소는 절대 복종하도록 되어 있다.

재판소도 중앙재판소 예하에 도(직할시) 재판소, 인민재판소와 특별재판소가 구성되는데 판사는 중앙재판소가 임명하거나 해임한다. 판사들은 일반적인 법집행을 하도록 규정되어 있으며, 재판은 판사 1명, 인민참심원 2명으로 구성한다.

그러나 북한은 당체체로서 검찰소와 재판소도 당적지도를 받으며, 형식적인 법체계보다는 초법적인 검찰 및 재판이 횡행하는 곳이다. 이를테면 김정은과 관련된 1호 범죄는 재판 없이 총살이 가능하며 많은 숙청의 사례와 같이 체제에 도전하는 세력에게는 어떠한 법적인 절차도 무시된다.

특히 북한의 검찰소는 검찰감시법에 의하여 모든 기관, 기업소, 단체와 주민이 법을 집행하는지를 감시하고 있다. 위반자에 대해서는 군중심판이

가능하도록 규정하고 있다. 또한 북한은 가족법, 대외민사관계법, 민법, 민사소송법, 형법 등을 갖추고 있는데, 가장 큰 원칙은 물론 1당 독재체제와 사회주의체제의 유지라고 할 수 있다.

6. 외곽기구

북한의 외곽기구는 〈표 3-1〉에서와 같이 분야별로 다양한 조직이 구축되어 있으며, 그 직능별로 북한의 유일지배체제를 대변하는 역할을 담당하고 있다. 이러한 기구는 북한의 집단주의원칙을 근거로 운영되고 있는데 당차원의 통제와 정권적 차원의 업무를 추진하는데 활용되고 있다. 외곽기구들은 분단 이후부터 생성되기 시작하였는데, 실질적인 역할을 하는 조직과 위장공세와 선전선동을 목적으로 활용되는 기구 등으로 구분할 수 있다.

먼저 정당분야의 위장정당으로서 대표적인 기구가 조선천도교청우당이다. 이 기구는 1946년 2월 8일에 천도교를 기반으로 창당된 종교정당인데, 분단 이후 한동안 자취를 감췄다가 1982년 8월에 다시 모습을 드러냈다. 마치 천도교가 정화되고 자체적으로 노동당을 신봉하는 것처럼 위장한 형식적인 당으로서 북한은 천도교당 등과 통일전선을 형성하는 것처럼 선전하고 있으며, 대남위장평화통일전선의 목적으로 활용한다. 사회민주당과 더불어 북한에서는 위장정당을 우당(벗으로 되는 정당: 노동당을 지지하며 함께 통일전선을 이룬 단계에 있는 정당)이라고 부른다. 조선사회민주당은 1945년 11월 3일 조만식 선생이 중심이 되어 결성된 조선민주당이 그 근원이다. 조만식 선생 등이 신탁통치를 반대한다는 이유로 연금하면서 조직원들이 남한으로 탈출하면서 와해된 조직이다. 1981년 1월 29일 제6차 당대회에서 당명을 바꿔 출범시켰는데, 마치 노동자, 농민, 지식인, 기업가, 종교인이 연합한

것으로 선전하고 있다. 일종의 통일전선 연합형 정당이며, 진보적 정치세력을 포함한 것처럼 위장하고 있다.

〈표 3-1〉 북한의 외곽기구 현황[8]

구분	현황
정당/대남	조선천도교청우당, 조선사회민주당, 조국통일민주주의전선, 반제민족민주전선, 조국통일범민족연합 북측본부, 조국통일범민족청년학생연합 북측본부, 민족화해협의회, 단군민족통일협의회, 조선평화옹호전국민족위원회, 재북평화통일촉진협의회, 6.15공동선언실천북측위원회
대외	조선아시아태평양위원회, 조선대외문화연락위원회, 세계인민들과연대성조성위원회, 조선외교협회, 조선아시아아프리카단결위원회, 일제의 조선강점피해조사위원회, 조선일본군위안부 및 강제연행피해자 보상대책위원회, 조선반핵평화위원회, 조선인강제연맹피해자 유가족협의회, 아시아 여성들과 연대하는 조선여성협회, 조선유네스코민족위원회, 조선유엔식량 및 농업기구민족위원회, 조선유엔개발계획민족조정위원회, 유엔아동기금민족조정위원회, 일본의 과거청산을 요구하는 국제연대협의회 조선위원회
사회	김일성사회주의 청년동맹, 조선직업총동맹, 조선농업근로자동맹, 조선민주여성동맹, 조선적십자회, 조선기자동맹, 조선자연보호연맹, 조선민주법률가협회, 조선학생위원회
종교	조선카톨릭협회, 조선그리스도교연맹, 조선불교도연맹, 조선천도교회, 조선종교인협의회, 조선정교위원회
학술/체육	조선사회과학자협회, 조선문화예술총동맹, 조선과학기술총연맹, 조선건축가동맹, 조선역사학회, 조선김일성화김정일화위원회, 조선올림픽위원회, 조선태권도위원회

대남분야의 조직들은 통일전선부의 지령에 따라 남한 내의 친북세력의 포섭, 통일전선 형성, 우리정부 비난 및 보수세력 와해 등의 임무를 수행한다. 대부분 위장조직으로서 그 대표적 조직이 조국평화통일위원회(조평통)인데, 최고인민회의 제13기 4차 회의에서 국무위원회 직속으로 위상이 높아졌다. 조평통은 가장 빈번하게 언론활동을 전개하며 북한의 입장을 대변하는 선전선동기구다. 이 조직은 1961년 5월 31일에 결성되었는데 미군철

8 통일부, 「2016년 북한 권력기구도(리플렛)」참조.

수를 전제한 무력적화통일 추구, 평화적 통일 위장공세, 국내문제 개입·비난 및 협박공세, 대남 및 해외교포 초청업무를 관장한다. 또한 칠보산연구소 산하의 민민전 방송을 운영하는데, 당의 지원을 받는 대표적 기관으로서의 체제를 갖추고 있다. 과거 황장엽 국제담당비서, 김용순 대남담당비서, 양형섭 최고인민회의의장 등이 부위원장으로 포진할 정도로 1급 대남전문가가 포진하고 있으며, 위원장은 김정은으로 추정된다.

반제민족민주전선과 조국통일민주주의전선 또한 통일전선을 위한 전위기구로써 그 역사가 깊다. 반제민족민주전선(반민전)은 1927년 반제청년동맹을 근거로 기구를 확대하였는데, 1965년 8월 김일성이 교시로 직접 역할을 강조한 기관이다. 이 조직은 기관지(홈페이지)인 구국전선을 운영하고 있는데, 1990년 이후 강정구 동국대 교수의 칼럼이 구국전선에 지속적으로 게재된바 있다. 이전에는 한국민족민주전선(한민전)이라는 명칭을 사용하였다. 조국통일민주주의전선(조국전선)은 전형적인 대남기구로서 1946년 7월 22일에 결성되었으며, 마치 모든 정당과 70여개의 단체를 망라한 것처럼 선전하고 있다. 남한의 혁명을 조장하기 위하여 '남북한 정당, 사회단체가 참여해야 하며 전쟁 전 남한 내 혁명역량을 강화'한다는 목적으로 대남선전선동 공세를 하는 기구로서 위장평화공세와 남한 내 친북조직과의 연대를 도모하고 있다. 1979년 남북당국회담 시 조국전선 대표가 당국회담의 북측대표로 참가하여 박정희 전 대통령이 '춘향이(남북조절위 부위원장) 나오라고 했더니 방자(조국전선)가 나온 꼴'이라고 문제를 제기한 일화가 있다. 주로 반정부투쟁과 미군철수, 미군을 외세지배라고 주장하는 등 반미선동에 주력하는 조직이다.

이외의 조직들은 남북관계의 진전에 따라 우리측 인사들을 포섭 혹은 회유하기 위해 전방위적인 대남공세를 전개하는 조직으로서 유사분야의 위장단체를 만들어 활동한다. 조국통일범민족연합북측본부(범민련)는 1991

년 1월 25일에 결성된 반한 통일전선조직으로서 대남공작에 주력하며, 범민련 남측본부에 종북세력을 포진시켜 노동당이 이를 직접 조종한다. 민족화해협의회(민화협) 또한 남한의 추종세력을 결집시킨 단체로서 북한에 유리한 주장을 전개하는 등 통일전선부의 하부 선전선동기구 및 대남조직으로 인식되고 있다. 단군민족통일협의회는 3.1절, 개천절 등 단군 관련 행사를 협의하는 등 여타 종교 기구들과 더불어 대남통일전선을 형성하는 기구다. 6.15 공동선언실천북측위원회는 2000년 6월 15일의 남북정상회담 이후 추진된 장관급회담 등 사회경제분야의 추진을 독려하여 북한의 이익을 극대화하기 위한 조직이다. 그러나 실질적인 남북한의 긴장완화 및 군축 등의 문제를 외면하는 상태로서 이러한 조직들도 선전선동기구로서 한계에 놓여 있다는 것을 보여준다. 이와 같은 평가는 모든 기관, 조직, 그리고 기구들이 북한의 당적 지도하에 놓여 있으며, 북한의 체제선전 및 유일지배체제를 결사적으로 옹위하는 조직에 불과하다는 인식에 근거한다.

대외 분야는 정권 차원의 목소리를 대변하고 관련 전문가를 위장시키고 포진시켜 북한의 대외적 실익을 얻고 필요시 선전선동을 일삼는 기구들이 구성되어 있다. 그 조직들의 면면을 보면 북한이 제3세계와의 연대 중시, 對일 비판 및 보상 확보, 위장 핵 평화공세, 對유엔 공세 및 경제적 실익 증대 등에 주력하고 있음을 보여준다. 그 대표적 기관인 조선아시아태평양위원회는 대외 분야라기보다는 대남총괄기구에 가깝다. 1994년 10월 창설되었는데, 북한에서는 '비정부평화애호기구'라고 선전하고 있지만 위장평화단체라고 할 수 있다. 김양건 전 통일전선부장 및 비서가 위원장이고, 정치·경제·문화·생태·관광·종교 등의 분야에 부위원장들이 포진하고 있는데 남북관계를 전반적으로 감독·통제한다. 2015년 8월 이희오 여사의 방북 등 주요 인사의 방북문제, 개성공단 및 금강산 관광 사업 등 남북한 관계 및 교류에서 전면에 나서고 있으며, 수시로 대남비방도 일삼고 있다. 조

선아시아아프리카단결위원회는 1966년 1월 쿠바의 수도 아바나에서 82개 제3세계 국가 대표가 참석한 회의에도 동참하였는데 북한에서는 1956년 5월 31일에 이미 결성된 상태였으며 반제반미투쟁을 그 노선으로 삼고 있다. 북한의 대외정책 방향과 일치하며 반미투쟁 및 주체사상을 선전하는 선전선동기구다.

사회분야는 외곽기구이면서도 1인 독재체제를 옹호하는 정치조직으로서 그 역할을 담당한다. 또한 소속 당원들을 사상적으로 교육하고 감시한다. 이 조직들은 북한체제의 유지를 위해서 당차원에서 직접 지도하며, 당원을 양성하는 통로로서 대부분 당체제가 견고하게 구축되어 있다. 그 대표적 기구가 사로청이라고 불리는 김일성 사회주의청년동맹이다. 1945년 10월 29일 김일성 교시를 계기로 1946년 1월 17일 결성되었으며, 창설 당시 명칭은 조선공산주의청년동맹이었다. 직업적인 청년당원을 양성하고 유일지배체제하의 1당 독재체제를 신봉하도록 우상화에 주력하고 있으며, 각종 건설현장에 동원된다. 북한의 핵심권력들이 모두 이 조직의 간부 출신으로서 1945년 12월 17일에 창설된 직업총동맹(직맹)과 소년단원을 연결하는 위치에 있다. 그 인원도 500만 명에 있는데, 주사파조직인 남한의 사로맹이 사로청과 연계되어 있다는 주장도 있다. 제4차 당대회에서 이 조직을 '조선노동당의 후비대'로 규정하면서 그 위상이 강화된바 있다.

유사한 기능을 하는 조직도 대부분 분단 초기 및 6·25 이후에 창설되었는데, 여성들의 노동참여와 군사훈련을 위하여 1965년 9월 2일 여성동맹이 창설되었고, 유일지배체제에 앞장서는 문화예술총동맹이 1961년 3월 4일에, 조선기자동맹이 1946년 11월 11일에 결성되었다. 조선노동근로자동맹은 1924년 4월 서울에서 181개 노동단체가 망라되어 출범되었으나, 1927년 9월 조선노동총동맹과 조선농민총동맹으로 갈라졌다가 북한정권 출범 이후 1946년 1월 31일 조선농업근로자동맹으로 창립되었다.

종교 분야 외곽단체는 모두 조국전선에 속해 있는 예하조직이면서 통일전선부의 통제를 받고 있는 위장단체이자 대남선전선동기구다. 그 창설 시기를 보면 조선불교도연맹이 1945년 12월에 창설되었다가 사라진 후 1972년 남북대화가 시작된 것을 계기로 위장통일전선 기구로서 창설되었다. 조선천도교회는 1952년 2월 북조선천도교종무원으로 있다가 1974년에 다시 창설되었다. 조선그리스도교연맹은 1946년 11월에 북조선기독교연맹으로 창설되었으나 활동을 중지하다가 1992년 2월에 재창설되었다. 그 외에 조선카톨릭협회가 1988년 6월에, 조선정교위원회가 2003년 6월에 창설되었고, 위 종교조직을 망라한 조선종교인연합회가 1985년 5월 30일에 발족되었다. 북한에서는 대부분 종교단체들이 탄압을 받았으며 원칙적으로 북한인의 종교활동을 허가하지 않고 있으므로 대남통일전선 구축 및 위장평화단체에 불과하다. 종교시설도 기존의 시설을 유지하는 수준인데, 사찰 60여개(광법사, 중흥사), 교회 2개(봉수교회, 칠골교회), 성당 1개(장충성당), 천도교당 800여개가 있는 것으로 알려지고 있다.

학술 및 체육 분야는 사회단체와 크게 다르지 않은 바, 당차원에서 통제하기 용이하도록 해당 분야별로 조직을 만들었으며, 사상교양과 조직지도사업을 자체적으로 시도하는 것이 특이하다. 대부분 분단초기에 만들어졌는데 명칭은 조금씩 변동되어 온 것이 특징이다. 이 분야의 단체들도 남북교류 시에 통일전선부의 지시에 따라 선전선동기구로 전락했다.

제4장

김정은의 절대 권력 확립과 우상화의 실체

북한의 김정은 정권은 절대적인 1인 독재체제라는 형태를 갖추었으며, 개인이 당과 국가와 인민 위에 군림하는 신격화 단계를 유지하고 있다. 김정은의 입장에서는 김일성과 김정일이 다져놓은 절대 권력의 체제를 이어받고 누리면서 이를 지키는데 모든 권력을 사용할 것이나, 상대적으로 북한주민은 이러한 억압을 견디면서 살아남기 위해 애쓰거나 피폐해져 있다. 주변을 돌아보면 북한의 독재체제를 자국의 실리에 이용하는 북한의 동맹국이 있는 반면에 언제 도발할지 모르는 북한 때문에 골머리를 썩는 주변국이 존재한다. 특히 우리는 70년간 지속된 분단체제하에서 핵무기와 대량살상무기의 개발 등 통제불능의 행동을 일삼는 북한의 존재로 인하여 국방비 부담과 안보위해적 환경으로 인한 국가발전의 저해, 대북 입장 및 통일과 관련한 국론분열, 핵무기와 전쟁위협의 지속, 분단국민으로서 지정학적 제한 등 그 폐해가 심각하다.

1. 유무형의 절대 권력체제

김정은은 1인 독재자로서 북한정권을 완전히 장악한 절대 권력자다. 김정은의 절대 권력은 〈표 4-1〉에서와 같이 유무형의 권력의 집합체라고 할 수 있는데, 무형권력은 세습왕조 권력과 체제적 권력이 포함되며, 유형권력은 표면상으로 나타난 명시적 권력이 그것이다. 먼저 세습왕조권력은

〈표 4-1〉 김정은 권력의 요소 및 내용

권력 구분	핵심요소	내용
세습왕조 권력	김일성 신격화	정권과 당의 창건자 당과 혁명 영도한 영원한 수령 주체사상 창시, 불패의 당 운영
	김정일 영도자화	노동당의 새역사 창조 김일성과 함께 정권과 당 발전 추진
	비범한 후계자	김일성과 김정일의 유훈 통치 실행 우상화의 대열 합류
체제적 권력	절대 권력(뇌수)	사상과 영도의 유일성 보장 유일체계가 최상의 법
	통제 권력	당, 정권, 통제기관의 다중 통제 유무형의 조직적 통제 및 감시 강력한 군사력과 예비전력
	세뇌 권력	유아에서 청소년기까지 혁명전사 양성 일상의 의식화 및 세뇌
명시적 권력	노동당 위원장 조직지도부장/ 정치국 상무위원	집단권력의 절대 수장 노동당의 완전한 장악 전국적 조직의 통제 및 감시 장치 장악
	최고사령관	무력의 완전 장악 전·평시 인민군의 수장 및 충성 보장 도전세력의 차단 및 체제유지 수단
	국무위원장 당중앙군사위원장	전·평시 군사문제의 전권 장악 정권 전반의 군사문제 감시 및 통제

김정은이 세상에 태어나면서부터 준비된 권력이다. 이를 흔히 '백두산줄기'라고 하는데 그 정점에 김정은이 왕조의 후손으로서 버티고 있다. 세습왕조는 김일성과 같이 무장투쟁을 하다가 해방 이후 북한에 들어와 현재의 정권을 수립하는 토대를 이끈 약 수백 명의 인물들이 김일성을 독재자로 옹립하면서 형성되기 시작하였다.[9] 이들과 그 후손들은 김일성, 김정일, 그리고 김정은에게 대를 이어 충성함으로써 북한 내의 모든 권력과 지위를 누리고 있다. 북한의 핵심계층 중에서도 최고의 핵심계층들이 거대한 충성집단을 형성하였고, 그 집단의 원칙인 세습적 유일지배체제에 순응하고 있다. 세습왕조권력이 없었다면 어떠한 현상이 발생했겠는가? 무엇보다도 김일성과 사후 북한정권의 존폐를 위협하는 심각한 권력투쟁이 일어났을 것이다. 김정일이 혁명 1세대로 불리는 김일성의 최측근인 오진우 전 인민무력부장, 김일 전 국가부주석, 백학림 전 보안상, 최현 전 인민무력부장, 김책 전 내각총리, 최광 전 인민군 총참모장 등 쟁쟁한 인물들을 제어하기는 쉽지 않았을 것이다. 김일성이 초기에 측근들과 함께 반대파를 제거하고 유일지배체제라는 독재체제를 구축하지 않았다면 쿠데타 등 정변은 불가피했을 것이다. 유일지배체제의 또 다른 특징은 측근들 간의 이합집산, 즉 파벌 구축이 불가능하다는 것이다. 이는 독재정권이 가장 경계하는 것으로서 어떠한 조직 내에서도 둘 이상이 뭉치는 것이 불가하다. 북한에서는 이를 '종파주의'[10]라고 하는데, 일정 수준의 지위에 오르면 철저한 감시와 견제를 받게된다.

---

9 백두산은 김일성을 말하지만 실제로 김일성은 동북3성에서 주로 활동하였다. 이는 김일성과 김정일을 신격화 및 우상화하기 위해서 날조한 것으로서 정일봉도 백두산의 줄기임을 묘사하는 의미다. 백두산줄기는 김일성 왕조의 친인척과 혈연으로 엮인 인물들을 총칭한다; 장용철, 『북한을 움직이는 사람들』(서울: 창세상닷컴, 2003).

10 북한의 정치사전 및 김일성 저작집(12권) 등에서 정의한 종파주의는 '개인이나 분파의 이익을 위해 당과 혁명운동을 분열·파괴하는 반당·반혁명적 사상조류이며 부르주아 사상의 발현이며…영웅주의, 이기주의, 출세주의라고 비판하고, 종파주의는 봉건시대의 당파싸움의 연장이며, 영도권 쟁탈을 위한 야욕에서 비롯되었다'라고 정의하고 있다.

김일성 세습왕조는 이를 바탕으로 무자비한 숙청과 처형을 하며 반대파를 제압하거나 측근들이 감히 저항하지 못하도록 감시와 통제체제들을 만들었다. 만약에 이러한 통제체제가 작동하지 않았다면 김정일 사후에 충분히 세습에 대비하지 못한 김정은이 지금처럼 정권을 장악할 수 있을 것인가? 김정은 정권을 출범시키는데 앞장섰던 장성택, 리영호 등 권력 실세들이 충분히 능력과 기회가 있음에도 처형 될 수밖에 없었던 것은 강력한 세습왕조 권력이 존재했기 때문이다.

세습왕조권력의 시작이 마치 한 국가의 전설처럼 조작되고 있다. 그 출발이 김일성의 항일무장투쟁 신화다. 당규약 및 북한의 사회주의헌법에 김일성을 정권과 당의 창건자로 숭배시하고 있는데, 북한주민이 정권에 순응하도록 하는 그 첫 번째 작업이 시조인 김일성에 대한 무조건적인 숭배다. 북한은 일제의 무자비한 압박과 해방의 연결고리로 절묘하게 김일성을 신격화하였다. 한민족의 해방은 우리민족의 끈질긴 자주 독립정신과 이에 따른 노력을 근간으로 일제의 제2차 세계대전의 패전 등 복합적인 상황에서 비롯되었다. 물론 분단이 미국과 구소련의 신탁통치로 연결되어 김일성에게 북한지역에서의 공산정권의 기회를 준 것은 사실이나 김일성이 항일투쟁의 신화적 존재는 아니다. 북한정권은 김일성을 신화화하면서 동시에 정권을 개인의 것으로 전락시켰는데, 김일성과 그 직계 후손이 아니면 그 누구도 권력을 가질 수 없도록 만들었다.

김일성에 이어서 북한은 김정일을 김일성과 동등시하는 위치에 올려놓았다. 김일성이 창건한 정권과 당을 김정일이 영도했다는 것인데, 이는 세습의 정당성을 부각시키고 김정은이 그 뿌리에서 난 영도자임을 보여주기 위함이다. 김일성으로부터 김정일로 권력이 세습되면서 만들어진 우상화는 김씨 가문이 아닌 다른 사람의 권력을 불가능한 것처럼 만들었다. 김정일이 김일성의 신화적인 이미지를 바탕으로 정권을 다져나갔으며, 이제

김정은이 김일성과 김정일의 위대성과 견고함을 바탕으로 권력을 다지고 있는 셈이다. 이러한 세습권력의 특징은 북한의 3대 세습 상황을 고려한다면 반드시 직계 자식이 승계하고, 2인자가 존재하지 않으며, 세습권력을 흉내낼 경우 곧바로 처형된다는 것이다. 그러나 3대째 세습이 되면서 불가피하게 발생하는 것이 신격화의 퇴색과 리더십의 차이다. 따라서 김정은의 권력은 체제적 권력으로 보완된다.

체제적 권력이란 북한이 확고한 정치적 원칙에 의해 움직이는 것을 말한다. 즉 김일성 가계를 숭배하는 지배사상이 뇌수가 되어 몸 전체를 통제하고 있다. 체제적 권력의 핵심요소가 바로 노동당인데, 노동당이 움직이는 원칙의 핵심이 〈표 4-1〉에서 언급한 바와 같이 유일체계와 권력세습보장, 주체사상이다. 노동당은 오로지 김정은의 생각과 의도대로 움직이며, 김정은에게 반하는 조짐에 대해서 가장 예민하게 반응한다. 노동당이 사당화되었다는 표현은 당과 정권, 그리고 인민의 이익보다도 김정은과 그 추종세력의 이익이 우선한다는 의미다. 수령체제는 수령이 모든 이익의 정점이며, 체제의 생존이 수령의 생존에 달려있다는 것이 핵심이다. 노동당은 모든 권력기구의 움직임을 파악하고 통제함으로써 체제적 권력을 일차적으로 보장한다. 노동당원은 1당 독재체제를 옹호하고 유지시키는 기능을 담당하며, 북한전역에서 기관과 당원으로서의 역할을 하고 있다.

체제적 권력의 선봉대는 북한군부, 국가안전보위성, 인민보안성 등이다. 북한군부는 김정은의 호위세력과 91수도방어군단, 대남공작을 수행하는 정찰총국 등을 포함하고 있다. 호위세력의 핵심인 호위사령부는 김정은에 대한 경호임무와 체제반대세력에 대비한 무력 대비가 주요한 임무다. 호위사령부는 최고사령관인 김정은의 지시에 따라 사실상 인민무력부 산하의 기계화부대 및 특수부대, 해·공군 등 모든 무력을 동원할 수 있다. 호위사령부는 분단 이후 빈발하는 김일성 왕조에 대한 암살 및 쿠데타에 대응

하여 경위연대, 호위(처)국, 호위총국 등으로 명칭을 변경하면서 그 규모를 키워왔다. 호위사령부에 대한 정확한 정보가 미흡한 가운데, 그 본부가 평양에 있으며, 10개 이내의 국 단위에서 김정은과 노동당사 경비, 모든 동선과 특각(김정은 별장) 경비, 김정은과 관련된 물자의 공급 및 수송 등 관리를 하고 있으며, 외화벌이에도 관여하고 있다. 호위사령부는 별도의 독립여단을 운영하고 있고, 여타 권력기관의 동향을 감시하는 기능도 수행한다. 호위사령부는 963군부대라는 대외명칭을 사용하고 있으며, 호위사령부에 근무하는 것이 고속진급의 지름길로 알려지고 있다. 김정은은 가장 충성도가 높은 호위사령부를 각종 검열 및 숙청에 동원하고 있는데, 3개의 군단으로 이루어진 10만 명의 정규병력을 보유하고 있다. 그러나 최측근 호위부대도 그 무장력으로 인하여 쿠데타 세력화될 수 있으므로 감시체제 하에 놓여 있다. 김정은의 여동생인 김여정이 호위사령부 의례(의전)국장을 겸임하고 있다는 것이 이를 증명한다. 91수도방어군단은 체제상 총참모부 예하에 있지만 호위사령부의 평양지역 부대로서 김정은 일가의 최측근이 담당하는 곳이다. 평양은 견고한 육·해·공 방어망이 구축되어 있으며, 병력규모는 10만 명 정도다. 각종 신형 탱크와 미사일 부대가 배치되어 있다. 이외에도 평양경비사령부, 평양고사포사령부 등 다수의 부대 200만여 명의 병력이 집중되어 있다.

국가안전보위성은 1973년 정무원 산하의 사회안전부의 수사기관이었으나 1982년에 독립되었다가 1993년 이후 인민보안성과 함께 대표적인 정치사찰기구로서 현재의 체제를 갖추었다. 대표적인 업무가 체제권력을 유지하기 위하여 인민을 사찰하고 수사하는 일이다. 북한의 말단 행정조직과 기업소에도 보위부 요원을 파견하여 국가 전반을 감시하고 있다. 이 조직은 10개 이내의 국이 설치되어 국내와 유럽, 북미, 해외, 동아시아, 재일동포 관련 업무와 국경경비 및 출입국업무 등을 담당한다. 정치범수용소를

운용하는 한편, 산하에 정치대학을 운영하면서 체제사찰을 담당하는 요원과 공작원을 양성한다. 북한정권에서는 '전국보위부일군대회'를 개최하는 등 그 위상이 높지만 일반 주민들 사이에서는 그 악랄성 때문에 공포의 대상이다. 보위부는 군대의 보위사령부와 함께 장성택 숙청을 주도한 것처럼 대표적인 체제권력의 전위부대라고 할 수 있다.

인민보안성은 우리의 경찰과 같은 조직으로서 북한주민들과 직간접적인 사태에서 체제를 위한 감시활동을 전개하며 주민을 통제하는 기관이다. 사회안전부, 사회안전성이라는 명칭을 사용하다가 2010년도에 현재의 명칭으로 바뀌었다. 북한이 경제난과 외세문화의 침투 등으로 통제력이 약화되는 시점에서 주민의 장마당경제, 외국화폐 및 물품의 불법 유통을 단속하는 임무를 수행한다. 이들이 단속하는 범죄는 북한이 형법에 열거한 반국가 및 반민족 범죄, 국방관리질서범죄, 사회주의 경제 및 문화침해범죄, 일반 행정관리질서 침해 범죄 등 다양하다. 북한정권에서는 인민보안부가 체제권력의 제1선임을 강조하고 있으며, 이들을 '당의 내무군'으로 치켜 세우고 있다. 인민보안부는 수장이 군단장 혹은 군 정치국원이 담당하는 준무력기구로서 김정은 시대에 내부통제의 중요성이 더욱 강조되는 가운데 그 위상이 확대될 것으로 보인다. 최하급 단위행정기관에 보안소와 다수의 교화소를 운영한다.

체제권력의 또 다른 한 축은 세뇌권력이다. 북한헌법에 명시된 대로 북한의 교육은 세뇌에 다름없는데, 혁명가 및 공산주의자를 양성하는 것이 목적이다. 북한정권은 수령을 무조건 옹호하고 숭배하는 소위 사회주의 교육을 시행하고 있다. 북한이 경제난 속에서도 초지일관 중등교육까지 무료교육을 실시하고, 나아가 성분이 좋은 학생들에게 대학교육을 시키는 것은 체제에 순응함은 물론 언제든지 김정은을 위하여 전면에 나설 수 있는 체제유지 세력을 양성하기 위함이다. 북한의 교육체계 및 일상적인 총화에서 김일

성 왕조의 혁명전통과 충성심을 주입시키며, 주체사상을 실천토록 하고 있는데, 이러한 교육을 받아 세뇌되면 김정은 외의 다른 누구에게도 충성하지 못하게 된다. 장기간의 세뇌교육이 바로 무형의 세뇌권력을 형성해왔다. 탁아소에서부터 유치원(2년), 인민학교(4년), 고등중학교(6년), 고등전문학교(2~3년) 혹은 대학(3~6년)의 과정에서 세뇌의 비중은 상당하다. 아울러 김일성사회주의청년동맹, 직맹, 여맹 등 각종 정치조직생활이 주요 평가 요소가 되는 체제 안에서 체제에 순응하고 김정은에게 절대 충성해야만 살 수 있는 곳이 북한이다.

마지막으로 김정은의 권력을 보장해주는 것이 명시적 직책이다. 이 명시적 권력은 무형의 권력을 법적으로 보장하고 명확한 권력의 범위와 그 영향력을 표현한 것이다. 북한에서는 명시적 권력과 실제적 권력이 일치한다. 김정은이 가지고 있는 직책이 상징적이면서 실질적 권력이기 때문에 완전한 1인 독재가 가능하다. 김정은의 명시적 권력은 1인 독재 권력으로서 일반적인 권력분립(사법입법행정 등)의 의미도 없으며, 어떠한 견제장치에도 영향을 받지 않는다. 그 하부의 권력엘리트들도 여러 직책을 겸직하며 1인이 권력집중을 떠받치는 형태를 갖추고 있다.

먼저, 노동당 위원장은 당차원의 모든 집행권력과 의사결정을 독점하는 직위다. 사실상 당체제하에서 김정은을 견제하거나 권력을 나누는 것이 불가능하다. 따라서 당위원장은 당중앙위원회 및 산하 전문부서 및 지방조직의 공식적인 수장인데, 북한체제하에서의 의미는 당의 절대자를 뜻한다. 더욱이 전문부서의 조직지도부장을 겸하는 것은 자칫 막강한 권력자가 등장하는 것을 막기 위함이다. 당조직 지도부장은 정권의 모든 기관, 기업소, 주민을 당적지도하는 핵심기관이다. 김정은이 조직지도부장을 겸직함으로써 노동당이 김정은의 뇌수가 되도록 하는 것이 가능하다. 정치국 상무위원은 북한의 권력집단을 직접 통제하는 곳으로서 수뇌부를 항상 통제하고 관

리하기 위한 직책이지만 정치국조차도 종파주의를 견제하기 위하여 형식적으로 운영하고 있다.

최고사령관은 김정은이 인민군의 실질적 주인임을 보여주는 직책이다. 북한군부는 북한체제와 김정은을 무력으로 보좌하는 세력이다. 최고사령관 예하에 인민무력부, 총정치국, 총참모부, 호위사령부가 있으며, 총참모부 예하에 10개 정규군단, 2개 기계화군단, 91수도방어군단, 11군단, 기갑군단, 4개 기계화보병사단, 전략군, 항공/반항공군, 해군사령부 등이 편제되어 있다. 또한 120만여 명의 정규군과 770만여 명의 예비병력을 보유하고 있다. 북한군은 다양한 종류의 탄도미사일과 핵무기를 장착할 능력을 보유하고 있다.[11] 군사국가인 북한, 그리고 경제와 핵 병진노선을 선포한 북한정권의 특성상 무력은 김정은 권력이 가지고 있는 가장 중요한 수단이다. 김정은이 최고사령관을 비롯하여 국무위원장과 당중앙군사위원장을 겸직하는 것은 무력의 단 한 부분도 다른 사람과 공유하지 않겠다는 것을 의미한다.

2. 유일사상(주체사상) 및 유일지도체계의 통치방식

북한의 유일사상체계는 주체사상을 근간으로 한 혁명사상으로 당과 정권을 만들고 계승한 김일성과 김정일, 그리고 당의 지도자인 김정은에게 충성 하도록 만든 1당 독재세습체계의 규율이며, 유일사상체계확립의 10대원칙이 당규약과 헌법에 우선하여 초법적으로 적용됨으로써 어떠한 권력적 도전도 불가능하도록 만들고 있다. 동시에 주체사상은 마르크스-레닌주의를 근간으로 하였지만 이는 북한의 1인 독재체제를 수립하고 유지하

11 국방부, 위의 책, pp. 22-29.

기 위한 사상적 기반으로 활용되었고, 배타적 사회주의체제인 당의 통제체제와 수령제를 합리화하고 있다.

북한정권은 1당독재 및 세습을 위하여 유일지배체계를 구축하였다. 유일지배체계는 잔인한 숙청과 혹독한 주민통제를 통하여 만들어졌다. 김일성과 김정일은 전통적인 마르크스-레닌주의를 주체사상의 하위 개념으로 격하시켜 주체사상에 근간을 두고 있는 김일성주의를 당의 중심사상 및 지도사상으로 활용한 사상-정치체계를 구축했다. 김정은은 이를 다시 김일성·김정일주의로 변형시켜 김일성으로부터 김정은으로 이어지는 김씨왕조를 북한정권의 시조화하는 작업을 계속하고 있다.

〈표 4-2〉 유일사상 및 지도체계

구분	내용
공식발표 시기 (1974년 4월 14일)	당중앙위 제5기 제9차 전원회의 '전당과 전 사회에 유일사상체계를 더욱 튼튼히 세우자'
핵심목적	혁명적 수령관의 달성 및 실천 김정일 주도의 유일지도체계 확립 김일성 → 김정일로 이어지는 권력승계 확립
핵심구호	온 사회의 김일성·김정일주의화
유일사상체계 주요 내용	김일성, 혁명사상=주체사상 창시 주체시대의 도래 김일성, 당 및 정권 창건 및 영도자, 최고사령관 김일성과 김정일의 영도, 김정일주의화 추가 유일사상체계 확립 10대 원칙, 절대적 실천 및 강제화
유일지도체계 구축 실천 사항	당·정·군의 유일적 지도체계 구축(수령제 강화) 조직지도부와 선전선동부 강화, 당적지도 완비 간부사업체계 개편 및 강화 각종 교육 강화 및 지침서 제작 활용 정치생활의 체계구축 및 생활화 김일성의 당, 수령의 군대화 국가보위부 창설 등 강력한 통치권력 구축 대남 및 대외 사업분야 선전선동 강화

북한의 유일사상지도체계는 〈표 4-2〉에서와 같이 1974년 4월 14일 당중앙위 제9차 전원회의에 발표한 '당의 유일사상체계확립의 10대 원칙'에 잘 드러나 있다. 이 때는 이미 김일성과 김정일이 반대세력을 제거한 이후 정권을 장악한 상태라서 노골적인 1인독재에 반대하는 세력이 없었다. 김일성과 김정일은 이 시점을 계기로 유일지배체계 구축을 위한 당·정·군 장악 및 주민을 대상으로 한 사상교양을 강화할 수 있었다. 먼저 유일지배체제의 핵심목적은 혁명적 수령관의 달성 및 실천이다. 혁명적 수령관은 김일성이 전개한 주체적 정권수립 과정이 혁명적 과정이며, 이를 숭배하고 복종하는 것을 말한다. 또한 모든 당원과 주민이 24시간 따르고 지켜야 한다는 것을 말한다. 혁명적 수령관은 강력한 체제를 구축함으로써 실현 가능하며 이를 주도하는 김정일에게 절대적인 지지를 보내라는 의미이기도 하다. 북한이 유일사상체계 확립 10대 원칙에서 일관적으로 말하는 것은 '온 사회의 김일성주의화'다. 이를 위하여 북한정권이 지속적으로 추진한 것이 북한주민의 사상개조와 조직 및 사회개조다. 발표내용의 서문과 여타의 문건을 살펴보면 김일성주의의 핵심은 첫째, 김일성이 인간의 자주성을 최고의 가치로 실현시켰고 이를 바탕으로 제반분야에서 자주성, 창조성, 의식성을 고양시켰다는 것이다. 둘째, 혁명이라는 관점과 관련하여 김일성이 외세를 배격하고 노동자 및 농민을 단합시켜 지도하면서 당을 창건하고 북한을 독창적인 정권으로 만들었다는 것이다. 셋째, 수령이 당과 주민을 독창적인 방법으로 영도한다는 것인데, 영도라는 개념이 전통적인 사회주의 당이론에서는 노동자 및 농민이 당을 만들고 여기에서 당을 이끄는 지도자를 배출한다는 개념인데 비해, 수령이 당을 만들고 그 당이 인민을 지도한다는 개념으로 뒤바뀌어 있다.

유일사상체계 확립의 10대 원칙은 다음과 같다. 각각의 조항에는 세부 실천 내용이 구체적으로 열거되어 있다.

- 김일성의 혁명사상의 전 사회적 실천과 투쟁 강조: 유일사상체계 확립 사업 세습적 실천, 관련 당사업 강조, 정권에 충성, 주체사상 옹위, 전 세계적 사상 투쟁
- 김일성에 대한 충성심 강조: 태양·영웅·행복·영예의 대상, 존경, 흠모, 숭배, 운명 의탁, 신념, 혁명 무조건 동참
- 김일성 권위 절대화: 유일 대상, 정치사상적 옹위, 위대성 선전, 對수령 범죄의 비상사건화, 김일성 관련물의 숭배, 혁명사적지 및 연구소 관리 철저
- 혁명사상의 신념화 및 교시의 신조화: 주체형 공산주의 혁명가의 요건, 주체사상의 신념화, 수령주의 절대 실천, 제반 집체학습 참여 철저, 매일 2시간씩 학습, 선전선동체계 확립, 모든 집체교육에 인용, 교시와 개별지시 엄격 구별, 교시와 당정책 반대 엄중 처리, 반외세 사상 반대
- 교시 집행의 무조건성 원칙: 교시=법과 지상의 명령, 김일성 교시의 중앙집권제 원칙 집행, 교시와 당정책의 철저한 집행, 교시 집행대장과 관철, 교시 집행 위반 엄벌
- 전당적 사상 통일과 단결 강조: 충실성이 간부사업 제1의 척도, 유일사상체계의 무조건적 적용, 개별적 간부 대상 우상화 반대, 종파주의 반대
- 김일성주의적 사업 방법 강조: 당성·노동계급성·인민성 소유, 투쟁성, 자력갱생, 청산리정신 및 방법 관철, 관료주의 및 형식주의 배격
- 김일성주의의 정치적 생명과 자각 강조: 조직성, 조직생활 충실, 조직생활 총화 충실, 노동 참가
- 유일적 영도 규율 수립: 유일적 영도체계확립, 교시와 당중심 정책 수행, 모든 조직체계에서 유일적 영도체계 확립, 회의 임의 소집 및 임의 토의 엄벌, 월권행위 엄벌, 충실성 원칙, 당·국가·군 비밀 준수, 유일사상체계 위반 행위 신속 보고
- 혁명위업의 대를 이은 계승 강조: 전당과 사회의 유일사상체계 확립, 혁명전통 계승 발전, 당중앙(김정일)의 유일적 지도체제에 충실, 가족과 후대의 당중앙에 대한 충성, 당중앙의 권위 사수

김정일은 위와 같은 유일사상체계 10대 원칙을 공표하면서 이를 법에

우선하는 최상의 규율로 규정지었다. 10대 원칙은 규율인 동시에 모든 당원과 주민을 억압하는 숙청지침이기도 하다. 모든 조항에서 어기는 행위에 대해서 투쟁을 강조하고 있다. 일반적인 법은 죄를 규명하고 그 죄에 해당하는 벌을 부과하는 것이나, 10대 원칙은 유일지배체계를 어기는 인물이나 행위에 대해서 투쟁이라는 개념을 적용한 행동적인 의미를 담고 있다. 즉, 당원이나 주민이 체계를 어기는 행위를 반사적으로 혹은 자동적으로 반대하고, 그 행위가 종료되고 사라질 때까지 싸우라는 뜻이다. 이는 1당 독재에 대해서 어떠한 도전이나 행위가 발생하지 못하도록 하는 강력한 조치 내지 세뇌장치라고 할 수 있다.

김정일은 10대 원칙 발표 이후 유일지배체계를 강화하는 조치를 취하였으며, 모든 분야에서 유일독재체계를 다져 나갔다. 분야별 추진 내용을 살펴보면 첫째, 당차원에서 먼저 확고한 통제체제를 구축하였는데, 조직지도부와 선전선동부를 강화한 것이 그것이다. 조직지도부는 노동당의 심장부이자 북한의 모든 흐름을 낱낱이 파악하고 통제하는 조직이다. 조직지도부의 당적지도는 북한의 모든 조직을 1차적으로 움직이는 행위로서 유일지도체계의 잣대를 들이대면 어느 누구도 그 통제범위에서 벗어날 수 없다. 선전선동부는 유일사상이 북한의 모든 언론과 방송, 교육 등에 유무형형태로 배어나는가를 감독하는데, 소위 사상교양이라는 형태를 통하여 당원과 주민의 뇌를 통제한다. 둘째, 간부사업 또한 유일사상 확립 10대 원칙에 포함된 것처럼 김일성과 김정일에 대한 사상적 충실성이 제1의 평가 기준이 되어 당원과 인재를 선발하고 자리를 준다. 유일사상 및 지도체계가 사회진출과 삶을 좌우하는 가장 중요한 기준으로 자리 잡고 있는 환경에서 개인의 자유로운 사고나 활동은 불가능하다. 셋째, 북한의 군대는 유일지도체계로 엄격히 통제되어 있으며 이제는 정권이나 인민을 위한 군대가 아닌 김일성 왕조의 개인 군대화 되었다. 일반적인 군에서는 국가전략에 기반한 군사

전략이나 전술이 전쟁수행의 지침이지만 김정은의 군대가 된 북한의 군대에서는 유일지도사상이 군사전략에 우선한다. 즉, 군대는 국가와 국민을 위해서 승리를 목표로 싸우지만 북한의 군대는 유일지도체계를 유지하기 위해서 싸운다. 다시 말해서 수령의 지도체계와 목숨이 가장 중요하다. 김정일이 장기간에 걸쳐 군대에서 구축한 유일사상 및 지도체계가 바로 그것이다. 이외에도 대내 문제, 대남관계와 대외정책에 있어서도 모든 정책의 수립에 있어서 김일성·김정일주의가 우선한다. 좀 더 쉽게 표현하면 작금에 이르러서는 김정은에게 이익이 되고, 위협이 되거나 불편하지 않아야 하며, 유일지배체제에 흠이 될 수 있는, 다른 사람에게 공이 돌아가거나 개인들의 의견이 결집을 금지하는 기준이 적용된다.

유일지도와 사상체계는 어떠한 과정을 통하여 구축되었는가? 첫째, 주체사상의 출현이다. 북한정권은 주체사상이 마르크스-레닌주의에 뿌리를 두고 있음을 희석시키기 위하여 이미 1926년 10월 17일 김일성이 결성한 타도제국주의동맹(ㅌ·ㄷ)에 근거하고 있다고 주장하고 있다. 북한의 정치사전에서는 ㅌ·ㄷ를 '주체형의 혁명적 당'이라고 설명하면서 '일본의 제국주의를 타도'한다는 목적에서 출발하였으나, '모든 제국주의를 타도하고 세계공산주의를 건설한다'는 것으로 그 범위를 확장하고 있다. ㅌ·ㄷ가 '외세를 배격하고 대중에 기반한 독재정권의 수립'을 지향한다는 점에서 주체사상과 일맥상통한다. 그러나 북한의 지도사상은 노동당 창당 시기 이후 1960년대 중반까지는 마르크스-레닌주의였다.

주체사상과 유일지배체제는 〈표 4-3〉에서 보이는 것처럼 북한정권의 태동기부터 1인 독재체제를 안착시키는 과정에서 자연스럽게 태동하고 통치 이데올로기 및 체제로서 자리잡게 되었다. 김일성이 소련의 무력을 등에 업고 북한을 장악하였고, 중국이 6·25전쟁에서 북한정권을 벼랑 끝에서 구한 것은 주지의 사실이다. 그러나 이후의 북한정권과 중국 및 소련의

〈표 4-3〉 유일사상체계 진전 현황

시기 구분	주요 추진 내용
1955년 12월	김일성, 주체 용어 공식 언급
제3차 당대회 (1956년 4월)	마르크스-레닌주의를 당지도이념으로 채택
1960년대 초	중·소 간 수정주의·교조주의 쟁점화 및 갈등 고조 북한의 중국 지지 편중, 對소 비난 공세 소련의 대북 내정간섭 및 개인숭배 비판 회피 목적
1950년대 말 ~1960년대 말	중앙당 집중지도사업전개, 정적 제거 1956년 8월 종파사건과 1967년 갑산파사건 계기
제4차 당대회 (1961년 9월)	김일성의 단일권력체제 제도화 김일성 측근 위주 지도부 구성 마르크스-레닌주의의 지도적 지침으로 재천명
1965년 4월 인도네시아 순방 시	김일성, 사상정치에서의 주체, 경제에서의 자력갱생과 자립적 민족경제건설 노선 견지 정식화
당중앙위 제4기 제15차 전원회의 (1967년 5월)	김일성, 당의 유일사상체계 방침 제시 혁명사상 및 주체사상 강조
최고인민회의 제4기 1차회의 (1967년 12월)	주체사상의 지도사상 격상 공식화 10대 정강 발표(주체사상을 모든 분야에서 구현)
1967년 이후	주체사상의 보편화 및 김일성주의화 추진 주체사상이 마르크스-레닌주의 대체
제5차 당대회 (1970년 11월)	김일성 주체사상을 지도지침에 추가 전체사회의 주체사상화를 당면과제로 부각
당중앙위 제5기 제7차 및 제8차 전원회의(1973년 9월/1974년 2월)	김정일, 당중앙위 비서로 추대(제7차) 당중앙위 정치국위원 및 후계자로 추대(제8차)
1974년 4월	김정일, 유일사상체계확립 10대 원칙 발표 수령체계 및 후계체계의 완성
제6차 당대회 (1980년 10월)	주체사상을 유일지도이념으로 선언 김정일의 후계 공식화
1982년 3월 (주체사상에 대하여)	김정일, 주체사상을 마르크스-레닌주의에서 분리 주체사상의 원리, 지도원칙, 역사적 의의 발표 이후 공식·비공식 문건에서 주체사상의 실천 강조
2012년 6월	김정은, 유일영도체계확립 10대 원칙 개정 발표

관계는 무조건적인 지원에서 벗어난 일상적인 동맹국의 관계로 변화되는 시기를 겪었으며, 이 과정에서 북한은 영향력 탈피를 위한 노력을 했고 사상·경제·정치·국방 등의 분야에서 주체사상이 거론되기 시작하였다. 김일성과 모택동의 관계는 중국의 공산화 과정에서부터 시작되었는데 6·25 전쟁을 겪으면서 혈맹관계로 발전하였다. 그러나 1956년 8월 종파사건 당시 연안파와 소련파가 중국과 소련으로 도움을 청했고 이로 인하여 소련의 미코얀 총리와 중국의 국방부장 팽덕회가 북한에 들어와 같은 해 9월 23일 노동당 중앙위원회를 개최하여 숙청 결정을 번복하는 사건이 발생하였다.[12] 주체사상 출현의 또 다른 배경은 1960년대 초반의 소련과 중국의 내외부 정세 급변에 따른 북한과의 관계 변화로 인한 원조 격감 내지 감소다. 소련과 중국은 6·25전쟁 이후 북한의 복구를 위하여 적극적인 원조를 하였는데, 소련은 사회주의 진영의 확대 차원에서 원조를 하였고, 중국은 참전 및 혈맹 차원에서 북한의 부채를 탕감해주고 물자지원과 공장건설, 기술자 파견 및 교육 등 다양한 지원을 하였다. 그러나 소련의 후르시초프가 스탈린 격하운동을 전개하고 쿠바사태와 관련하여 미국에 굴복한 것을 북한이 비판하였으며, 중국의 문화혁명 당시 홍위병들이 김일성을 비판함에 따라 북한도 중국을 비판함으로써 북한의 對중·소 관계가 냉각되었다. 소련과 중국은 북한에 대한 원조를 대폭 줄였으며, 북한은 자력갱생의 경제체제를 추진할 수밖에 없었다. 남북한 관계도 주체사상의 출현에 영향을 미쳤는데 전후의 피해 및 상처가 심화되어 상호체제를 인정하지 않는 대립의 단계로 돌입하였고, 북한은 무력적화통일, 남한은 통일을 국시로 정하였다. 북한은 대내외에서의 독자 정권의 지속 및 1인 독재체제를 강화하기 위하여 '주체'라는 단어를 북한정권의 고유물로 활용하기 시작하였다.

---

12 이종석, 『조선노동당연구』(서울: 역사비평사, 1995), pp. 278-279; 저자가 언급한대로 1956년 3월과 9월의 전원회의 자료는 북한의 정치사전 및 제반 원전에서 삭제되었다.

1955년 12월 김일성은 노동당 선전선동원을 대상으로 한 연설에서 '사상사업에서 교조주의와 형식주의를 퇴치하고 주체를 확립할 데 대하여'라는 제목으로 주체를 처음 언급하였다. 그가 주장한 것은 북한실정에 맞는 사상운동을 전개하자는 것이며, 마치 광주학생운동과 3.1운동이 북한의 사회주의화와 동일한 선상에 있는 것처럼 왜곡하고 있다. 이때의 주체는 김일성에 도전하는 세력들을 제거할 명분을 제거하고, 마르크스-레닌주의의 영향력을 감소시키는데 목적을 두고 있다. 이후 북한은 김일성의 단일권력체제를 강화하고 독재화를 추진하기 위하여 선전선동 사업에서 주체라는 용어가 핵심적으로 사용되었다. 물론 8월 종파사건은 1인 독재체제와 이를 견고하게 지탱해주는 사상적 체계인 주체사상의 도화선 역할을 하였다. 마침내 1961년 9월의 제4차 당대회에서 김일성의 단일권력체제가 제도적으로 구체화되었는데, 1인독재의 의미를 유일체계라는 개념에 담기 시작하였다. 김일성은 1965년에 주체에 대한 의미를 구체화하였는데, 2월 23일의 고등교육성의 교양사업에서 주체를 강조하였고 주체의 분야별 교양 방향을 설정하기 시작하였다. 같은 해 4월 14일 인도네시아 사회과학원의 강의에서는 '사상·정치분야에서의 주체 확립, 경제에서의 자력갱생원칙과 자립적 민족경제건설 노선 견지'라는 표현을 사용하였다. 동시에 김일성은 주체사상의 핵심적인 어휘인 '창조성'을 언급하며 마르크스-레닌주의의 창조적 적용을 제기하면서 주체사상을 당의 사상으로 규정하였다.

둘째, 주체사상은 발현 이후 1인 독재체제의 강화 필요성에 맞추어 당의 사상 혹은 유일적 사상으로 발전했다. 1967년 5월 당 중앙위원회 제4기 제15차 전원회의에서 김일성은 당의 유일사상체계를 확립하기 위하여 김일성의 혁명사상과 주체사상으로 단일화할 것을 강조하였고, 김정일에 의한 유일독재작업이 강력하게 추진됨을 예고하였다. 이 시기를 전후로 갑산파에 대한 대대적인 숙청이 일어났으며, 김정일이 권력의 핵심으로 부상하

였다. 또한 김일성의 혁명사상과 그 핵심인 주체사상이 마르크스-레닌주의보다 우위에 위치하는 변곡점이기도 하다. 김일성은 1967년 12월의 최고인민회의 제4기 제1차 회의에서 '10대 정강'을 발표하며 주체사상을 구현한 결과 자주, 자립, 자위 노선의 결실을 얻었고, 향후 노동당의 주체사상이 당의 지도사상이 될 것임을 강조했고, 이를 투쟁과업으로 명명한바, 그 핵심내용은 다음과 같다.

- 주체사상의 전 부문 구현, 자주·자립·자위 노선 관철: 주체사상이 가장 정확한 마르크스–레닌주의적 지도사상, 통일문제는 내정문제, 정치에서의 자주, 경제에서의 자립, 국방에서의 자위 등
- 통일 실현을 위한 반미투쟁, 전쟁 준비
- 노동당 영도하의 사상 및 문화혁명 강화, 모든 인민의 노동계급화: 당의 유일사상체계 확립, 사상교양 강화
- 정권기관의 역할 강화, 관료주의 배척
- 사회주의 공업화정책 견지: 공업생산 배가
- 과학기술 발전 촉진, 사회주의적 문화 건설
- 방위력 강화와 전 인민적 방위태세: 4대 군사노선 관철
- 자립경제 건설과 대외경제 및 무역 발전
- 해외 교포의 이익과 권리 옹호: 재일동포 귀국운동
- 대외정책 방향: 평등과 친선관계

마지막으로, 북한은 주체사상을 기반으로 한 김일성주의를 만들었다. 북한은 1967년을 기점으로 주체사상은 북한의 모든 영역에서 통치, 정책집행과 주민지도의 기준이 되었다. 아울러 주체사상은 김일성의 혁명사상의 중심으로 자리 잡으면서 김일성주의화를 구체화시키는 역할을 하였다. 이 과정에는 김정일이 깊숙이 관여하여 권력승계작업과 맞물렸으며, 유일체계를 통한 세습화의 준비기간이기도 하다. 주체사상은 1970년 11월의

제5차 당대회에서 공식적으로 당지도사상이 되었다. 김일성주의화는 무엇인가? 김정일은 1974년 2월 선전선동원 강습회에서 김일성주의화를 '김일성의 혁명사상을 당의 유일적 지도지침으로 삼고, 김일성에게 충성하고, 김일성주의자가 되고, 김일성의 요구대로 북한사회를 개조'하는 것이라고 하면서, 당의 '최고 강령'임을 강조했다. 이같은 내용에서 김일성주의화는 1인 독재체제의 완성이며, 주체사상이 김일성주의를 지지하는 사상적 기반임을 알 수 있다. 김정일은 김일성을 주체사상의 창시자, 북한의 영도자로 추대하면서 북한 내의 모든 반대세력을 숙청하는데 활용하고 동시에 자신의 입지를 강화하는데 활용하였다. 그 실행명령이 앞서 김정일이 발표한 유일사상체계확립 10대 원칙이며, 김정은 정권에 들어서면서 김정일주의화가 추가되었는데, 이는 김정일과 마찬가지로 김정은의 세습에 정통성을 부여하기 위한 조치다.

3. 주체사상의 실체 비판

주체사상은 북한이 주장하는 김일성·김정일주의의 가장 핵심적인 사상적 기반이다. 즉, 북한이 추구하는 완전한 유일지배체제의 숭배자는 주체사상으로 완전히 무장되어 유일지도체제에 순응하며, 주체의 영도방법에 절대 복종해야 한다. 북한은 이렇게 김일성·김정일주의로 개조된 인간을 만들고 사회를 개조하여 전 사회를 김일성·김정일주의화하는 것을 그들이 말하는 '인간의 자주성이 완전히 실현된 이상사회를 건설'한다고 선전하고 있다. 북한의 주체사상은 1982년 3월 31일 김정일이 발표한 '주체사상에 대하여'라는 논문에서 세부적으로 기술되어 있는데, 〈표 4-4〉가 그것이다. 내용을 요약하면 수령인 김일성이 혁명의 과정 속에서 주체사상을 창

〈표 4-4〉 「주체사상에 대하여」 주요 내용[13]

목차		주요 내용
주체사상의 창시		노동계급의 혁명사상은 수령이 창시, 발전 수령은 인민대중의 운명적 주인 주체사상은 투쟁의 산물인 혁명지도사상
철학적 원리		사람중심, 사람 위주의 철학 자주성·창조성·의식성=혁명성, 투쟁성, 적극성
사회역사 원리	인민대중	인민대중은 사회역사의 주체, 발전의 동력 인민대중은 당과 수령의 영도 필요
	인류역사	인류역사=제국주의에 대한 투쟁의 역사
	사회역사적 운동	인민대중의 강화와 지속성 필요
	혁명투쟁	유일지배를 위한 혁명적 사상의식 필요
지도적 원칙	자주적 입장 견지	① 사상에서의 주체, ② 정치에서의 자주 ③ 경제에서의 자립, ④ 국방에서의 자위
	창조적 방법 구현	① 인민대중에 의거하는 방법(계급·군중노선) ② 실정에 맞게 하는 방법(주체성)
	사상 기본	① 사상개조 선행, ② 정치사업 선행
역사적 의의		독창적 사상, 주체시대의 혁명이론 당원과 인민의 주체사상 무장, 교육 중요 전 분야에서의 주체사상 선전선동 강화

시하였고, 자주성·창조성·의식성을 갖춘 인민대중이 역사의 주체이자 사회발전의 원동력이라는 것이다. 따라서 인민대중은 제국주의에 대한 투쟁의 정당성하에서 수령의 영도를 받고 투쟁을 전개해야 하는데, 이때에 자주적 입장(사상에서의 주체, 정치에서의 자주, 경제에서의 자립, 국방에서의 자위 등)을 견지하고 항시 수령에게 충성하는 정치사업을 전개해야 한다는 것이다. 또한 정치

13 김정일, "주체사상에 대하여"; 김정일이 1982년 3월 31일 김일성의 70주년 생일에 맞추어 전국주체사상토론회에 보낸 논문으로서 주체사상의 핵심내용이 기술되어 있으며, 이 내용을 중심으로 『주체사상 총서』(총 10권, 북한의 사회과학출판사 발행, 1985년) 등 여타 문헌은 보완 설명자료로 활용되고 있다.

사업의 핵심은 지속적인 정신개조 및 교육, 그리고 학습이며, 전 분야에서 선전선동을 강화해 나가야 함을 강조하고 있다.

과연 주체사상이 사회주의 이론으로서 역사적 당위성, 보편적 가치 및 사회과학론적 통찰력을 내포하고 있는가?

첫째, 북한의 주체사상은 다음과 같은 관점의 한계를 내포하고 있으며 비판에도 취약하다.

- 체제유지 및 세습화의 명분
- 마르크스-레닌주의의 변형에 불과
- 군사력 무장 및 핵개발의 명분
- 무력적화 및 대남도발 명분
- 최악의 인권유린 및 주민의 기본권 박탈
- 최빈국 전락 및 국제적 고립 자초

하나의 이론은 사회현상을 정확히 분석한 이후 그 근본적 문제점을 파헤치고 대안을 제시해야 한다. 그러나 북한의 주체사상은 1인 독재체제를 완성하기 위하여, 그리고 대내외의 위협을 차단하는 명분을 축적하기 위하여 사실상 문제의 진원지인 수령의 관점에서 파악하고 정립한 이론이다. 즉, 이러한 이론은 북한을 제외한 다른 국가나 사회에 적용이 불가능하며 현재의 북한체제에 적합하고, 외국의 1인 독재국가의 독재자나 참고할 만한 이론이다. 주체사상은 북한이 분단 상황하에서 구소련과 중국에 의존하다가 자체적으로 생존하는 과정, 북한내부의 권력쟁탈 과정, 군사국가로 정착하는 과정, 그리고 3대 세습의 과정 등 복잡한 변화 발전 과정을 거치면서 정립된 김일성 3부자의 역사스토리를 주체사상이라는 허구로 녹여낸 것에 다름없다. 〈표 4-5〉는 앞의 〈표 4-3〉과 다소 중복되지만 각각의 세부 내용이 어떠한 배경에서 형성되었는지를 보여주고 있다.

〈표 4-5〉 주체사상의 형성과정[14]

내용	제기 시기	배경
사상에서의 주체	당선전선동원대회('55년)	스탈린 사망 남로당파 숙청
경제에서의 자립	당중앙위전원회의('56년)	대외원조 감소 반 김일성 동향
정치(내정)에서의 자립	당중앙위확대전원회의('57년)	개인숭배 반대 기조 연안파, 소련파 숙청
국방에서의 자위	당중앙위 전원회의('62년)	중소분쟁 심화 미소공존 모색 한국의 군사쿠데타
정치(외교)에서의 자주	제2차 당대표자회('66년)	중소분쟁 확대 비동맹운동 발전
유일사상체계 확립	당중앙위전원회의('67년)	1인 지배체제 확립 개인숭배운동 전개
온 사회의 주체사상화	제6차 당대회('80년)	세습체제 공고화
주체사상, 선군사상의 유일지배 이념화	제3차 당대표자회('10년)	3대 세습 공식화
김일성-김정일주의의 유일지배 이념화	제4차 당대표자회('12년)	김정은 체제 출범

둘째, 북한의 주체사상은 〈표 4-6〉에서와 같이 마르크스-레닌주의의 북한화 이론이라고 할 수 있다. 그 내용을 요약해보면, 주체사상의 인간관은 마르크스-레닌주의의 인간론으로부터, 사회역사원리는 변증법과 역사적 유물사관 등으로부터, 지도적 원칙은 레닌의 전위당 이론의 대부분을 답습하고 있다. 두 이론 사이에는 중요한 차이점이 있다. 마르크스-레닌주의는 프롤레탈리아가 당을 형성하고 당에서 지도자가 나와 당과 대중을 통제하는 bottom-up의 과정을 거치는데 비하여, 주체사상은 수령이 당을 창조

14 통일부 통일교육원, 『2016 북한 이해』(서울: 통일교육원, 2015), p. 39.

및 지도하며 당이 인민을 이끄는 top-down 방식이라는 점이다. 즉, 기존의 이론은 그 역사적 발전단계나 명분을 자연스러운 사회현상에서 파악하고 있지만 주체사상에서는 수령을 신적인 위치에 놓고 이론을 전개하고 있다.

셋째, 주체사상은 유일지배체제의 명분은 물론이며, 군사력 건설의 당위성을 제공하고 있다. 아울러 무력적화통일을 추구하고 대남도발이 정당할 수 있다는 논리로 활용되고 있다. 이미 북한이 김정은의 국가로 전락한 만큼 당과 군대가 모두 김정은 1인을 위하여 존재하며, 전시가 되더라도 김정은과 그 주변세력은 가장 우선으로 보호받는 대상이 된다. 또한 북한의 핵무기 개발도 체제적 목적은 물론 김정은 일가를 위해 우선하는 무기체계로 인식될 우려가 있어 위험성이 가중되는 것이 사실이다.

마지막으로 북한의 주체사상은 정권 및 주민 차원에서 이미 최악의 결

〈표 4-6〉 마르크스-레닌주의의 중심 이론

구분	중심 이론
마르크스주의	인간론: 사회적/실천적 존재, 종교=종교적 심정의 산물 인간은 물질적 이해관계에 따라 행동 *자본주의 下의 인간은 생산물, 노동, 존재, 인간성으로부터 소외상태(인간의 소외 문제) 국가론: 계급의 기원, 폭력성, 계급적 착취, 소멸 변증법: 사물(사회변동)이 正-反-合으로 혁명적 발전 역사적(사적) 유물사관: 생산력과 생산관계의 모순(자본가의 잉여가치와 생산물의 사적 소유)이 역사발전의 원동력 변증법적 유물론=변증법+유물론 프롤레탈리아 혁명론: 자본착취와 인간소외는 프롤레탈리아의 혁명에 의해 해결 가능
레닌주의	혁명관: 혁명은 전 세계적 필연과정 전위당이론: 黨이 정치권력으로서 혁명 주도 *당의 존립과 발전이 진리의 기준 국가론: 국가체제(군대, 경찰)의 절대화 프롤레탈리아 독재론: 자본주의 → 공산주의 이행의 중간 단계로 프롤레탈리아가 독재하는 사회주의체제 존재 프롤레탈리아 혁명 이후 공산당 지도자가 독재

과물을 만들고 있다. 북한에서는 인민의 기본권인 인권이 철저히 유린되고 있으며, 모든 주민들이 제대로 입고 먹을 수 있거나 최소한의 즐거움을 누릴 수 있는 여건이 제공되지 못하고 있다. 이러한 결과는 주체사상을 통해 인민이 오로지 수령을 위해 존재하는 도구로 해석한 결과로서 보편적 사상이 될 수 없음을 보여주고 있다. 정권 차원에서도 수령이 제대로 이끌었다면 현재와 같은 국제적 고립과 비난을 자초하는 일이 없어야 했는데 현상은 그 반대다. 결론적으로 북한의 주체사상은 1인 독재체제를 정당화하는 이론으로서 김정은 일가와 그 핵심추종세력만을 위한 강령 수준으로 이해하는 것이 타당할 것이다.

제5장

북한의 노동당과 군부:
당주도의 전쟁수행체제

북한의 노동당 규약에 따르면 북한군은 당의 군대이며 노동당은 김정은 개인의 당이다. 김정은과 당의 군대가 그 주인의 명령에 의해 전쟁을 수행하는 것은 당연하다. 그러나 군은 무기를 소유한 집단으로서 확실한 통제가 전제되어야 한다. 따라서 하드웨어보다는 소프트웨어와 그 동력을 당에서 끊임없이 주입한다. 군대는 당의 노선, 즉 당이 제시하는 혁명과업을 수행(혁명사상)해야 하며, 당에 대한 무한대의 충성심(당성)[16]을 요구 받는다.

아울러 혁명사상과 당성을 최고의 수준으로 유지하기 위하여 당의 군통제를 위한 조직을 갖추었다. 북한군에 대한 당통제는 지휘체계를 통해 확립되었고, 그 핵심은 군사선(軍事線)과 정치선(政治線)을 유지하는 이중구조로서 제도적으로 완성되는데 6·25전쟁 이후 약 20년이 소요되었으며, 김일성과 김정일의 1인 독재체제를 완성하는 데 필요한 중요한 작업이기도 하였다.

1. 북한군의 혁명사상과 당성의 강화

북한의 혁명사상과 당성은 초기에 마르크스-레닌주의와 모택동 사상에 뿌리를 두고 있으며, 항일투쟁과 권력투쟁을 통한 정권탈취 등의 경험을 통해서 체계를 갖추기 시작하였다. 김정일은 김일성의 유훈을 따르고 자신의 권력을 강화하는데 혁명사상과 당성을 이용하였다. 김정은 체제도 기존의 혁명사상 기풍과 당체제에서 생성되었는바 차이점이 발견되지는 않는다.

---

* 제5장은 2012년 「국방연구」에 게재된 필자의 논문 대부분을 인용 및 수정하여 작성한 내용으로서 우리 군 간부가 당주도의 전쟁수행체제를 이해하고 대비하기를 바라는 의도에서 포함시켰다.: 박영택, "북한의 당주도 전쟁수행체제의 양가성과 대응전략," 「국방연구」, 제55권 2-4호, 2012. 12. pp. 105-128.

16 당성은 조선노동당 제6차 대회에서 김일성이 정의한 내용으로서 당에 대한 충실성, 수령에 대한 충성심을 의미하며, 사상교양과 사상투쟁, 그리고 당조직 생활을 위해 끊임없는 단련의 필요성을 강조하였다.

북한의 혁명사상의 뿌리인 마르크스-레닌주의 사상에 언급된 내용을 보면 이들의 사상이 건국 및 당창건 이념과, 인민을 조직하고 전쟁을 수행하는 기본 지침으로 작용하는 등 초기 북한의 주요 지도이념으로 작용한 것을 알 수 있다. 전쟁이 곧 혁명의 수단이며, 자본주의가 존재하는 한 끝까지 싸워야 한다는 주장이다.

지금도 북한에서는 '전투정치훈련(교육교양사업: 주체사상, 당정책, 혁명론 및 계급사상론 등 교육)'이라는 용어를 사용하고 있는데, 당의 군대, 혁명의 군대인 군의 전투를 혁명의 실천 개념으로 파악하고 있다. 김일성은 북한군의 창당 및 창건과정과 6·25전쟁, 그리고 이후의 군사 국가를 세워나가는 과정에서도 "마르크스-레닌주의 당을 창건해야 한다[17]", "군대는 인민의 군대로서 인민과 밀접하게 연대하며, 당의 노선과 마르크스-레닌주의 사상을 실천해야 한다[18]"라는 것을 빈번하게 강조하였다.

그 결과 북한군에 대한 혁명사상과 당성을 강화하는 작업이 당창건 이후부터 꾸준히 전개되었다. 김일성은 마르크스-레닌주의 사상을 노동당의 사상인 혁명사상으로 발전시켰으며, 군대를 당의 사상으로 무장시키는 것이 군대의 힘을 강화하는 가장 중요한 조건으로 삼았다. 김일성의 이와 같은 발상은 레닌의 '군대는 정치로부터 중립될 수 없으며, 사회주의 군대는 곧 혁명무장력으로서, 당이 직접 군대를 장악하고 통제해야한다'는 주장에 기인한다. 김일성은 소련과 중국의 공산화 과정을 혁명의 역사라고 칭하며 이를 답습하고자 하였다.[19] 김일성은 스탈린의 정규전과 비정규전의 배합전

17 김일성, "우리나라에서 막스-레닌주의 당건설과 당의 당면과업에 대하여," 조선공산당 중앙조직위원회 창립대회에서 한 보고(1945년 10월 10일) 『김일성 저작집』 제1권(평양: 조선노동당출판사, 1979), pp. 307-308.

18 김일성, "훌륭한 군사정치 간부가 되라," 평양학원 제1기 졸업식에서 한 연설(1946년 4월 29일) 『김일성 저작집』 제2권(평양: 조선노동당출판사, 1979), pp. 195-197.

19 김일성, "현 정세와 인민군대의 당면과업", 제1 중앙군관학교 보병지휘관 강습생들 앞에서 한

술 및 정치교육의 중요성,[20] 모택동의 지구전[21]에 대해서도 학습하고, 이를 현장에서 직접 체험하고 습득하여 인민군의 전략에 응용하였다.

그러나 김일성은 6·25전쟁을 거치면서 정규군대에 미치지 못하는 전투력과 조직 장악력의 문제점을 경험하였고, 전쟁이 종료되는 시점에서 이를 시정하고, 한편으로는 권력의 재편을 위한 구실로 활용하였다. 김일성은 6·25전쟁 시 나타난 주요 문제점으로 '당성의 결여로 인한 당의 결정 및 지시를 위배하는 행위, 무책임한 부대관리, 관료주의, 군벌주의적 행동, 사상교양사업의 부족'을 제기하였다.[22] 특히 후퇴과정 중에서 나타난 사례로 '장령(장성급)들이 사병 옷을 입고 도주한다거나 당증을 버리고 민간인으로 위장하는 행위'들을 보고 심각한 위기의식을 가졌으며, 군대 내의 당조직 필요성을 절감하였다.[23] 여기에서 주목되는 조직이 빨치산인데, 김일성의 군사사상을 실천하고 권력을 쟁취하는 핵심역할을 하였다.

빨치산은 1930년대 만주에서 항일게릴라전을 수행했던 조선공산당의 잔당이라는 평가도 있지만 소련극동군관구 소속의 88특별여단 등에서 소부대 작전 등에 참가한 경험을 쌓은 자들을 일컫는다. 이들은 북한으로 돌

연설(1949년 10월 27일) 『김일성 저작집』 제4권(평양: 조선노동당출판사, 1979), p. 288.

20 스탈린의 군사전략가인 트로츠키는 정규전과 유격전, 기동전과 진지전을 배합하고 도입하였다. 동시에 군사강령의 하나로 군대 내에 군사위원의 정치적 기능을 강화하고, 군대 내에 당세포를 조직하는 사회주의 군대의 전형적인 체계를 제시한 바 있다. 스탈린이 제시한 '전쟁의 운명을 결정하는 요인-후방의 안정성, 군의 장비, 군의 사기, 지휘관의 조직능력, 사단의 양과 질'은 북한의 4대 군사노선의 중심 내용과 유사하다.

21 모택동의 군사사상은 '혁명은 민족전쟁이고, 전쟁은 정치이며, 최고의 형태는 무기에 의한 전권의 탈취'라는 개념으로서, 모택동은 전권을 탈취할 때까지 끊임없는 혁명전쟁을 강조하였다. 아울러 장기간의 항일전쟁 경험을 통하여 '지구전을 통한 인민 전쟁관'을 포지하였다.

22 김일성, "인민군대내 당정치사업을 강화하기 위한 몇 가지 과업에 대하여," 노동당 중앙정치위원회에 한 결론(1952년 7월 7일) 『김일성 저작집』 제7권(평양: 조선노동당출판사, 1980), pp. 306-308.

23 김일성, "인민군대를 강화하자," 조선인민군 고급군관회의에서 한 연설(1952년 12월 24일) 『김일성 저작집』 제7권(평양, 조선노동당출판사, 1980), pp. 456-458.

아갈 시점에서 이미 정치전사로 성장했다. 반면에 빨치산 내에는 초급수준의 정규적인 민간 또는 군사교육을 받은 자들이 적었고, 민간대학이나 '군대학' 교육을 받은 자는 전무했다. 즉, 빨치산은 정규군을 운영하는 관리능력과 전략적 역량이 부족하였는바, 6·25전쟁 시 이들의 제한된 경험과 역량은 조선인민군의 심각한 약점이 되었다.[24] 그러나 역설적으로 빨치산의 가장 특징적인 점은 정권은 총구에서 나온다는 권력의 제1철칙을 알고 있었는바, 맹목성과 단결력만큼은 연안파나 소련파에 비해 월등했다. 그래서 조선인민군은 창군 때부터 빨치산의 아성이었다.[25]

김정일은 김일성의 유훈통치를 받들어 모든 분야에서의 혁명사상을 강조하였다. '전당과 온 사회에서 김일성의 유훈을 무조건 관철하는 혁명적 기풍을 튼튼히 내세울 것'[26] 등이 그것이다. 김정일도 군사부분에서 혁명사상과 당성을 강조하였는데, "1994년에 (김일성이) 인민군 지휘성원들을 만나 인민군대를 강화하기 위한 강령적 교시(소위 7.6 교시)를 했는데 … 인민군대에 준 수령님의 마지막 유훈이며, 그날 수령님께서는 인민군대가 최고사령관을 잘 받드는데 대한 뜻 깊은 교시를 했다"[27]고 말한바 있다. 김정일은 김일성의 권력쟁취 과정에 깊숙이 개입하고 그 과정에서 군력의 중요성을 체험한 장본인으로서 군을 바로 잡는 것이 매우 중요하다는 것을 인식하였는바, 집권 기간 내내 군을 완전히 장악하는데 심혈을 기울였다. 북한군에게 당성은 노동당이 사라질 때까지 곧 핵심적인 자격요건이며, (북한군이) 당의 노선과 전략전술을 이해하고 있느냐의 척도인 셈이다.

---

24 김국헌, "북한군-조선인민군의 유래," 『한국논단』, 제60호(2009), p. 20.

25 김국헌(2009), pp. 11-14.

26 『노동신문』, 1996년 6월 8일자.

27 김정일, "김일성 사망 100일 중앙 추모회 연설(1994년 10월 16일)," 『2000 북한연감』 (서울: 북한연구소, 2000), pp. 334-338.

2. 북한군 당영도체계의 강화

김일성과 김정일은 일찍이 권력의 속성을 파악하고 구소련과 중국군의 정치조직이론을 노동당과 북한군 조직에 접목함으로써 북한군을 당의 군대, 수령의 군대로 만들었다. 김일성은 군대 내의 당조직체계를 강화하면서 경험 내용을 주로 제시하였는데, "인민군대 내에 당단체가 없었기 때문에 인민군대에 대한 당의 영도를 실현하고 부대의 전투력을 강화하는 사업을 잘하지 못하였다[28]", "전투에서 승리하려면 지휘관이 전투조직을 잘하는 것과 함께 군인들 속에서 정치사업을 잘하여야 한다[29]", "조선로동당은 전쟁의 매 시기, 매 계단마다 정확한 전략적 방침을 내세우고 인민들을 승리에로 조직 동원하였다… 인민군대가 강한 것은 당의 영도를 받고 있기 때문이다[30]"라고 주장한 바 있다.

북한의 1인 독재체제하에서는 당의 위치는 헌법 위에 있다. 김일성의 혁명사상, 주체사상이 최상위 규범이고, 노동당의 영도가 그 다음이며, 위의 상위 개념을 합법화 하는 것이 헌법이다. 당은 수령의 사상과 영도를 실현하는 영도적 정치조직이며, 수령을 중심으로 조직·사상을 공고하게 결합한 인민대중의 핵심부대라고 지칭되고 있다.[31] 김일성은 이러한 인식하에서 북한군의 6·25전쟁 시 문제점의 출발을 인민군 내부의 당조직 부재에서

---

28 김일성, "인민군대내에 조서노동당 단체를 조직할 데 대하여," 조선노동당 중앙위원 정치위원회에서 한 결론(1950년 10월 21일) 『김일성 저작집』 제6권(평양: 조선노동당출판사, 1979), pp. 144-145.

29 김일성, "인민군대 내 당정치사업의 중심과업," 조선인민군 군단, 사단 정치부장에서 한 연설(1951년 3월 6일) 『김일성 저작집』 제6권(평양: 조선노동당출판사, 1979), p. 320-321.

30 김일성, "조국해방전쟁의 력사적 승리와 인민군대의 과업에 대하여," 조선인민군 제256부대 관하 장병들 앞에서 한 연설(1953년 10월 23일) 『김일성 저작집』 제7권(평양: 조선노동당출판사, 1980), p. 142.

31 세종연구소 북한연구센터 편, 『북한의 당·국가기구·군대』 (서울: 한울 아카데미, 2007), p. 267.

찾았다. 다시 말해서 당조직을 당영도와 전투력 강화의 핵심적 기제로 인식하였다. 또한 전쟁 승리의 필요충분조건으로 당의 역할을 삼았으며 그 일을 담당하는 정치부대원의 역할을 중시하였다.

1950년 6월 26일 북한의 최고인민회의 상임위원회는 당중앙위 정치위원회의 조종하에서 헌법 49조 2항에 근거하여 "공화국 군사위원회를 조직할 데 대하여"를 발표함으로써 군사위원회가 전쟁의 모든 업무를 관장하도록 하였다. 아울러 같은 7월 4일에는 전반적 무력을 장악하는 기구로서 조선인민군 최고사령부를 조직하는 정령을 선포하였다. 오늘날의 국방위원회가 6·25 당시의 군사위원회 역할을 담당함은 물론 국가관리기관으로 승격되는 등 위상이 변화되었으나 최고사령관은 처음부터 당을 초월한 초법적 기관으로서 존재하였다.[32]

김일성과 김정일이 북한군의 정치조직을 강화하는 등 당을 효과적으로 통제하는 데에는 20년이 넘게 걸렸다. 북한군에 대한 영도체계는 군내 당조직 설치 결정(1950년) → 군내 당위원회 제도 도입(1958년) → 당·군관계의 제규정(1960년) 및 당규약에 명문화(1961년) → 정치위원제 도입(1969년) → 당 규약(1970년) 및 헌법(1972년)에서의 제도화[33] 등의 과정을 거쳐 발전되어 왔다. 제도적 장치와 더불어 북한군에 대한 통제 수단은 군부엘리트의 충성심을 유도하는 것이다. 김부자와 더불어 김정은에게 충성하지 않는 인물은 숙청의 대상이 됨을 의미한다. 저항하거나 반대하면 자신은 물론이며 모든 가족들이 정치수용소로 직행하는 체제적 시스템을 구축함으로써 군의 충성을 담보하였다.

김정일은 1970년대 초 실질적으로 권력을 장악한 이후, 즉 당중앙위원회 정치위원회에 임명된 직후에 주체사상을 김일성주의화로 공식화하고

---

32 고재홍, "6·25전쟁과 북한군의 전시지휘체제," 『군사논단』, 제62호(2010), pp. 9-27.

33 세종연구소(2007), p. 500.

1974년 4월에 당의 '유일사상체계 확립의 10대 원칙'을 공표하여 수령절대주의 체제구축을 위한 제도적 기반을 완성함과 동시에 세습체제를 명시하였다.[34] 10대 원칙을 통하여 당 위에 김일성이 존재하고 군은 당의 무력수단이므로 수령을 신격화 및 절대화하여 신봉하는 체제를 구축하였으며, 김정일의 후계체제를 구축하는 과정에서 모든 조직을 완전하게 장악하는 명분을 제공하였다.

당이 군을 실무적으로 장악하기 위하여 업무적으로 '당의 주요 부서가 다각적으로 감시 및 통제하고 지도해 나가는 시스템을 구축'하고 있는데, 이를 당적지도라고 한다. 당적지도는 김정일의 후계가 공식화된 뒤부터 시작되었는데, 중앙당 실무부서가 모두 관여한다. 특히 노동당 조직지도부의 지도하에 북한군의 지휘 및 정책부서에 당간부를 파견하여 정책지도를 함으로써 상시 통제체제를 유지한다. 북한군의 주요 지휘관인 인민무력부장, 총정치국장, 총참모장, 보위사령관 등도 노동당의 직접 통제를 받고 움직인다.

따라서 군단 및 사단, 그리고 말단 제대까지도 그 일거수일투족이 감시되고 통제된다고 볼 수 있다. 이때에 당의 정치적 업무를 집행하고 대행하는 군당위원회와 총정치국의 역할이 중요하다. 특히 북한군에 대한 당적지도 및 통제는 선군정치를 통하여 위상이 강화된 북한군부를 효과적으로 관리하는 주요 수단이다. 일부에서 제기되는 북한군의 위상강화로 당·군 관계에 변화가 초래될 수 있다는 지적은 당영도와 당적지도에 대한 잘못된 인식의 결과이다.

일례로 2012년 7월 김정은 체제하에서도 직위를 유지할 수 있을 것으

---

34 김정일, "전당과 온 사회에 유일사상체계를 더욱 튼튼히 세우자," 중앙당, 국가, 경제기관, 근로단체, 인민무력, 사회안전, 과학, 교육, 문화예술, 출판보도 부문 일군들 앞에서 한 연설 (1974년 4월 14일) 『김정일 주체혁명위업의 완성을 위하여 3』 (평양: 조선로동당출판사, 1987).

로 보이던 리영호 총참모장이 모든 직위에서 해임되었다. 리영호는 김정일이 직접 임명한 인물이며 김정은의 후계체제를 지탱해 오던 인물이다. 군 재원을 국가재정으로 투입하는 것에 반대하였다는 이유로 혹은 대남강경책을 유지해오던 강성인물로서 對남한 유화정책의 준비 차원에서의 제거라는 등 다양한 추측이 존재[35]하지만 군부의 핵심실세가 최고지도자의 결정에 의하여 하루아침에 숙청되는 것이 북한의 현실이다.

북한은 2009년 4월 9일 개정헌법을 통하여 '국방위원장(현재는 국무위원장)을 국가 최고영도자'로 공식화하였는데, 2016년 6월 최고인민회의를 통하여 그 명칭을 국무위원장으로 변경하였다. 이는 국무위원회가 군사기관에서 국가관리기관으로 격상되었으며, 국무위원장이 최고사령관을 겸직함으로써 군에 대한 독립적인 권한 행사가 가능해졌고, 군사지휘권만큼은 일원화하겠다는 의지의 표명이며, 북한군이 공식적으로 김정일 개인의 친위대가 되었음을 의미한다.[36] 군에 대한 당의 영도체계는 김정일 시기에 완성되었다고 평가되며, 김정은 체제하에서도 작동하는 원리다. 항간에는 김정은의 1인 독재체제를 위협하는 세력으로 장성택을 언급하기도 하는데, 탈북전문가들은 "김정일 시대에 이미 두 차례 숙청을 경험한 장성택은 큰일을 저지를 사람이 아니며 장성택이 그 같은 일을 시도할 경우 군부가 가만두지 않을 것"이라는 의견을 제시하고 있다. 결론적으로 북한군의 당영도체계는 김정은 1인 독재체제가 지속되는 한 불변요소임에 틀림없다. 북한군을 정치적으로 통제하는 총정치국장에 임명된 최룡해는 군에서 성장한 인물이 아닌 당출신 조직전문가이다. 인민무력부장인 김정각 또한 작전통이 아닌 정치군인으로서 조직 장악력이 뛰어나다고 한다. 이러한 인사는 군에 대한 당적 통제를 강화하는 것을 의미한다. 군부라는 말은 김일성, 김정

---

35 권양주, "북한, 리영호 총참모장 해임배경과 함의," 『동북아정세분석』, KIDA(2012. 7. 7).

36 권양주, 『북한군사의 이해』 (서울: KIDA Press, 2010), pp. 95-99.

일, 김정은이 포함된 북한이 편의에 의해 만들어진 말이지 실제로 최고권력자의 의사결정에 영향력을 미치는 군부란 존재하지 않는다.[37]

3. 당주도 전쟁수행체제의 실체

북한은 2004년 4월 7일 노동당 중앙군사위원회 명의로 '전시사업세칙을 내옴에 대하여'를 지시하였다. 이는 김정일이 군사위원회 자격으로 직접 지시한 것으로 확인되었는데 당이 전쟁을 주도하는 것과 전쟁의 특징을 열거한 내용이 포함되었다.[38] 전문과 내용을 보면 '전쟁을 정치·경제·군사적 힘의 대결'로 해석하고 '전쟁의 승패는 정치·경제·군사적 준비를 철저히 준비하는데 달려 있다'고 주장하고 있다. 그리고 전쟁을 '전당·전군·전민이 하나의 통일적인 지휘하에서 움직이고 인적·물적 자원을 총동원 한다'라고 하였다.

전시사업세칙은 그 사업의 가장 우선순위에 '혁명의 수뇌부를 결사옹위'를 두고 있다. 과연 당주도 전쟁의 실체는 무엇일까? 필자는 북한의 당주도 전쟁수행체제를 첫째, 수령의 전쟁=뇌수(腦髓) 전쟁, 둘째, 당의 전쟁=정치 전쟁, 셋째, 당조직망 전쟁=단일군체제에 대한 오해, 그리고 넷째, 혁명진지 전쟁=무종전성(無終戰性) 전쟁으로 판단하였다.

1) 수령의 전쟁 = 뇌수전쟁

노동당은 북한을 지탱하는 뇌수로서 체제를 유지하기 위하여 끊임없이 지령을 전달하고 그 반응에 따라 즉각적인 처방을 내리는 역할, 즉 뇌의

37 문성묵, "북한에 군부(권력)란 없다," 『한국논단』(2012), pp. 32-39.

38 "김정일 전시세칙 극비문건 입수," 『경향신문』, 2005년 1월 5일자 1면.

역할을 한다. 그리고 그 뇌를 조종하고 뇌의 생명력을 유지시키는 것이 수령이자 독재자인 김정은인 셈이다. 당이 헌법 위에 있고 그 위에 김정은이 있다는 것은 당이 뇌수를 위해 싸우는 전쟁을 한다는 것이다. 전시사업세칙에서도 전쟁의 기본으로 '혁명의 수뇌부를 결사옹호하고…조국을 보위하고…조국통일의 역사적 위업을 이룩한다'라고 되어 있다. 수령이 먼저고, 수령은 그들이 말하는 전국적 범위의 공산화 건설보다도 중요하다. 따라서 전쟁이 시작되면 김일성, 김정일, 김정숙 등의 초상화, 석고상, 동상, 미술작품을 '갱도 모심실'이라는 곳에 이동시키고, 그와 관련된 모든 시설, 구호판들에 대한 경비를 강화할 것을 지시하고 있다. 아울러 수령의 전쟁을 위한 '사상교양사업', 즉 방패정신, 총폭탄 정신, 자폭정신을 광범위하게 교육한다.

> 군인들에게 전쟁에서 우리가 반드시 이길 수 있다는 신심을 안겨주는 사상교양을 잘하여야 하겠습니다. 다시 강조하지만 전쟁에 대처하기 위한 정치·사상적 준비를 갖추는데서 조직부장들이 하여야할 일은 두 가지입니다. 하나는 조직생활을 강화하여 군인들, 특히 지휘관들을 철저히 요해하는 것이며 다른 하나는 사상사업을 잘하여 모든 군인들이 적을 미워하고 혁명승리에 대한 신심을 가지도록 철저히 준비시키는 것입니다.[39]

사상교양사업의 체계는 6·25전쟁 시부터 시작되었으나, 위의 예문에서와 같이 당시에는 사상교양의 목적이 전쟁의 승리이지 수령에 대한 결사보위의 수준은 아니었다. 북한전쟁의 제1목적이 수령 보위로 변질된 것은 주체사상이 유일의 당지도이념으로 굳어지고, 김정일에 의한 유일사상체

---

39 김일성, "인민군대의 당조직사업을 개선할 데 대하여," 인민군 집단군, 군단 정치부조직부장들을 파견하면서 한 연설(1969년 11월 7일) 『김일성 저작집』 제23권(평양: 조선노동당출판사, 1983), p. 318.

제가 확립된 이후다. 주체사상의 가장 핵심적인 내용은 주체의 혁명관인데, 북한독재체제에서는 이러한 혁명관을 정립하기 위해서 '당과 수령에 대한 충실성을 높여 나가야 한다'며 우선적으로 강조하고 있다. 혁명적 실천이 곧 수령의 혁명사상을 관철하기 위한 투쟁이라는 것이다. 북한에서는 수령의 혁명사상을 신봉하고 이를 위해 모든 것을 바치는 당원을 가장 이상적인 혁명가라고 평가한다. 전시에는 수령을 보위하고 수령을 위해 목숨을 바치는 전사를 만들려고 한다.[40]

수령의 전쟁은 뇌수 전쟁과 다름 없는데, 수령을 제외한 인민과 북한군이 수단에 불과한 존재로 전락하기 때문이다. 로버트 하인라인의 '스타십 투르퍼스(Starship Troopers)'는 1956년에 나온 SF소설이며 영화화되었다.[41] 고도의 지능을 가진 한 마리의 벌레가 통제하는 외계곤충과 싸우기 위해서 군대를 가야만이 참정권이 주어지는 미래사회의 젊은이들을 주제로 다루고 있다. 외계벌레는 일벌이나 일개미처럼 자신의 종족을 번식시키기 위한다는 한 가지 지령에 의해 맹목적으로 싸운다. 북한의 전쟁도 수령의 생각을 실천하는 전쟁을 당연시하게끔 세뇌시킨 당원과 북한군들이 담당하고 있다.

2) 당의 전쟁 = 정치 전쟁, 총력전

북한의 전쟁이 당의 전쟁이라고 한 것은 당이 주도해야 가능한 전쟁의 형태 때문이다. 북한이 말하는 혁명적 과업, 즉 혁명전쟁은 고도의 정군배합(政軍配合)으로 이루어진 전쟁수행 방식으로서 정규병력과 전 인민적 항쟁을 결합한 형태다. 한편에서는 전쟁을 하고 한편에서는 당성으로 철저히 무

---

40 김정일, "주체사상에 대하여," 1982년 3월 31일 발표, 『조선중앙연감』, 1982년 참조.

41 위키피디아에 의하면, 이 소설은 미 해군과 해병의 권장소설 목록에 들어 있으며, 군사기술 개발에도 영향을 미쳤다고 함.

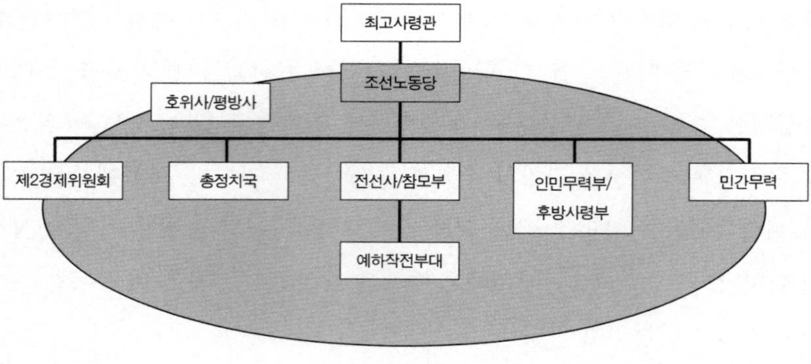

[그림 5-1] 북한의 당주도의 전쟁수행체제 개념도

장된 비정규전 요원 혹은 당 전위조직을 활용한다. 이들 조직들이 대중조작, 대중선동과 같은 방법으로 반란군, 민병대, 게릴라 등을 조직하고 폭동이나 테러 등 또 다른 전선을 형성하여 남한 군을 무력화하는 것이 핵심이다.[42] [그림 5-1]은 북한이 전쟁을 수행하는데 유무형의 행동의 근거가 당에 있다는 것을 표현하고자 하였다.

북한의 당이 주도하는 혁명적 군사전략의 기본원리는 첫째, 주체성의 원칙에 대하여 창조적 적용을 강조하는데 어떠한 상황에서도 실정에 맞는 전술을 응용하라는 의미다. 이는 전쟁물자의 현저한 부족과 기술의 낙후 등 제반 여건의 어려움을 스스로 극복하는 것을 말한다. 둘째, 정치사상적 우세로 군사적 열세를 극복하는 것인데, 사상의식이 군인과 인민의 전쟁에 대한 의욕을 고취시킨다거나 조직생활에서의 어려움에 불만을 제기하지 않도록 하는 것들이다. 셋째, 광범위한 인민대중의 자발적 참여로 전투를 수행하는 것인데, 당의 전쟁이 정치 전쟁이라고 지칭한 이유다. 북한은 전쟁의 대상, 즉 타도해야할 대상으로 남한의 정부, 군, 경찰 수뇌부 등을 제시

---

42 김태현, "혁명전쟁의 이론적 고찰과 현재적 함의," 『동아연구』, 제31권, 1호(2012), pp. 257-259.

하고 있는데, 이에 반대하는 전국적 범위(한반도)의 세력을 선동하여 자기세력으로 규합하려고 한다. 넷째, 야간전투 및 유격전술을 발전시킨다는 것인데, 세 번째 개념과 잘 어울리는 전술이다.[43]

북한의 군사제일주의의 전형인 4대 군사노선과 선군정치도 당주도 전쟁의 본 모습이다. 당주도의 전쟁체제도 6·25전쟁이 출발점이다. 김일성은 전쟁 중에 노동당이 "6·25전쟁의 조직자임을 선포"[44]하였으며, 또한 당의 임무를 열거하였는바, 첫째, "모든 인적·물적 수요의 원만한 공급, 북한지역을 민주기지라는 개념하에서 적극 방어, 생산 활성화, 선전사업과 사상교양사업의 강화, 통일전선 강화 등을 강조"[45]하였다. 유무형의 물자를 징발하고 수령을 보위하며 모든 불만세력을 자기 세력화하는 것은 정치적인 활동이라고 할 수 있다. 북한이탈주민인 한 전문가는 "남한의 국력이 북한의 40배에 달하는 상황에서는 전쟁이 안되는데 전쟁이 가능한 것은 바로 당이 주도하는 조직력 때문"이라고 주장하고 있다.[46]

당의 전쟁에서는 정치·경제·군사 등 모든 분야를 전쟁의 대상으로 삼을 수 있다. 제4세대 전쟁 및 하이브리드 전쟁이 그것이다. 4세대 전쟁은 '진화된 형태의 반란활동으로서 정치적 의지의 우세가 적절히 사용될 경우 거대한 경제력과 군사력을 가진 상대를 패배시킬 수 있다는 교훈에 기초한다. 4세대 전쟁은 전투를 수행하기 위하여 사회의 모든 네트워크(당조직망)를 사용하며 적의 군대를 패배시킴으로써 승리하려고 하지 않고 대신에 네트

43 장명순, 『북한군사연구』 (서울: 팔복원, 1999), pp. 146-149; 김정일(1982) 참조.

44 김일성, "조선노동당은 조국해방전쟁승리의 조직자다," 노동당·중앙당 학교 교직원, 학생들 앞에서 한 연설(1952년 6월 18일) 『김일성 저작집』 제7권(평양: 조선노동당출판사, 1980), pp. 228-230.

45 김일성, "조국해방전쟁의 승리를 위한 각 정당들의 과업," 조선노동당, 북조선 민주당, 북조선 천도교 청우당 도위원회 위원장 연석회의에서 한 연설(1950년 6월 27일) 『김일성 저작집』 제6권(평양: 조선노동당출판사, 1979), pp. 17-27.

46 이상규, "김정은 시대 북한의 대남전략," 제3차 통일교육포럼(2012.10.24).

워크를 통해 적의 정치적 의지를 파괴시키기 위한 공격'을 한다.[47] 또한 1~3 세대 전쟁처럼 지형의 탈취나 물리적 파괴가 아니라 적대국의 내부붕괴를 겨냥한다.[48]

하이브리드전(복합전, 제8장에서 상세히 언급)은 레바논의 반군세력인 헤즈볼라가 이스라엘을 상대로 거둔 성과를 교훈으로 발전된 전쟁 개념으로서 '유연하고 지능적인 적이 목표달성을 위하여 특정한 시기에 동시적으로 다른 형태의 전투를 통합하여 수행하는 것[49]'을 의미한다. 하이브리드전에서는 정규전, 비정규전, 그리고 핵과 WMD를 활용하는 모든 전투를 포함한다. 북한이 정치적 목적을 달성하기 위하여 활용할 수 있는 유용한 전쟁 개념이다. 제4세대 전쟁과 하이브리드 전쟁은 이미 6·25전쟁 시에 시현된 바 있다. 북한군이 남한을 점령하면서 광범위한 정치공작을 전개하였다. 좌익세력 포섭 및 활용, 우익인사 처형 및 납북, 게릴라 조직 및 저항 등이 그것이다. 6·25전쟁 시 남한군은 반격을 하면서도 한편에서는 남한사회의 안정을 위하여 노동당의 지시에 의해 체계적으로 조직된 유격조직[50]을 소탕하는데 주력해야만 했다. 전남도당의 사례에서 보면 유격부대는 당조직체계에 의해 조직되고, 무장부대도 그 휘하에 두었다. 물론 사상교양도 일상화되었다.[51]

---

47 이성만, "현대 비정규전 개념 범주에 관한 고찰," 『국방연구』, 제53권, 제3호(2010), p. 56.

48 박헌옥, "김정은 체제의 대남전략," 제3차 통일교육포럼(2012.10.24), p. 1.

49 Frank G. Hoffman, Conflict in the 21st Century: The Rise of Hybrid Wars (Virginia: Potomac Institute for Policy Studies, 2007), pp. 35-42.

50 김일성은 1950년 12월 21일-23일간 평북 별오리에서 개최한 노동당 중앙위 제2기 제3차 전원회의에서 유격전을 통한 제2전선의 구축을 강조하였으며, 1951년 4월 총참모부 작전국 직속의 유격지도처가 설립되어 유격전을 지휘하였다. 또한 1951년 8월 31일 "미해방 지구에서의 우리 당사업과 조직에 대하여"를 통하여 지하당 재건을 위한 지구당을 개편을 지시하였다.

51 정관호, 『전남유격투쟁사』 (서울: 선인, 2008), pp. 31-50.

북한은 6·25전쟁의 실패 이후 중국과 소련의 전략전술을 배제하고 항일빨치산 경험에 기초한 군사전략을 자주적 군사전략으로 인식하고 발전시켜 왔다.[52] 1970년 11월 제5차 당대회를 통하여 "한반도의 지형조건을 살려 산악전, 야간전투, 대부대 및 소부대 작전, 정규전과 유격전을 배합하여 강한 상대를 이길 수 있다[53]"는 김일성의 지시에 따라 다양한 전투를 혼용하는 배합전 개념으로 체계화하였다. 북한이 재래식 전력과 함께 이와 차별화된 비전통적 위협, 즉 대량살상무기, 특수전 부대, 핵무기, 사이버전 능력을 갖추고 있는 것은 이들의 전력을 혼용하여 정치적 목적, 즉 제4세대 전쟁과 하이브리드 전쟁을 하기 위함이다.[54]

4. 당조직망 전쟁=단일군체제에 대한 오해, 혁명진지 전쟁=무종전성(無終戰性) 전쟁

북한의 단일군조직은 당주도 전쟁을 하기 위한 것이지 군의 통합적 운용이라는 목적만을 지향하는 단일군체제와는 다르다. 당의 전쟁 개념으로 보면 북한의 단일군 조직체계는 외피에 불과하며 실제로는 당조직을 뼈대로 하고 군사체계가 병합된 형태라고 볼 수 있다. 따라서 다음과 같은 이유에서 북한의 당주도의 전쟁은 당조직망 전투라고 해야 한다.

첫째, 군사국가체제하에서 모병 및 훈련, 군사훈련 등의 전쟁 연습, 군수물자 보급, 사상교양, 주요한 부분에 대한 정책결정과 지시가 당을 통해 전달된다. 전시사업세칙을 당중앙군사위원회 명의로 전달한 것도 최고사

---

52 북한연구학회, 『분단 반세기 북한연구사』 (서울: 한울아카데미, 1999), p. 130.

53 권양주(2010), pp. 167-168.

54 김중하·김재엽, "복합적 군사위협에 대응하기 위한 군사력 건설의 방향," 『국방연구』, 제53권, 제2호(2010), pp. 44-45.

령관을 제외하고는 군사계통 상에 통합적인 조직이 존재하지 않고 있다는 반증이다. 아울러 '각급 당조직들과 정치기관들은 최고사령관의 명령이 하달되면…대책적 문제들을 토의 결정하고 모든 당원들과 군인들, 근로자들을 명령관철에 힘 있게 조직한다(전시사업세칙 제2절 12항)'와 같이 전시사업의 기본을 최초로 집행하는 주체도 당조직과 정치기관이라고 명시하고 있다.

둘째, 앞 절에서 설명한 것처럼 제4세대 전쟁과 하이브리드 전쟁은 정치적 목적을 위하여 모든 전력을 배합하고 복합하는 형태를 보인다. 이러한 전쟁은 군의 통합범위를 넘어선다. 즉, 국가적 차원의 전략이다. 북한군 조직으로는 국가적 차원의 전쟁을 감당할 수도 없다. 북한군 개별제대는 국가적 차원의 전쟁의 한 부분으로서 움직인다. 최고사령관이 명령하고 군이 이에 따라 움직이지만 전쟁의 원활한 수행과 명령체계의 유지는 핵심당원 및 정치군관들의 몫이다.

셋째, 우리가 일반적으로 인식하는 단일군체제라면 그 안의 조직들이 유기적으로 결합되고 소통되어야 하지만 북한군의 상황은 그렇지 못하다. 북한군 내에서는 당체제하에서 이러한 관계설정이 쉽지 않다. 즉, 당체제를 중심으로 통합된 것이지 진정한 단일군체제는 아니라는 의미다. 그 이유는 1인 독재체제하에서는 북한군도 독재체제에 대한 위협세력으로 인식되기 때문에 북한군 간의 상호 교류나 유기적인 관계설정은 사실상 불가능하다. 일례로 북한군 사단장 몇 명이 독자적으로 친목모임을 지속하는 것이 용납될 것인가? 북한체제에서는 한마디로 있을 수 없는 일이다. 이는 단지 고위급 장교에게만 해당되는 것이 아니다. 일반 장교나 하전사에게도 적용되는 원칙이다. 북한에서는 부대 간 인사교류나 소통을 금지한다. 허용되는 것은 정치사상교양을 위하여 정치군관, 제대별 지휘관, 구분대장 등 당에서 필요할 경우에 소집하여 교육하는 것 뿐이다. 1994년의 북한의 6군단 쿠데

타 기도사건[55]을 겪은 북한은 정치위원, 보위부요원, 지휘관의 관계를 협력하는 관계가 아닌 상호 견제하는 관계로 만들었다. 북한군의 쿠데타는 쉽지 않은 것이 사실이다.

마지막으로 최고사령관의 존재로 보면 언뜻 군이 통일되어 있는 것같이 보이지만 1인 독재치하에서 군은 하나의 수단에 불과한 위치에 있음을 보여준다. 북한에서 당·정·군을 통틀어 권력을 장악한 인물은 김정은 1인이며, 최고사령관을 겸하고 있다. 최고사령관의 존재는 당의 권력을 통해서 비로소 힘을 발휘한다. 최고사령관은 국가의 모든 역량을 동원할 수 있는 권한을 가지고 있으며 유일하게 당을 통제하는 인물이다. 다시 말해서 북한에서 당을 통제하지 못하면 전쟁이 불가능하다. 최고사령관이 당조직에 흡수되어 있거나 당조직 아래 있으면 전쟁 자체가 불가능한 것과 같은 이치다. 결론적으로 단일군체제는 허울뿐이며 최고사령관 1인 체제의 군으로 보는 것이 오히려 타당하다.

북한의 전쟁을 혁명진지 전쟁이라고 칭한 것은 북한군이 전쟁의 제1목표로 혁명의 수뇌부를 보위한다고 명시한 것처럼 혁명진지인 북한을 끝까지 사수하기 위한 전쟁을 하기 때문이다. 이를 위해 북한은 이미 전 국토를 요새화하였으며, 주요 전투장비를 지하에 은폐시켜 놓고 있다. 북한의 지형과 요새화 정도를 감안할 때 전시에 북한지역의 완전한 수복까지는 상당한 시간이 소요될 것이다. 둘째, 북한의 사수 개념의 요체는 핵무기의 보유다. 북한이 핵무기를 보유한 것은 대내적인 정치안정과 체제유지가 목적이다. 북한출신 전문가들은 북한이 보유한 50킬로그램의 플루토늄과 우라늄농축프로그램(UEP), 핵무기 소형화 능력 수준, 그리고 다양한 투발수단을

---

55 1994년 초 6군단 정치위원이 쿠데타를 위하여 보위부장과 결탁하여 군단장을 포섭하려다 실패하고 사살한 후 발각된 사건, 이를 계기로 전 총참모장 김영춘에 의해 군단 해체 및 예하 사단의 교체와 함께 관련자들이 모두 처형되었음.

고려할 때,[56] 북한이 체제붕괴에 직면하면 핵무기를 사용할 것이라고 진단한다. 마지막으로 노동 당원의 존재다. 만성적인 경제난과 식량난으로 김정은 체제에 대한 충성심이 약화되었다고는 하나 그동안 당 규약에 언급된 것처럼 '선봉적·조직적 부대이며 최고형태의 혁명조직'인 당원들은 당이 소멸될 때까지 저항할 것이다. 북한의 당원은 400여만 명 정도로 추정되는데 이들은 선발될 때부터 김일성 가계에 대한 충성심, 출신 및 사회 성분에 의해 선택되고 그동안 핵심계층의 지위를 영위하여 왔는바, 이를 쉽게 포기하기는 어려울 것이다. 결론적으로 북한의 전쟁은 노동당을 붕괴시키고, 이들 당원들을 완전히 무력화시킬 때까지 지속되는데, 중국의 역할이 절대적이라 하겠다.

5. 당주도 전쟁수행체계의 장단점

북한의 전쟁수행체제는 우리 군의 전쟁수행 개념과 비대칭선상에 놓여 있다. 뇌수인 수령에 의해서 진행되는 전쟁은 공격대상이 군에 국한되지 않고 모든 대상을 목표로 삼아 공격하는데, 전쟁의 형태나 범위도 군사적인 경계를 뛰어 넘는다. 일례로 북한이 대남공작전술의 형태로 전개하는 통일전선공작(해외와 남한에서 규합한 혁명 세력과의 연합전선 형성), 심리전공작(반미 투쟁 선동, 정부와 국민, 보수와 진보의 갈등 조장 등), 지하당구축공작(노동당의 직접 지시를 받는 남한 내 간첩조직의 확대), 수집 및 정찰공작(군사 기밀 및 정보 획득), 그리고 대화 및 접촉 공작(합법적인 접촉 시 포섭 등) 등도 전쟁의 요소로 판단해야 된다는 것이다. 좀 더 비약한다면 북한이 우리를 대상으로 하는 모든 형태의 위협이 다 전쟁이다. 본 장에서는 과연 당주도 전쟁의 무엇이 가장 위협적인지, 그리

56 국방부, 위의 책, pp. 18, 27-28

고 북한의 전쟁수행체제의 약점이 무엇인지를 분석하고자 하였다.

1) 치명적 대남위협

북한의 당주도 전쟁의 위협부분에 대해서는 앞의 장에서 설명한 바 있다. 북한군은 막강한 재래식 전력과 비대칭 전력을 유지하고 있는데, 더불어 수령에 대한 맹목적인 충성심을 가지고 정치전쟁을 수행한다. 당원들이 존재하는 한 전쟁이 지속되며, 핵심당원들과 정치군관들은 끊임없이 조직을 재건하려고 투쟁할 것이다. 북한의 당주도 전쟁수행 개념에 따른 우리의 문제점은 남북한 간의 전쟁이 체제를 걸고 싸우는 전쟁이라는 점에서, 그리고 승패에 영향을 주는 요인임을 고려할 때 치명적이라고 할 수 있다.

첫째, 우리의 전쟁수행체제가 북한의 전쟁수행체제에 대비해 효과적인가에 대한 성찰이 요구된다. 우리가 북한의 전쟁수행체제에 대비하려면 국가와 군이 유기적으로 움직여 국력을 하나로 결집하는 것이 필요한데 민주주의체제의 특성상 평시에 이를 효과적으로, 집중적으로 유지하는 것이 쉽지 않다.

이에 반하여 북한은 평시에도 1인 독재체제하의 전쟁준비 태세를 유지하고 있는데 우리는 '국가'와 '국민'이 유기적으로 움직여 하나로 결집되기가 어렵기 때문에 비교 자체가 쉽지 않다. 그러나 아무리 체제적인 차이를 고려하더라도 군의 역량과 국가적 역량을 효과적으로 결합하는 것이 절실한데 준비가 잘 되어 있는지 걱정스럽다. 이와 같은 노력은 통수권자 차원에서 항시 고민하고 점검해야 하는 사안이다. 또한 북한이 수령전쟁, 정치전쟁, 당조직망 전쟁을 하려고 하는데 우리사회에서는 군의 임무수행 상 필요시에는 군사분야 이외에도 관심을 가져야 되는데도 군의 역할이 확대되는 것을 경계하는 현실 때문에 다각적인 대응방안을 논의 하는 것도 쉽지

않다. 북한을 상대하려면 북한군의 당성을 와해시키는 심리전이 불가피한데, 요즘은 군내의 정신교육조차도 당연히 친북세력을 적으로 거론했다는 당연한 내용인데도 언론의 주목을 받고 있는 실정이다.

둘째, 북한의 당주도 전쟁수행체제를 남한국민들은 과연 잘 인식하고 있을까? 북한전문가 및 군 간부들도 당주도의 전쟁수행체계를 명확하게 인식하지 못하고 있는데, 하물며 일반 국민이 북한의 전쟁수행체제를 제대로 인식하기란 쉽지 않다. 국력이 신장되고 국민의 삶의 질이 급격히 향상되고 있지만 국민들의 안보의식이 한 방향으로 결집되기 보다는 오히려 우리 사회에 형성된 이념적 성향과 경제적 계층에 따라 다각화 및 다양화 되고 있다. 분단국가에 사는 국민들로서 김정은 독재체제가 수행하는 전쟁에서 어떤 역할이라도 하겠다는 의지를 갖는 것이 중요한데도 사회전반의 안보의식은 해이되고 있다. 북한의 당주도 전쟁은 이미 진행되고 있다. 그동안 북한은 남북교류 상황을 이용하여 소위 친북 및 종북세력이라는 합법적 지원세력을 확보해왔다. 이들 세력들이 추구하는 것은 남한 내에 반정부·반미세력을 확보하여 궁극적으로 안보의 틀을 무너뜨리는 것이다.

셋째, 이와 같은 상황에서 가장 요구되는 것이 군 장병의 안보의식을 강화하는 것과 지휘관들의 투철한 국가관이다. 물론 군 장병들과 지휘관들의 정신전력 강화는 우리 국민의 군체제에 대한 신뢰에서 비롯될 것이다. 한 전문가는 "천안함 피침을 계기로 김정은 정권이 잔혹하고, 예측불가능하고, 적화통일을 불변의 대남정책으로 고수하는 집단이라는 사실을 정확히 인식해야 한다 … 우리 사회에 존재하는 이적성 문화를 제거해야 한다"[57] 라고 주장하였다. 북한은 전시가 되면 군 장병에 대한 대대적인 정치선동을 도모할 것이다. 이는 전쟁수행체제를 혼란시키고 와해시키기 위하여 국가

57 송대성, "한국군, 정신전력 시급하다," 『한국논단』(2010), pp. 41-50.

와 군의 지휘부를 일반 장병의 적으로 만들려는 공작을 의미한다. 김일성은 6·25전쟁 시에도 우리 군을 포섭하여 군 지휘부에 저항하도록 유도하는 정치공작을 지시한 바 있다. 따라서 군에서는 지휘관들의 각별한 관심 하에 정신교육[58]을 추진하는 것이 필요하다. 이러한 관점에서 2012년 10월 10일 국방위 소속의원에게 제출함으로써 공개된 '사상전의 승리가 되자'라는 교육 안에서 '종북세력은 대한민국의 안보를 위협하고 있는 북한의 대남전략 노선을 맹종하는 이적세력으로서 분명한 우리 국군의 적'[59]이라고 규정한 것은 바람직한 조치로 평가된다.

마지막으로 남북한 간의 전쟁은 6·25전쟁 교훈에서와 같이 북한의 노동당이 존재할 때까지 지속되고, 결과적으로 중국의 개입이 불가피할 것이라는 점이다. 과연 우리에게 북한의 노동당을 무력화할 수 있는 전략과 전술이 있는가? 노동당의 뇌수, 김정은의 요청에 의해 개입할 것이 예상되는 중국군의 개입을 막을 처방이 있는가? 우리는 그동안 북한의 군사전략을 알면서도 북한의 노동당을 상대하려는 것보다는 애써 북한군으로 축소한 전쟁만을 생각해온 경향이 있다. 한반도에 전쟁이 발발하는 일은 없어야 하겠지만 불가피하게 발발한 전쟁이라면 그 기회에 북한의 독재체제를 말살하고 굳건한 한미동맹 하에 외교력을 발휘하여 중국의 개입도 차단해야 한다. 어느 선에서 적당하게 휴전하겠다는 생각은 치명적인 경제적 손실을 감

---

58 정신전력은 '모든 장병이 지휘관을 중심으로 투철한 군인정신, 엄정한 군기, 충천된 사기, 공고화된 단결로 부여된 임무를 능동적으로 완수할 수 있는 조직화된 전투의지력'으로 정의되는데, 북한의 당주도 전쟁수행체제에 대비하기 위한 핵심요소다. 아울러 군에서 실시하는 정신교육은 '인간내면의 복합적인 요소, 즉 가치관, 태도, 신념, 도덕성 등을 자발적 행동, 창조적 행동, 가능한 행동으로 변화시킴으로써 군 임무에 대한 정당성과 사명감을 제고하는 가치실현 교육이라고 정의되고 있다: 김오현, "정신전력과 리더십의 통합적 발전방안 연구," 『군사논단』, 제60호(2009), pp. 145-146.

59 국방부에서는 종북세력이 북한의 대남전략목표를 활동목표로 정하고 있으며, 북한의 적화공세를 추종하고 북한에 이로운 간첩행위 등 이적행위를 하다는 점을 종북세력을 적으로 규정한 근거로 삼고 있다.

당해 놓고도 또 다른 분단 상황을 조장하겠다는 것과 다름없다. 따라서 전쟁대비 개념에서 위의 상황이 반드시 고려되고 최소한 군 차원의 대비 개념을 가지고 있어야 할 것이다.

2) 북한군의 취약점

북한이 당적 주도의 전쟁을 수행하더라도 군사적 역할을 고려할 때 북한군의 비중을 간과할 수 없다. 동시에 3대 세습체제가 이어지는 북한은 중대한 시험대에 놓여 있는데 가장 주목 받고 있는 대상이 북한군이다. 이는 선군정치로 대접받고 있던 북한군이 마치 새로운 체제하에서 가장 다루기 힘든 집단으로 묘사되기 때문인데, 리영호의 숙청이 이러한 논란을 부추기고 있다. 북한의 경제는 인민을 수탈하는 위치에 있는 거대한 북한군대를 더 이상 배불리 먹일 수 없는 처지에 이르렀다. 남북한 교류협력과 금강산관광 등의 단절은 이러한 상황을 더욱 악화시켰다. 아울러 북한주민의 북한수뇌부에 대한 충성심이 약화되고 있는데, 사회현상의 군대전이도 예상된다.

다음으로 고려되는 것이 당주도 전쟁수행의 핵심적 역할을 담당하는 정치군관의 폐해문제다. 정치군관은 전쟁 시는 물론 평시에도 당의 집행기관 역할을 충실히 수행해야 하는데, 군 간부의 인사권을 행사하고 군대를 지휘하는 당위원회의 운영자라는 입장에서 군부대 내의 권력자로 행세한다. 정치군관은 또 다른 권력기구인 보위부와 협력하여 지휘관에게 정치적 타격을 줄 수 있는 위치에 있다. 따라서 지휘관과 정치군관의 관계는 물과 불처럼 좋지 않다. 북한군 내에서 부대장과 정치군관의 사이가 좋다는 사례가 많지 않은 것처럼 정치군관의 지휘권 침해나 일반적인 간섭은 심각한 수준이라고 할 수 있다. 그동안 김정일이 정치군관의 폐해를 줄이기 위하여

많은 노력을 기울였으나 당통제의 구조상 이를 변화시키기는 어려웠을 것으로 판단된다.[60] 펄뮤터(Amos Perlmutter)가 '사회주의 국가에서의 군부는 정치화된 집단이며, 군 고위장교단은 군사지휘관으로서 뿐만 아니라 주요 정치지도자로서의 역할을 동시에 수행하는 이중역할 엘리트'라고 한 것처럼[61], 일반 전투지휘관들도 당원이고 정치군관과 같은 정치의식이 자리 잡고 있어서 갈등이 지속될 경우 전시에 정치군관에 대한 반발이나 지휘권 행사과정에서 문제점이 노정될 수 있다.

그리고 선군정치의 폐해와 북한군의 부패로 인한 문제가 산견되고 있다. 북한에서는 '사회주의의 와해와 붕괴는 사상진지의 와해로부터 시작되고, 사상진지가 무너지면 강대한 경제력과 군사력도 맥을 추지 못하고 국가의 운명도 파멸된다'는 인식을 하고 있다. 특히 북한은 군에 대한 사상적 측정 도구로 군기를 강조하는데 '군사규율이 혁명군대의 근본'이라고 내세우고 있다.[62] 그러나 이와 같은 노력에도 불구하고 북한군의 구조적인 부패가 만연하고 있는데 이러한 부패는 군대의 특권, 경제활동 참여, 법적 지위보장 등을 남용하는데서 비롯된다. 북한군은 선군정치에 따른 특권강화와 군에 대한 식량의 우선 배급, 군 인사의 신분상승 등을 누려왔다.

아울러 북한군은 각종 공사에 참여하고 있으며 외화획득을 명분으로 한 생산 활동에도 참여하고 있다.[63] 북한군의 군 기강해이 문제는 아직 최고사령관과 당에 대한 충성심이 해이되는 정도의 수준은 아니지만, 김정일이 군수물자의 착복과 유용을 빈번하게 질타한 것처럼 정도가 심해지고 있다. 또한 대민피해문제도 거론되는데 군내의 부정부패와 유사하게 발생하

---

60 이대근, 『북한군부는 왜 쿠데타를 하지 않나』 (서울: 한울, 2003), pp. 163-168.

61 남만권 편, 『북한군사체제: 평가와 전망』 (서울: KIDA Press, 2006), pp. 83-85.

62 이교덕·정규섭·이기동, 『북한군의 기강해이에 관한 연구』 KINU 연구총서 11-02(서울: 통일연구원, 2011), pp. 3-5.

63 위의 책, pp. 33-36.

고 있으며, 특히 접경지역에서 그 정도가 심하다고 한다. 그리고 군대 내에 만연된 음주행위, 구타와 가혹행위, 탈영사고도 빈번하다. 정도는 덜하지만 북한군 내부의 보안문제, 서구문화와 남한문화의 유입 등도 발생하고 있다.[64] 북한군의 부정부패가 선군정치에 기인하기도 하지만 식량난에 따른 체제 이반의 한 현상이라고 분석된다. 그 결과 북한주민의 정서가 북한군 내에도 퍼져나가고 있다.

최근에는 북한주민들이 '그동안 입당의 기회가 많고 최소한 굶어죽을 염려가 없는 곳이 군인데 이제는 굶주리고 사고도 많다'라는 인식을 하면서 군복무에 대해 부정적이라고 한다. 이와 같은 문제로 혁명적 군인정신을 앞세우는 군 사업방식의 확산과 당보다 군을 앞장세워 추진해온 사업의 효과도 반감될 것이며, 전시에 중요한 역할을 담당하는 인민의 자발적인 참여를 이끌어내는데도 어려움이 따를 것이다.[65]

이밖에도 북한군대 내에는 독재체제를 유지하는데 몰입하면서 발생하는 문제가 예상되는데 인민무력부, 총참모부, 총정치국, 호위사령부, 보위사령부 간의 의사소통과 협력관계가 결여될 가능성이 있다. 이러한 문제는 중앙당 부서간의 경쟁과 상호배타적인 체제 때문이다. 김정은도 김정일의 '견제 및 비밀주의' 통치스타일에 따른다고 전제할 때 핵심기관 간의 의사소통 경직성과 불통의 상황이 개선될 여지는 없다고 판단된다. 또 하나는 전쟁 상황이 북한에게 여의치 않을 경우 당의 정치적 영향력이 저하되고, 이로 인하여 군대의 정치적 영향력이 와해될 소지도 있다. 북한은 6·25전쟁 시에 이미 이를 경험하였고 군대 내의 정치조직을 강화하는데 심혈을 기울여 왔다. 그러나 북한이탈주민을 통해 증언된 내용에는 여전히 정치조직의 부패 및 군사지휘관과의 갈등 문제가 들어 있다.

---

64 위의 책, pp. 203-208.

65 정성임, "북한의 민군관계: 군 역할을 중심으로," 『북한연구학회보』, 제13권, 제1호, pp. 217-247.

제6장

통일의 예상 형태별 북한상황과 문제점

현재의 북한체제 및 정세, 남북한 관계, 국제정세 등을 고려할 때 예상되는 통일형태는 다음의 3가지로 귀결된다.

- 평화통일: 남북한 간 경제·문화·사회적 교류와 협력을 통해 다져진 신뢰를 바탕으로 궁극적인 정치·군사적 통일 달성
- 급변사태: 북한 김정은의 유고 혹은 내폭, 군사쿠데타 등의 이유로 북한체제가 붕괴된 이후 우리의 정치·군사적 역할 강화로 통일 달성
- 전쟁: 남북한 간 갈등이 고조되고 군사적 충돌이 전면전으로 확대되어 남북한 간 전쟁이 발발한 후 한미동맹이 주축이 된 우리의 승리로 통일 달성

위의 3가지 통일 형태의 장단점을 고려할 때, 한반도에서 가장 이상적인 통일은 남북한이 상호 합의하여 국가적 통합을 이루는 것으로서 실질적인 통일을 이루는 과정에서 국제적인 간섭이나 내부의 저항을 사전에 어느 정도 차단할 수 있는 장점이 있다. 그러나 '김정일보다도 더하다는 김정은 시대'의 북한과 직면한 현시점[67]에서 그러한 평화적 통일의 가능성은 전면전 또는 급변사태 발생에 따른 군사작전의 전개 등 물리적 충돌보다도 오히려 우선순위에서 밀려나 있다. 과연 전면전과 급변사태 이후에 통일한국의 영토로서 수복된 북한지역에서 어떤 상황이 발생할 것인가? 우리 정부의 계획대로 통일국가를 안정되게 건설할 수 있을 정도의 국내외 여건이 긍정적으로 전개될 것인가? 분명히 예상치 못하거나 감당하기에 힘든 많은 장애가 발생할 것이다.

특히 전면전과 급변사태는 남북한의 군사작전이 개입할 가능성이 크

---

* 제6장은 필자가 기고한 논문 내용을 인용하여 작성하였다; 박영택, "통일이행기 舊 북한지역의 상황변수 분석," 「통일전략」, 제11권 제4호, pp. 115-146.

67 오일환, "북한의 무력도발과 대화공세에 대한 한국의 대응방안 모색," 『통일전략』, 제11권 제1호(2011. 4. 30), pp. 230-233.

며, 이에 따른 피해가 증폭되어 실질적인 통합에 많은 장애가 초래되므로 특별한 관심이 요구된다. 아울러 독재자의 아들인 김정은에게 '일말의 기대감'을 갖는 잘못된 인식이 만연한 이때에 더욱 필요한 명제[68]이기도 하다. 또한 남북한 요소는 물론 역내 국가 간의 지역안보복합체(Regional Security Complex)적 특징은 무정부적이면서도 보다 다양한 분야에서 밀접한 관계로 발전된다는 관점[69]을 고려하여 주변국 요소를 더 심층적으로 분석할 필요가 있다.

북한지도자의 갑작스런 사망 혹은 쿠데타 및 주민의 폭동, 권력엘리트 또는 군부 소장파에 의한 혁명 등으로 인하여 북한의 체제가 급격한 혼란을 겪는다는 개념의 급변사태 이후 북한은 내전, 무정부상태, 정권 및 체제 붕괴 등 다양한 시나리오로 전개되는 혼란기를 겪을 것이다. 이 과정은 주변국의 개입을 초래하거나 다양한 정치세력이 등장할 수 있기 때문에 오히려 전면전이 수복 이후 혼란기를 단축시켜주는 절차 측면에서 우리에게 유리할 수도 있다. 상술한 바와 같이 전면전과 급변사태 이후에는 군사적 저항을 막고 치안을 확보하기 위하여 군사적 개입[70]이 불가피하다. 이후의 실질적인 통일을 추진하는 통일이행기[71]에 북한주민은 극도의 불안 심리를 바

---

68 정경환, "김대중 정부 대북정책의 비판적 고찰," 『통일전략』, 제11권 제2호(2011. 7. 30), pp. 59-67.

69 Barry Buzan, Ole Waver, Jaap de Wilde, Security: A New Framework for Analysis(London: Lynne Rienner Publisheres, 1998), pp. 15-17; Barry Buzan, People, States, & Fear(New York: Harvester Wheatsheaf, 1991), pp. 186-202.

70 분쟁국 사례에서와 같이 군이 개입하여 국가재건 및 정치적 조치, 군사적 조치, 치안문제 해결, 경제 및 인도적 지원활동을 전개하는 것을 안정화 작전이라고 하며, 우리 군에서도 2010년 11월 현재 14개국 17개 지역에 1,195명의 국군장병이 파견되어 분쟁국의 PKO활동에 참여하여 이와 같은 역량을 축적하고 있다.

71 통일이행기라는 표현은 군이 담당하는 안정화작전 이후 정부와 민간이 수복지역에서 안정화를 주도하는 시기를 말하며, 우리 군이 정부와 민간의 평화적인 활동을 지원하기 위한 방향을 모색하는 차원의 연구를 추진하면서 사용되었던 개념이다. 그러나 아직 시기 구분의 모호함과 용어의 이해에 대한 어려움 때문에 폭넓게 사용되지 않고 있다.

탕으로 다양한 행동양태를 표출할 것이며, 통일한국의 정치·경제·사회·문화, 그리고 국제관계에 상당한 영향요인으로 작용할 것이다.

급변사태 이후에는 경제력이 어느 정도 보존되는데 반하여 전면전의 경우 수복지역의 인프라 및 경제력은 완전히 붕괴되어 국가재건은 물론 주민들의 의식주 문제 해결이 시급할 것이다. 분단 이후 진행되어온 남북한 간의 정치·경제·사회·문화적인 이질화는 이제 경제적 빈부와 삶의 가치에 대한 목표 측면에서 계층화가 심화되고 있다. 북한에서 말하는 30%의 핵심계층[72]과 맹목적으로 세뇌된 북한의 청년층의 주체의식은 피수복민으로서의 지위를 쉽게 수용하지 않을 것이다. 그리고 군사국가체제하의 군대와 가늠하기 어려운 양의 무기 유출로 사회불안요인이 가중될 것이다. 북한의 전쟁과 게릴라전은 당이 주도적으로 수행한다. 북한군대가 와해되더라도 군대를 조종할 수 있는 당이 중국지역 혹은 산악지역에 도피해 있는 한 북한군대의 저항은 계속될 것이다.

우리는 위와 같은 문제에 충분히 대비하고 있지 않다. 통일이행기(이후 통일기)에는 타이밍이 중요하다. 주변국에서 상황을 미리 예측하여 대비하고 있을 것이며, 우리의 뜻대로 움직이지 않을 가능성이 높다. 따라서 전면전과 급변사태 이후의 북한상황에 대비한 통일전략은 상당부분이 탁상공론이 될지라도 돌발변수를 지속적으로 찾아내고 시뮬레이션을 함으로써 가능한 대책을 수립하고 준비해 나가야 한다.

통일기에는 수복지역의 국가재건과 구호, 그리고 다양한 상황에 대처하기 위하여 군 병력과 정부 요원을 포함하여 상당한 전문인력이 필요하다. 북한이 이제 3대 세습기를 맞이하고 김정은의 절대 권력을 강화하기 위한

---

72 북한은 1958년에서 1970년에 걸쳐 당이 중심이 되어 3회에 걸쳐 주민을 출신성분에 따라 3계층 51개로 분류하여 차별적 계급정책을 추진해 왔다: 통일부, 『북한개요 2000』(서울: 통일부, 2000); 김영재,『북한의 이해』(서울: 법문사, 2002), pp. 339-340.

단계별(준비 → 구축 → 공고화)[73] 수순을 밟을 것이다. 이렇게 불안한 시기에 북한의 급변사태와 전쟁 상황, 그리고 그 이후의 상황변수에 대한 점검과 대비가 절실한 시점이다. 필자는 미래 시점인 통일기를 예측하기 위하여 전 세계 약 16개국의 분쟁국 상황[74]과 그 곳에서 활동한 UN의 PKO활동사례 및 교훈을, 그리고 6·25전쟁 시기 국군과 UN군의 약 2개월 간의 북한지역 점령기간[75] 중 북한의 계층별 행동 사례를 중요한 참고자료로 활용하였으며, 현재의 북한체제를 반영하여 미래시점을 보다 객관적으로 시각화하고자 하는 작업을 추구해 보았다.

1. 통일기 북한지역 상황 분석

1) 급변사태 이후

(1) 국제사회 및 주변국 상황

북한의 급변사태는 전 세계의 이목을 집중시킴은 물론 철의 장막의 현실이 드러나면서 상당한 충격요인이 될 사안이다. 우리 군의 진입이 가시화될 경우 주변국은 모든 가능성을 고려하여 개입 시기와 방법을 강구할 것이다. 과연 국제사회가 바라는 통일한국의 조건은 무엇일까? 첫째, 한반도의 비핵화의 실현이다. 둘째, 통일한국의 군사적 위협이 주변국에게 최소화해

---

73 양정훈, "세습과정에서 본 북한 통치이데올로기의 변화 연구," 『통일전략』, 제11권 제1호(2011. 4. 30), pp. 211-212.

74 분쟁지역 중 PKO 활동이 활발했던 이라크, 아프가니스탄, 앙골라, 레바논, 수단, 그루지야, 코소보 지역을 주요 대상으로 삼아 분석하였으며, UN PKO활동 내용은 주로 Department of Peace Keeping Operation(DPKO)의 자료를 참조하였다.

75 1950년 9월 15일 인천상륙작전 이후 아군의 반격이 시작되어 9월 28일 서울 탈환으로 이어졌으며, 10월 초순부터 12월 중순까지 약 2개월간 국군과 UN군이 북한을 점령하였다.

야 된다. 셋째, 주변국들이 한반도에 행사하는 영향력의 균형이 유지되어야 한다. 이는 정치, 경제 그리고 안보 모든 분야를 포괄한다. 이러한 조건은 북한의 붕괴 직전 혹은 우리 군의 북진 전에 이루어져 중국이 무마되어야함을 의미하지만 가장 어려운 과제임에 분명하다. 재스민혁명 이후 주목을 받고 있는 북한정권에 있어서 김정은을 비롯한 수뇌부의 운명은 사실상 여타 독재정권과 마찬가지로 북한주민의 손에 달려 있다고 할 수 있다. 문제는 중국의 개입이다. 중국은 북한수뇌부의 중국망명을 허용할 것이며, 수뇌부를 빌미로 한반도 정세에 개입할 가능성이 있다. 또한 중국의 국익과 배치되는 상황, 즉, 중국의 체제에 위협을 가할 상황이 오면 언제라도 군사개입을 감행할 것이다.

또한 국외세력의 영입은 우리가 통일을 완전히 주도하지 못하게 되는 경우 발생하는데, 통일한국의 정체성·병력문제·비핵화문제 등에서도 비롯될 수 있다. 또한, 북한이 그동안 관여해 온 테러, 마약 및 위폐제작, 핵물질 확산 및 무기 밀매, 북한 내에서의 인권 유린 문제 등에 대한 국제사회의 심판과 처벌 요구가 이루어질 것이다. 이외에도 북한과의 조약 혹은 경제적 관계를 내세우는 등 선점경쟁을 강화할 것이며, 이러한 와중에 기존의 북한 지배층이 외세와 공조하여 정치적 영향력을 확보할 가능성은 상존한다.

통일한국은 중국 및 러시아와 군사적 경계(한·중 접경: 1,360km, 한·러 접경: 17.2km)를 이루게 되어 과거 북한의 맹방인 2개 강대국을 상대하게 된다. 영토·영해·영공이 2배 이상 늘어나는데, 영토는 9만9천 평방킬로미터에서 22만2천 평방킬로미터로 확대된다. 이는 국방력과 치안력의 요구가 확대되는 것을 의미한다. 한반도 북방 경계선은 잔존세력의 도주·재결집·재침투 및 중국과 러시아의 군사적 개입 가능성 등과 관련하여 매우 중요한 의미를 가진다. 이들 국가는 당연히 북한의 경계를 승계할 것이나 관련국 모두 새로운 상황에 대한 적응이 시작되는 관계로 긴장감이 고조될 것이 분명

하다. 한반도는 그동안 자유주의 진영과 공산 진영 간의 완충역할을 수행함으로써 주변 강대국 간의 직접적인 충돌을 수렴하는 역할을 해왔으나 통일이 되면 지리적으로 완충공간이 없어지는 현상이 발생한다. 특히 미국의 對中통제선(containment line)[76]이 북상함에 따라 중국과 러시아의 경계가 강화될 것이며, 수복지역에서의 미군의 활동에 대한 중국과 러시아의 반응이 지금과는 사뭇 다를 것이다. 따라서 우방국에 대해서 긴장을 초래할 수 있는 군사행동의 제한을 요구하고, 군사활동 금지구역 설정 등 특히 영해에서의 적절한 통제 대책을 제시할 필요가 있다.

또한 수복지역의 모든 국가재건 및 구호, 그리고 군사적 위협을 제거하는 활동은 국제적인 성격을 가질 것이다. 국제적 구호활동은 헌신적인 모습이 투영될 경우 북한주민의 호응을 이끌어내기 위한 어떠한 정책보다도 효과가 있을 것이다. 구호활동 현장에는 우리요원을 포함하여 국제기구 인원 등 다양한 성격의 팀들이 섞여서 일하게 되므로 통합된 조직[77]하에서 능력을 발휘할 수 있는 전문 인력의 확보가 요구된다. 또한 구호활동 현장은 저항세력의 공격목표[78]도 되며, 주민에 의한 구호품 탈취 가능성[79]도 있다.

마지막으로 북한의 WMD시설에 대한 문제는 국제적 사안으로서 우리 정부의 철저한 상황인식이 요구되는 분야다. 수복지역의 WMD 시설 및 인원은 비록 적절한 통제와 관리 하에 있더라도 한 치의 방심도 허용되어서는

---

76 중국의 부상 이후 중국에 대한 견제가 가시화되고 있는데, 이는미국의 국방부를 비롯한 보수 진영에는 과거의 대소봉쇄정책과 같은 대중국 봉쇄정책을 시사하는 세력이 존재함을 의미하며, 이는 중국위협론에 기초한다.

77 전형적인 PKO 조직에는 인권, 홍보, 군사부, 민간경찰부, 민간부 등이 포함되어 있으며, UN 직원, 군 및 경찰, 민간 지원요원 등이 포함되어 있다.

78 일반적인 분쟁 시에 분쟁당사자들은 반대 측에 호의적인 제3국 역시 적으로 간주 공격하는 경향이 있다.

79 저항세력은 군사행동을 감행하는데, 대부분 주민과 연대하고 있는바, 주민들이 은거지 및 식량을 제공하거나, PKO 군의 작전정보를 수집하여 제공하는 경우도 있다. 반대로 협조하지 않는 주민에 대한 보복이 자행되고 각종 정치활동에 대한 군사공격도 전개한다.

안될 대상이다. WMD 유출 행위는 재앙과 함께 국제적인 개입을 초래케 된다. 따라서 WMD 해결을 주도하는 UN과 국제기구 요원에 대한 보호 임무도 우리 정부의 몫이 된다. 수복지역의 WMD 제거는 국제사회의 모델이 되어 유엔 안보리 회원국의 관여가 예상되므로 이를 적절히 활용하여 주변국과의 관계 설정을 강화하는 것이 필요하다.

(2) 정치·군사·사회 상황

통일한국이 국내적으로 완전한 통일을 달성하기 위해서는 첫째, 새로운 정치세력의 생존을 보장하고 수복지역의 피해를 최소화하고 북한주민이 잘 살 수 있다는 비전을 심어주어야 한다. 둘째, 남한 내에도 통일의 당위성에 대한 충분한 공감대를 형성하고 모든 국민이 수복지역의 정상화에 동참하는 분위기가 실천되어야 할 것이다. 셋째, 군사적인 문제가 해소되고, 사회의 모든 치안이 통제되어야 할 것이다. 그러나 군사작전이 종료되고 난 이후 상황은 쉽게 안정되지 않을 가능성이 높다.

수복지역에서는 북한출신 인사의 리더십이 부재한 상태가 지속되는 가운데, 통제체제의 붕괴에 따른 혼란 상태와 잔존하는 군사력이 방향성을 잃고 통합에 저항하는 상황이 발생할 수 있다. 장기간 유지해온 북한군사체제의 후유증이 예상되는데, 패퇴한 잔류군, 혹은 통일에 호응하지 않는 군대의 다양한 행동에 의해 치안 불안이 확산될 것이다. 특히 구심점을 잃고 일순간에 무장해제 당한 군부가 전열을 정비하여 부분적으로 결집할 경우 중국 등지에서 잔존해 있는 지도부에 의해 세력화할 위험성이 있다. 특히 북한의 핵심계층을 이루고 있는 당원은 정치세력화할 가능성이 높은 집단으로 이들이 무장세력 혹은 남한의 친북좌파세력과 결탁할 경우 정치·군사적으로 그 위협정도가 심각할 수 있다. 따라서 통일이행기의 모든 상황에

서 북한군 처리는 군사통합이라는 관점[80]에서 매우 중요한 과제로 부각되고 있다.

다음으로 중요한 일은 김정은 체제의 청산과 관련한 사회혼란이다. 북한은 수복되는 그 순간부터 과거의 숙청 및 처형, 추방 및 혹은 강제수용소 수용 등의 독재정권의 제반 범죄행위에 대한 보복으로 인하여 북한사회가 큰 혼란에 빠져들 가능성[81]이 있다. 이러한 와중에서도 기존의 기득권 세력이 통일정부에 협력한다는 명분하에서 신변보호를 받고 나아가서는 새로운 정치세력으로 부각될 소지도 있다. 이들로 인하여 실질통합 및 통일에 협력하는 주민의 상당수가 독자적인 보복을 위해 치안을 해치거나 정부의 통일정책에 반감을 갖게 될 것이다.

〈표 6-1〉은 비록 추정이기는 하지만 북한의 저항세력이 만만치 않을 것임을 보여준다. 170만 명이 넘는 적극적 거부세력은 군사적 저항에서부터 정치활동이 보장된 이후 세력화까지 그 생명을 연장할 것이다. 이러한 관점에서 볼 때 김정은 체제를 청산하는 작업은 매우 치밀하고 전략적으로 전개되어야 할 것이다.

북한지역의 주요 시설 운영 및 교통망 운영, 그리고 각종 구호활동에서 북한의 전문 인력이 필요한데 기존의 북한인력을 활용하는 문제에 봉착할 수 있다. 인력이 부족할 경우 전력 등 에너지 관련 시설, 통신시설, 주요 산업시설 및 관련 물자, 인력, 북한지역 내 지상·해상·공중 교통망 및 장비·시설·인력 등에 대한 관리가 어려워진다. 시설·물자·인력의 완전한 장악과

---

80 UN의 PKO 활동에서 평화정착의 가장 중요한 전제가 되는 것이 DDR, 즉 무기회수, 동원해제, 그리고 재통합(Disarmament, Demobilization, Reintegration)이다. 무기회수는 무기를 회수·폐기하는 것이며, 동원해제는 군대를 축소·해체하는 과정, 그리고, 재통합은 직업훈련·소득창출·보상 등을 의미한다.

81 김일성은 6·25전쟁을 치르면서 북한주민의 지지가 높지 않음을 깨닫고 휴전 직후부터 대대적인 정치교화 작업을 추진하였다: 김학준, 『한국전쟁: 원인·과정·휴전·영향』(서울: 박영사, 1989), p. 354.

〈표 6-1〉 북한붕괴 직후 통일에 대한 계층별 예상 행동

행동 구분	주요 계층	분포 판단
적극 동참	- 적대 계층 - 유동계층 중 소외 계층	60-65% (1,100만 명)
소극적 또는 유보	- 당원 중 일부 - 당·정·군 간부 - 유동계층 중 일부	15% (300만 명)
참여 거부	- 군 정치군관 상당수 - 혁명사상에 몰입한 계층 - 적극적 거부 가족	10% (170만 명)
적극적 거부	- 핵심계층 및 직계 가족 - 당·정·군 내 열성 당원 - 통제기관 핵심간부	5-10% (170만 명)

*북한의 '16년 총인구(2,400만 명) 중 활동 인구인 15-64세, 인구 1,700여만 명에 적용 추산

통제 미비는 더 큰 혼란을 초래할 수 있다. 특히 이남지역의 혼란을 방지하고 불순세력 혹은 저항세력의 이동을 차단할 목적으로 실질통합(통일) 이전까지 현 휴전선을 기준으로 남북한 간 경계선을 유지할 것인가에 대한 판단이 선행[82]되어야 한다. 남북한 경계선 상의 수개 지점에 통로를 설치하여 남북한 양측 지역 간의 지리적 소통을 엄격하게 통제·관리할 필요가 있는데, 동시에 해상과 공역 역시 일정 경계구역을 설정하여 관리해야 한다.

마지막으로 사회혼란 및 치안부재 상황의 근원이 될 수 있는 민간인의 무기소지 및 집단 폭동의 문제다. 북한군은 지상군은 총참모부 예하 10개의 정규군단, 2개의 기계화군단, 91수도방어군단, 등 총 15개 군단급 부대로 편성되어 있으며, 해군은 2개 함대사와 13개 전대, 40여개 기지, 공군은 4개 비행사단, 2개 전술수송여단 등 막강한 군사력을 보유하고 있다. 이

82 분쟁국의 경우 대규모 난민발생으로 인접국까지 혼란이 초래되고 국제문제로 부각되는 경우가 대부분이다. 국제 언론은 잘되는 부분보다는 문제가 되는 부분을 주로 보도하므로 통일한국의 상황이 부정적으로 비춰질 소지가 크다.

외에도 핵, 탄도미사일, 화생무기 등 전략무기를 보유[83]하고 있다. 북한의 급변사태와 군사작전이 종료된 이후 북한의 정규군 117만 명 및 예비병력 770만 명이 보유·관리한 무기의 상당수가 유출될 가능성이 크므로 신속한 조사가 이루어져야 한다. 정부는 군의 지원 하에 무기의 국제적 밀거래 혹은 장마당에서의 불법 거래 등 무기 유통의 모든 요소를 신속하게 차단해야 한다. 아울러 강제적인 회수와 병행하여 무기 자진신고자에 대한 경제적·신분상의 혜택을 부여함으로써 정세안정을 촉진함과 동시에 저항세력의 무기확보를 차단하는 효과도 얻을 수 있을 것이다.

(3) 경제 상황

급변사태 이후의 북한경제는 전면전에 비하여 인프라가 어느 정도 보존되어 단기적인 재건 비용은 절감할 수 있을 것이다. 그러나 전기·유류·식량의 절대 부족 현상이 심화되고, 농어촌의 생산활동이 마비되며, 산림이 황폐되어 자연재해에 계속 노출되는 상황이 지속될 것이다. 북한의 제2경제가 붕괴됨으로 인하여 외화벌이에 관여했던 인물들이 무기·마약·위폐 밀매 등을 위해 범죄조직화 함으로써 밀매와 범죄가 횡행할 것이다. 그리고 북한주민들이 자본주의 경제방식에 적응하지 못하여 정부의 배급과 구호품에 의존하거나 쉽게 불평불만을 토로하여 시위나 폭동으로 발전할 소지가 있다.

수복지역에서의 경제난은 사회주의 경제체제의 문제에 기인하는데, 북한의 재건에는 시설복구와 자원의 공급 외에도 자본주의 시스템을 도입하는 것이 병행될 것이다. 북한주민을 자본주의 경제시스템에 적응시키는데 소요되는 기간이 필요하며 이들의 생계유지를 위한 일자리 창출 또한 만

---

83 국방부, 위의 책, pp. 22-29.

만치 않을 것이다. 분쟁국 사례에서 보면 가장 시급한 일이 의식주의 해결에 있는데 수복지역의 상황도 예외는 아닐 것이다. 장기적으로 남북한의 이동이 자유로워지고 한국기업의 진출이 본격화될 경우 한반도 전역에서의 경제문제가 최대의 쟁점으로 부각될 것이 자명하다.

2) 전면전 이후의 상황

전면전 이후의 상황을 개관해보면 위에서 언급한 급변사태 이후와는 상당한 차이가 있다. 그 피해상황이 모든 분야에 걸쳐 매우 심각하므로 별도로 분야를 구분하여 설명하는 것이 의미가 없을 정도다. 무엇보다도 통일단계에서 국가적 여력이 없다는 점이다. 남북한 공히 군사력은 물론 인프라의 상당부분이 손실되어 수복지역의 복구에 심각한 지장을 초래할 것이다. 북한군은 지휘체계 및 주요 군사력을 상실하여 더 이상 군사력을 통한 반격의 기회를 갖지 못할 것이다. 특히 전면전의 종료는 우리가 북한의 핵 및 WMD를 안정적으로 확보하여 국제사회와의 유기적인 협력을 통하여 합법적인 폐기절차를 밟게 됨을 의미한다. 한편, 패퇴한 북한주력군의 잔존세력이 수복지역을 기반으로 유격전을 전개함에 따라 치안 및 민심 불안이 고조되고 지속적인 군사활동이 불가피할 것이다.

정치 및 사회 상황은 급변사태와는 달리 그 후유증이 클 것으로 예상되는데, 북한의 수뇌부가 도피하여 내부의 저항세력을 조종하는 상황이 우려되며, 북한의 핵심계층에 대한 적대계층의 보복공격 등으로 인해 치안불안이 심화될 가능성이 있다. 6·25사례를 보면 피점령지역 주민의 공포감이 심하여 신분위장 및 도피[84] 등이 다반사로 벌어졌는데, 60년의 세월이 흐

84 피점령기 북한인민군 및 고위 당원들이 신분을 숨기기 위하여 당증을 폐기하였으며, 심지어 인민군 장령들이 사병 복장을 하고 도주하는 사례도 있었다. 또한 일반 당원은 당원신분을 숨기기 위해 당증을 없애거나 유기함으로써, 전쟁 이후에 60만 명의 당원 중 약 45만 명이 이

른 시점이지만 북한주민이 우리의 수복지역 정책에 대해 상당히 유보적인 태도를 보일 가능성도 배제할 수 없다. 따라서 도망친 수뇌부 및 저항세력을 압도하는 유인책으로 수복지역 주민의 민심을 확보하는 것이 저항세력의 발판을 소멸시키고 나아가 완전한 통일을 이루는 데 유리할 것이다. 경제 상황은 최악의 상태로 그동안의 우려대로 천문학적인 복구비용이 소요될 것이다. 우선적으로 북한주민의 의식주 및 식수, 그리고 의료지원에 전력을 기울이며, 단계별로 경제시설 및 인프라를 재건해 나가는 정책이 고려되어야 할 것이다.

국제 상황은 외형적으로는 전면전 이후 우리가 원하는 방향으로 통일 여건이 조성되고 안보적 위협이 잘 통제되는 것처럼 보이지만 국제사회의 직·간접적인 간섭이 점증하는 상황이 우려된다. 일례로 국제사회의 경제적 지원 또는 원조는 국익을 고려하여 신중하게 처리되어야 할 부분이다. 완충역할(buffer zone)을 하던 분단상황이 미국과 중국 간의 직접적인 대치로 변화되는 바, 중국과 미국의 군사적 긴장이 고조되거나 사소한 문제로 양국 간은 물론 우리와도 갈등이 누적될 것이다. 또한 국제사회는 한국의 독자적인 재건과 구호가 부족할 경우 지체 없이 PKO 병력을 파견할 것인 바, 이를 계기로 한반도 특히 수복지역의 재건을 두고 국가 간의 선점경쟁이 치열해질 가능성이 있다. 급변사태 시와 마찬가지로 중국과 러시아는 북한과의 각종 조약 및 계약 사항의 승계를 요구할 것이다.

결론적으로 전쟁을 수행하고 난 이후 수복지역 전역을 완전히 장악하는 데 있어서 상당한 저항이 있고, 실질적인 통합에 필요한 시간도 연장될 것이다. 또한 북한군 잔존 세력의 저항 여부에 의해 위험지역 또는 취약지역이 존재할 수도 있다. 이에 따라 군사작전을 위하여 주민을 소개하거

와 같은 문제로 징계를 당하였다.

나 지역별로 계엄 통치 기간이 연장되는 상황이 발생될 수 있다. 이는 위험 지역의 주민이 저항세력의 불모가 되거나 대규모 난민화하여 안전한 지역으로 몰려드는 상황으로 발전되어 사회혼란을 가중시킬 수 있는 요인이 될 것이다. 전면전의 가장 큰 문제는 남북한 모두 심각한 정신적 피해를 겪는 것이다. 전우 또는 가족이 사망하는 경우 대다수 장병은 상당한 적개심에 차 있어 수복지역에서 이성적이고 따뜻한 마음가짐으로 인도적 차원의 임무를 수행하기가 어려울 것이다. 따라서 분쟁국의 사례와 같이 군은 전시와는 다른 자세로 행동하는 것이 요구된다. 〈표 6-2〉는 우리 군이 수복지역에서 어떻게 행동해야 하는 것을 보여준다. 6·25전쟁 사례에서 보면 인민군의 1, 2차 침공 시와 우리의 빨치산 토벌 및 북한점령 시에 양쪽에서 대대적인 살육과 보복이 자행[85]되었다. 수복지역 주민은 내외부의 보복에 노출되어 저항하거나 도피할 우려가 있으며, 북한저항세력은 우리의 사소한 강압행위를 선전선동의 수단으로 삼을 것이다. 이러한 상황하에서 수복지역 주민은 의식주 및 의료 등 모든 것을 우리 정부에 의존해야 하는 상황이므로 정부는 물론 국민 모두의 동참이 요구될 것이다.

〈표 6-2〉 일반군사훈련과 유엔 교육센터의 교육 목표 차이

군사훈련	평화유지군훈련
① 적을 죽여야 내가 산다 ② 적에게 노출시키지 말라 ③ 항상 공격적으로 행동하라 ④ 당하면 즉각 보복하라 ⑤ 적이 속아넘어 가도록 하라	① 자신과 자기부대만 방호하라 ② 내가 하는 행동을 모두에게 알려라 ③ 온화한 마음으로 부드럽게 행동하라 ④ 더 좋은 방법이 없는가를 생각해 본 후 행동하라 ⑤ 항상 정직하고 상대방에게 신뢰를 주도록 하라

85 백선엽, 『군과 나』(서울: 시대정신, 2009), p. 129.

2. 북한의 계층별 예상 행동

1) 김정은 측근과 권력엘리트

북한의 최상위 권력층은 김정은의 권력을 지탱하는 실세를 말한다. 이를테면 통제기관의 수장과 김정은의 조종을 받는 부부장급 인물들, 해당 분야의 비서, 김정은의 친인척, 그리고 군에 포진한 김정은이 키워온 장령들이 해당된다. 이들은 그동안 독재체제의 당·정·군을 장악하는 임무를 수행하며 독재자의 생각대로 움직여 왔다. 과연 이들이 몰락하는 정권 앞에서 어떻게 행동할 것인가? 그 기준은 김정은 정권의 몰락형태와 관련이 있을 것이다. 먼저, 급변사태가 독재자의 유고에 의한 거라면 권력세습이 유지되거나 몰락되는 수순을 밟을 것이고 측근간의 권력투쟁은 불가피하다. 새로운 실세의 성향에 따라 권력이 재편될 것인바, 약 150여 명 정도로 추정되는 최상위 권력 집단의 상당수가 재편되는 과정을 겪을 것이다. 따라서 이들은 독재자가 부재한 상황에서 자신의 권력 또는 지위를 유지하기 위한 행동을 표출할 것이며, 보통의 예상과는 달리 얼마든지 변질될 가능성이 있다.

다음으로는 김정은의 유고 이후 군부의 쿠데타나 내폭에 의한 급변상황인데, 북한의 극심한 혼란에 따라 핵심권력층도 일정한 패턴 없이 각자의 살길을 모색할 가능성이 크다. 이는 독재자의 권력유지 방식에 기인한다. 그동안 북한에서는 2인자가 없었다. 어느 한 부서의 최고책임자와 함께 그 휘하의 부부장급을 직접 통제하고 보고받는 형태로 정권을 유지하다보니 위아래가 없고 뚜렷한 서열이 없다. 지금 북한에서는 독재자 마음대로 서열이 정해지고 충성의 정도에 따라 지위가 달라졌다. 이러한 문제는 그 뇌수인 김정은이 없어 졌을 때 심화될 것이다. 그러나 〈표 6-1〉에서와 같이 이들 계층은 근본적으로 북한정권의 수혜계층으로서 중국의 지원 혹은 김정

은 세력의 완전한 제거 전까지는 끝까지 통합을 거부할 것이다. 내부적으로 설자리가 없어지고 전범 혹은 범죄자로 처벌받아야할 상황을 예상함에 따라 신변문제가 최우선의 관심사가 될 것이다.

그러나 전면전 이후에는 급변사태와는 사뭇 다른 태도를 보일 것이다. 전면전 상황은 군사작전이 종료되는 시점과 정권의 붕괴가 일치하는 관계로 이들의 행동은 〈표 6-1〉에서와 같이 집단적인 패턴을 보일 것이다. 어쩔 수 없이 김정은과 운명을 같이해야 하므로 대다수는 끝까지 저항하다가 중국으로 도피할 가능성이 많다. 따라서 이들의 행동에 의하여 북한주민의 피해가 커지고 궁극적으로 실질적인 통일의 과정에서 민족 간의 상처도 커질 것이다.

2) 북한의 정치군관 및 일반 군대

북한의 군부를 평가할 때 가장 의문시되는 것이 '김정은 정권에 빨치산의 후예들이 어느 정도 존재할까?'이다. 이와 같은 질문은 김정은 절대 충성하는 빨치산 정신이 과연 인민군대에 잘 뿌리내리고 있는 지가 군대의 충성도를 평가하는 하나의 기준이 될 수 있음에 근거한다. 그동안 북한의 독재자들은 군대의 정치사상 교육의 근간을 빨치산 정신으로 설정하였고, 열병시의 부대의 순서에서도 항일혁명투사인 혁명1세대, 전쟁참가 예비역, 만경대혁명학원생, 현역, 노동적위대·붉은청년근위대로 순서를 지정[86]하면서 빨치산 후예의 절대 충성을 유도해왔다. 그러나 한편으로는 북한군의 이중적 지위, 즉, 김정은의 전체주의적 독재체제[87] 유지를 위한 핵심집단이면서

---

86 "인민군대를 강화하며 군사를 중시하는 사회적기풍을 세울데 대하여,"『김정일선집 13』, (평양: 조선로동당출판사, 1999), pp. 1-15.

87 북한의 사회주의 체제는 메크리디스, 프리드리히, 브레진스키, 그리고 마이스너 등이 열거한 사회주의 요소를 모두 함축하고 있다; 김강녕, "북한정치체제의 특성과 딜레마," 『통일전략』,

동시에 언제든지 체제를 위협할 수 있는 무장집단으로서 경계대상이다 보니 언제나 철저한 감시[88]를 받아 왔다. 이로 인하여 북한군관의 1/3을 차지하는 정치군관과 일반 군관과의 갈등이 존재해 왔다.

선군정치에 의해 인민군대가 전면에 나섰다고는 하나, 북한군에도 독재체제에 대한 충성심의 해이, 빈곤과 기아의 확산, 남한사회에 대한 동경 등이 확산되고 있어서 정권이 붕괴되는 상황하에서 그 효과는 크지 않을 것이다. 따라서 급변사태 시에 북한군대도 일반주민들과 같이 기본적인 욕구가 충족되지 않을 경우 얼마든지 제어가 어려운 무장세력으로 변질될 가능성이 크다. 문제는 당에 의해 통제되고 있는 정치 군관들이다. 6·25전쟁 이후 김일성은 정치군관들의 역할이 부족하여 인민군대가 지리멸렬한 경험을 한 이후 정치군관에 대한 엄격한 통제체제를 적용하였다. 정치군관들은 군의 이탈을 막고 마지막까지 통합에 반대하는 역할을 할 것이다. 따라서 군의 와해보다 군과 모든 조직을 조종하는 노동당의 와해가 더 시급할 것이다. 북한의 당체제가 북한 내에 있거나, 아니면 중국에 있더라도 정치군관을 움직이는 그 순간까지 저항이 유지될 것이다. 정치군관의 역할은 전시에 더욱 강화될 것이며, 전면전 이후 상황에서도 주목해야할 부분이다.

3) 핵심 노동당원 및 청년층 열성당원

핵심노동당원은 소위 북한에서 성분이 우수하여 유년기부터 양성되고 사로청 등을 거쳐 당생활을 한 계층을 말한다. 아울러 맹목적인 청년층도 문제다. 이들은 김정은의 독재체제에 맹종하게끔 하는 주체사상으로 무장되어 있다. 이들은 통일한국의 체제에 적응하기가 쉽지 않으며 잠재적 저항

제11권 제2호(2011. 7. 30), pp. 76-78.

88 군에 대한 감시는 장령급 사무실·자택의 24시간 도청, 전역 시까지 동일부대 근무 원칙, 인근 군부대와의 교류 금지, 철저한 신원 조사 등이다.

세력으로 잔존할 것이다. 이들은 급변사태 등의 상황에서 가장 혼란을 겪게 될 계층이기도 한다. 친인척과 동료들이 대다수 부침을 경험하므로 새로운 상황에 대한 불안심리가 가중될 것이다. 따라서 당의 영향력과 통제력이 어느 정도 유지되느냐 하는 것이 이들 계층의 행동을 예측하는 기준이 될 수 있다. 전면전 시에는 핵심 노동계층 및 청년당원이 전쟁에 투입되어 상당부분 손실될 것이다. 그러나 잔존하는 세력들은 저항의 방법을 찾거나 중국으로의 도피를 감행할 것이다.

4) 일반 하급당원

북한의 당원 약 350만 명[89] 중 하위계층에 속하는 일반당원은 핵심당원에 비하여 충성심이 약하고, 하급부서에 근무하는 계층을 말한다. 이들 계층에 주목하는 것은 이들이 수복지역의 재건과 구호에 활용될 수 있기 때문이다. 물론 이들도 노동당 규약에서 언급한 바와 같이 '근로계급과 전체 근로대중의 선봉적·조직적 부대이며 최고 형태의 혁명조직'인 노동당의 일원으로서 자부심이 대단하다. 그동안 이들은 노동당 조직원칙, 즉 당조직에 복종(조직우위의 법칙)·소수는 다수에 복종(다수지배의 원칙)·하급 당조직은 상급 당조직에 복종(중앙지배의 원칙) 등에 장기간 길들여져 당의 명령에 절대 순응해 왔다. 그러나 이들은 1990년대 경제난 및 식량난에 따른 총체적 위기 시에 제대로 대처하지 못하여 김정일로부터 심각한 불신을 받아 왔다. 일반주민들도 당을 불신하여 장마당이 성행하고 외부사조가 유입되는데도 방관한 집단이다.

---

89 북한은 1945년부터 꾸준히 그 당원의 수를 증가시켜 왔으며, 1980년 10월의 조선노동당제 6차대회 시에 약 322만 명으로 추산하고 있으며 그 증가추세를 고려하여 350만 명으로 추정하였는데, 일부에서는 390만 명 이상으로 추정하기도 한다.: 북한연구회, 『북한의 정치 1』 (서울: 경인문화사, 2006), pp. 259-261.

북한이 군에 의존하고 선군정치를 하나의 통치형태로 활용하는 것은 이들 계층에 대한 불신이 존재함을 반영한다. 한편으로는 북한이 국가적 시스템, 즉 헌법·법 중심이 아닌 교시나 당규약 등에 의하여 움직이다 보니 이들의 소외감도 커질 수밖에 없다. 또한 일반적인 관료조직처럼 당·정의 일반 관료들도 책임 있는 자세로 일하기보다는 비판을 받거나 책임지는 상황을 모면하기 위하여 업무를 처리하는 것이 일상화되어 있다. 이러한 관점에서 볼 때 급변사태 시에 이들은 적극적인 체제수호의 의지를 표출하지는 않을 것이다. 전면전 시에도 이들의 역할은 클 것이나 북한이 붕괴되는 상황하에서는 통일의 대세를 묵묵히 따를 가능성이 있다.

5) 일반 주민

남북한의 분단 이후 북한주민의 삶을 지배한 것은 출신성분이다. 상술한 바와 같이 북한정권은 주민을 정권의 핵심이자 수탈을 일삼는 핵심계층(30%), 변질 가능성이 있으나 주민으로서 인정해야 할 유동계층(40%), 그리고 정권에 반대하거나 언제나 돌변할 수 있는 적대계층(30%)으로 분리하여 그 대상에 따라 정책을 달리해 왔다. 북한주민은 성분에 따라 사는 지역, 직업, 계급, 그리고 경제적 배분이 달라진다. 또한 자식들도 부모들의 모든 것을 대물림한다. 그동안 북한주민은 전체주의 특성인 엄격한 1인 독재 및 전방위 통제체제[90]하에서 살아왔다. 그리고 장기간의 경제난을 겪은 이후 체제에 대한 피로감, 선군정치 폐해로 인한 염군사상이 내재되어 있다. 또한 이들은 남한의 경제적 발전상 및 남북한 간의 경제적 격차를 잘 알고 있다.

급변사태는 북한의 주민들에게 내재되어 있는 염증과 체제불만, 그동안의 정치·경제·사회적 고통이 일순간에 분출될 수 있는 계기로 작용할 것

90 정천구, "전체주의와 강제수용소," 『통일전략』, 제11권 제1호(2011. 4. 30), p. 47.

이다. 이들의 행동을 결정할 수 있는 첫 번째 요인은 개인적 요인인데, 의식주, 진로, 생사, 통일과 체제에 대한 비전, 전쟁 과정상의 경험, 그리고 저항세력과의 관계 등이다. 두 번째 요인은 환경적 요인인데, 우리 정부 및 군의 수복 지역 정책, (급변사태 시) 북한의 새로운 지도부에 대한 신뢰, 그리고 기존의 북한체제의 진로 등을 들 수 있다. 특히 김정은 및 북한노동당의 영향력 유지 혹은 사회통제체제의 작동여부가 일반주민의 행동을 결정하는데 중요한 요소가 될 수 있다.

6·25전쟁 사례를 보면 가장 일반적인 행동이 피난이다. 당시에 북한 인구 962만 명 중 65만 명이 남하하였고, 1.4후퇴 때에는 추가로 50만여 명이 남하[91]하였다. 둘째, 주민들이 보여준 행동은 아군을 환영하고 동조하는 것이다. 점령 시의 보복과 학살로 공포분위기가 조성된 상태에서 자발적인 행동이라고는 할 수 없지만 미래의 상황하에서도 북한주민은 유사한 행태를 보일 것이다. 그러나 북한주민이 통일정부의 보호를 받고 공포 상황이 제어되는 환경에서는 적극적인 행동이 표출될 것이며, 주민의 가장 큰 공격대상은 기존의 북한정권에서 수탈을 일삼던 계층이 될 것이다.

3. 북한의 당과 군부의 게릴라전 가능성

상술한 바와 같이 북한군의 전쟁과 게릴라전은 당이 주도한다. 6·25전쟁 사례를 보면 인민군의 후퇴시기에 지방당조직이 인민군 패잔병을 통합하여 빨치산을 조직하였다. 이 현상을 중심으로 맹위를 떨친 남부군이 그 사례다. 김일성은 전쟁 초기부터 빨치산 전술을 응용한 게릴라전을 강조하

---

91 정성호·박명림·장상환·강인철, 『한국전쟁과 사회구조의 변화』(서울: 백산서당, 1999), pp. 25-26.

였으며 중공군 세력과 함께 남하할 때에는 게릴라조직이 제2전선을 형성하여 후방지역을 교란하고 우리 군의 증원부대를 차단할 작전을 구사[92]하였다. 북한의 게릴라전은 1951년 4월 총참모부 작전국 직속의 유격지도처가 설립되면서 구체화되었고, 빨치산 부대를 체계적 조직인 8개의 유격지대로 개편[93]하였다. 전쟁 교착상태에서는 이를 지구당체제로 전환하여 운영하였다.

게릴라부대의 활동 목표는 수송로 차단 및 차량 기습·철도파괴, 지휘부 및 경찰서 습격, 체포 구금된 요직자 구출, 통신절단 및 살인 방화, 보급시설·야전병원 공격 등[94]이다. 〈표 6-3〉은 후방지역 게릴라전의 조직이 어떻게 당생활과 교양사업을 하는가를 보여준다.

〈표 6-3〉 전남도당의 유격부대 조직[98]

구분	내용
조직	- 당조직: 도당위원장예하 조직·선전선동·간부·노동부등 - 무장부대: 인민군, 구빨치산, 자원 입산자 등
연락 체계	- 중앙당과는 연락망, 도당과 산하조직 간 통신망 유지 - 결정서/지시·작전명령·신문·교재 등 유통
주요 활동	- 교육/교양사업: 문맹퇴치, 당생활 교육, 군사학교 운영 - 대열관리: 혁명교육, 지도원제 운영, 상벌조치 - 보도 및 출판활동 - 무장 유격투쟁: 매복기습전, 도시공략전, 식량보급

92 김일성은 중공군의 참전으로 평양을 탈환한 이후인 1950년 12월 21일-23일간 평북 별오리에서 개최한 노동당 중앙위 제2기 제3차 전원회의에서 유격전을 "우리 공군이 약하고 기동성이 약한 조건하에서 적의 기동성을 파괴하며 적을 분산 격멸하며 적의 참모부와 후방을 습격하여 적후방에 제2전선을 조직함으로써 적의 공포와 당황을 초래케 하는 것이다."라고 정의; 김성우·김용현 공저, 『한국전쟁사』(서울: 진영사, 2008), pp. 250-251.

93 정관호, 앞의 책, pp. 94-99.

94 백선엽, 앞의 책, pp. 261-279.

김정일과 당의 군대이며 막대한 장비를 보유한 북한군이 그들의 장점인 게릴라전을 구사한다는 것은 너무나 당연하다. 북한은 비정규전의 메카다. 김일성은 6·25전쟁의 실패 경험을 바탕으로 빨치산戰 중심의 군사전략을 발전시켜 왔다.[95] 북한의 핵심적인 전투 개념은 김일성이 1970년 11월 제5차 당대회에서 지시한 내용으로서 '한반도의 지형조건을 살려 산악전, 야간전투, 대부대 및 소부대 작전, 정규전과 유격전을 배합하여 강한 상대를 이길 수 있다는 것[96]'을 말하는바, 그 중심에 게릴라전이 있다. 북한의 게릴라전은 이후 체계적으로 발전되었으며, 20만여 명에 달하는 특수전 병력은 정규전을 전개하는 능력을 보유하였으며, 동시에 정치전·심리전·유격전을 전개할 수가 있어서 북한군사전략의 중심에 위치하고 있다.

급변사태 및 전면전 이후에 잔존한 북한군대는 당연히 북한정권의 수뇌부와 노동당의 통제권에 들어 갈 것이다. 이들이 목표하는 것은 북한주민이 통일정부에 동조하는 것을 차단하는 것이다. 통제되지 않은 다량의 무기와 정예화된 북한군대의 결합은 북한의 게릴라전을 지속시키면서 능력을 배가시킬 것이다. 그리고 주민으로 위장하여 활동하는 당원들은 게릴라 부대에 모든 정보와 경제적 지원을 제공할 것이다. 무엇보다도 중요한 것은 게릴라 부대가 핵 및 WMD 무기를 확보하거나, 주요 교통망 또는 인프라에 접근하지 못하도록 막는 것이다. 아울러 게릴라 활동은 주민의 심각한 동요를 유발한다. 북한의 지형지물에 익숙하지 못한 아군의 활동은 제한을 받을 것인바, 그만큼 실질적인 통일을 달성하는데 지장을 초래할 것이다.

---

95 북한연구학회, 『분단 반세기 북한연구사』(서울: 한울아카데미, 1999), p. 130.

96 권양주, 『북한군사의 이해』(서울: 한국국방연구원, 2010), pp. 167-168.

97 정관호, 『전남유격투쟁사』(서울: 선인, 2008), pp. 40-79.

제2부

북한 김정은 정권의 위기와 위협

제7장

북한체제의 비정상적 현상과 진로

1. 김정은 체제의 비정상적 현상

북한의 체제와 관련된 현상은 표준적 국가의 관점과 상식적인 상황의 전개를 고려할 때 정상적인 것이 드물고 지극히 비정상적인 것들이다. 이러한 비정상적 현상은 북한의 미래를 진단하고 그 핵심적인 요소를 추출하고 인용하는데 치명적인 오류를 안기고 있다. 제1부에서 북한체제의 실체를 다루면서 수많은 비정상적인 현상이 관찰되었는데, 대표적인 것들을 추려보면 다음과 같다.

- 장기 독재정권과 초유의 3대 세습 정권 지속
- 노동당, 국가기구, 그리고 군대의 사유화
- 성분제의 유지와 인민의 노예화
- 경제난과 체제유지의 모순
- 국력 45:1의 경쟁, 통계수치와 상대적 비교의 허구성
- 북한문제의 국제화 확대 현상
- 핵무장의 종착역(end-state): 한반도의 핵전장화 위험

1) 장기 독재정권과 초유의 3대 세습 정권 지속

북한의 1인 독재정권은 일반적으로 말하는 군사독재, 민군독재, 1당독재, 1인 독재 등을 망라하는 복합형 독재 정권(hybrid dictatorship regime)이라고 할 수 있다. 또한 유일지배체제를 명시한 유일사상체계 10대 원칙, 노동당 규약, 그리고 헌법체계를 구축하고, 당적지도 및 국가적 통제를 바탕으로 김정은 이하 말단 주민까지 철저하게 감시하는 체제를 구축한 초유의 완성형 독재정권이다. 더욱 특이한 것은 독재정권이 3대에 걸쳐 세습되고 있다는 점이다. 〈표 7-1〉과 같이 전 세계적으로 강력한 독재자라고 인식되던 히틀러, 무솔리니, 스탈린, 마오쩌둥, 가다피, 후세인 등도 가족을 통한

권력의 세습은 없었으며 그 기간만 보더라도 김일성의 3대에 걸친 권력세습은 지극히 비정상적이다.

〈표 7-1〉 독재자들의 권력 장악기간

구분	권력 장악 내용 및 기간
독일 히틀러	나치당, 1930-1945년(15년)
이탈리아 무솔리니	파시스트, 1922-1945년(23년)
구소련 스탈린	공산당, 1922-1953년(31년)
중국 마오쩌둥	공산당, 1931-1976년(45년)
리비아 카다피	인민권력, 1969-2011년(42년)
이라크 후세인	바트당, 1977-2003년(26년)
김일성 3대	노동당, 1945년-현재(71년 지속)

위에서 언급한 독재자들은 김일성의 3부자와 권력 장악과 권력기간 중의 주요 행적, 권력의 몰락과 그 이후 과정은 지역 및 국가의 특수성, 이전의 체제, 구성원 등의 측면에서 근본적인 차이가 있지만 비교대상으로서 검토해보면 의미 있는 시사점이 있다. 먼저 히틀러(Adolf Hitler, 1989-1945년)는 나치당에 입당하여 뛰어난 연설능력으로 급부상해 1920년 초에 당의 선전부 책임자가 되었고, 민주공화제 타도와 독재정치, 민족주의와 반유대주의 등 나치당 강령을 발표하며 1923년 봉기를 시도하다 실패하였다. 이후 독일 경제의 침체와 정치적 혼란이 일어난 틈을 이용하여 1933년 총리에 취임하였고, 좌파세력에 대한 탄압과 기존의 공화국의 무능함을 공격하면서 국민적 지지를 얻어 1934년 총리 및 대통령의 지위를 겸한 총통에 취임하였다. 또한 히틀러는 전권위임법에 의하여 독일에 대한 독재가 가능한 상태를 만들었는데 이 과정에서 반대파를 탄압함과 아울러 중요한 정적을 제

거하였다. 히틀러는 총통이 된 이후에 민족주의에 취하여 18만 명의 수용이 가능한 국민대회당의 건설과 7킬로미터에 달하는 직선도로를 만들었고, 1939년 9월 1일 폴란드를 침공함으로써 제2차 세계대전에서 일으켰으며, 홀로코스트정책으로 유대인 대량살상을 자행하였다. 1945년 독일은 전쟁에서 패하였고, 히틀러도 자살로 생을 마감하는데 히틀러 이후의 권력 승계 등은 존재하지 않는다.

무솔리니(Benito Andrea Amilcare Mussolini, 1883-1945년)는 1910년 이후 사회주의 필력가 및 운동주의자로서 명성을 얻었고, 제1차 세계대전에 참전하여 중상을 입기도 하였다. 이후 사회주의를 부정하면서 정치활동을 재개하였고, 1919년 사회계급의 구분과 계급투쟁을 부정하고 강력한 국가를 건설하겠다고 하는 '파쇼이탈리아 전투분대'를 창립하였다. 파시즘은 로마제국의 영광이 재현되기를 바라는 이탈리아 국민의 호응을 얻었고, 1921년 국가 파시스트당을 창당하였으며, 1922년 쿠데타를 통하여 총리가 되었다. 무솔리니 정권은 비밀경찰을 만들어 철권통치를 자행하는 등 무소불위의 권력을 행사하였다. 무솔리니는 팽창주의를 펼쳐 1934년 에디오피아 침략, 1939년 알바니아 침공, 1936년 스페인 내전 개입하였고, 제2차 세계대전에서 독일의 승리 가능성을 오판하여 1940년 6월 영국과 프랑스에 선전포고를 하였고, 1941년에는 미국에도 선전포고를 하였다. 그러나 이탈리아는 참전 이후 고전하였고, 국민의 저항에 부딪혀 1943년경 국왕에 의하여 체포되었다. 1943년 이탈리아는 연합국과 휴전하였고, 이후 무솔리니는 독일의 나치군에 의해 구조되고 망명정부의 수반이 되기도 하였으나, 1945년 공산주의 계열의 군대에 의하여 처형되는 운명을 맞는다. 무솔리니와 함께 이탈리아의 파시스트들도 몰락하였다.

스탈린(이오시프 비사리오노비치 스탈린, 1879-1953년)은 소련의 마르크스당인 러시아 사회민주당에 입당하였다가 이 당이 멘셰비키파와 볼셰비키파

로 분당하자 더 혁명적인 볼셰비키파에 합류하였다. 1905년 조지아 지역의 볼셰비키 지도자가 되기까지 세력확장에 주력하였는데, 왕정에 의해 체포와 추방을 당한 이후 레닌에 의해 볼셰비키 당의 핵심으로 기용되었다. 1917년 이후 레닌이 없는 볼셰비키당을 이끌었고, 1917년 레닌, 트로츠키 등과 10월혁명을 이끈다. 스탈린은 소련과 폴란드 전쟁(1920-1921)의 실패와 1921년 레닌의 사망 등의 과정을 겪고 트로츠키와의 권력투쟁에서 승리한 1925년 경 권력을 장악하였다. 이후 반대파를 가혹하게 숙청하고, 소련의 군부 내의 반대파도 제거하였다. 스탈린은 권력을 강화하기 위하여 반혁명 재판과 고문, 암살, 군대 내 반대파 처형 등 다양한 방법을 사용하였다. 이 기간 스탈린은 독일과의 전쟁, 2차 대전 및 한국전쟁 참전 등을 통하여 공산주의 확대정책을 실시하였다. 스탈린은 1953년 3월 식사도중 쓰러져 사망했고, 이후 흐루시쵸프에 의해 격하운동이 전개된 바 있다. 스탈린은 소련의 옛 영화를 동경하는 사람들의 향수를 불러일으키기도 하지만 무자비한 숙청으로 독재자, 혹은 살인마 등으로 지칭되고 있다.

마오쩌둥(모택동, 1893-1976년)은 1921년 중국 공산당 창립대회에 참석한 이후 책임비서, 국공합작을 거쳐 1924년에 공산당 중앙위원과 국민당 중앙 집행위원으로 선출되는 등 다양한 경력을 쌓았다. 국공합작 실패 이후인 1927년 이후 장시에서 중국공농홍군(홍군)을 구성하여 활동하면서 주석이 되었으나 당권을 장악하지 못하여 어려운 시기를 겪었다. 1934년 국민당의 토벌전을 피해 1만 킬로미터의 대장정을 수행하면서 공산당을 장악한 마오쩌둥은 제2차 국공합작 등을 통하여 세력을 확장하는 한편, 정풍운동을 통하여 반대파를 제거하였다. 일본의 패망 이후 국공내전이 벌어졌고 1948년 말 내전을 승리로 이끌었으며, 1949년 중국의 국가주석에 취임하였다. 마오쩌둥은 1976년 사망 시까지 중국 공산당의 최고 지도자 혹은 막후 실력자로 통하였다. 그는 한국전 참전과 1950년대 후반의 대약진운동

을 주도하였고, 1966년의 문화대혁명을 통하여 약 2-3천 만 명을 학살하는 폭정을 일삼기도 하였다.

카다피(무아마르 무함마드 아부 미냐르 알카다피, 1942-2011년)는 1963년 리비아 육사에 입학한 이후부터 왕정타도를 위한 자유장교단을 조직하였는데, 임관 후인 1969년 쿠데타를 감행하여 혁명지도평의회 의장에 취임하였고, 1974년부터 국가원수를 겸하였다. 카다피는 철저한 이슬람 근본주의와 반미정책을 전개하면서 장기 집권하였다. 집권기간 중 인권탄압, 테러, 핵개발 의혹을 받았고, 2011년 재스민혁명의 여파로 리비아에서도 민중봉기가 일어나 쫓기던 중 사망하였다.

후세인(사담 후세인 압둘 마지드 앗 티크리티, 1937-2006년)은 1958년 이라크의 왕정타도를 위한 군사쿠데타에 가입하였고, 바트당의 주도로 전개된 수상 암살 사건에 개입하였다가 실패하여 시리아로 망명한다. 망명 중에 사형선고를 받은 후세인은 1963년 바트당의 쿠데타 성공 이후 귀국한다. 이후 바트당 내의 권력투쟁을 겪으면서 1969년 2인자가 되고 치안 정보기관을 설치하여 정적을 제거하는데 주력한다. 1979년 이라크의 대통령으로 취임하였고, 반대파의 숙청 및 처형, 쿠르드족 대량 학살, 이란과 이라크전의 발발 등을 주도하였다. 후세인은 이라크를 중동의 군사대국으로 만들었으나 1990년 쿠웨이트 침공 이후의 걸프전에서 패퇴하여 위기를 겪었다. 후세인은 계속적인 강압통치를 전개하였으나 내정이 피폐하였고, 2001년의 9·11테러 이후의 국제적 공적으로 몰렸다. 마침내 2003년 이라크전이 발발하여 바트당을 주력으로 삼던 이라크군이 패퇴하고 후세인은 3년 동안 도주를 이어가다가 체포되었으며, 2006년 사형이 집행되어 최후를 맞이하였다. 후세인은 개인숭배를 강화하였으며, 조각, 동상, 초상화, 포스터가 이라크에 넘쳐 났다.

이상에서 살펴본 바와 같이 히틀러, 무솔리니, 카다피, 그리고 후세인

은 정치적 탄압 등 가혹한 정치를 일삼거나 전쟁을 일으켰다가 최후를 맞이하였으며, 스탈린과 마오쩌둥 또한 독재자로서의 평가를 받고 있다. 그러나 후세인의 자녀들을 제외한 대부분의 독재자들은 2, 3세로의 권력 계승을 시도하지 않았으며, 권력자체의 지속성이 없었다. 이에 비하면 김정일은 장기간의 권력세습 기간을 통하여 당과 국가기구, 군대를 순차적으로 장악하면서 지배체제를 강화하였고, 정적은 최초의 권력 장악 단계, 유일지배체제 구축 단계, 세습체제 구축 단계 등의 과정을 거치면서 모두 제거되었다. 김정은까지의 세습은 김일성과 김정일의 권력과 세습체계가 있었기에 가능하였다.

북한에 왜 쿠데타가 일어나지 않는가? 이 질문은 북한을 바라보는 많은 전문가들이 공통적으로 제기하는 문제다. 쿠데타는 독재자들의 권력장악 과정에서 나타나는 것처럼 옹정 혹은 집권세력의 허점, 국민의 지지 이탈, 통제장치의 부실, 쿠데타 세력의 결집과 실행 능력, 몇 번의 시행착오를 통한 쿠데타의 재시도, 이데올로기의 구축 등 다양한 요건을 필요로 한다. 북한의 체제는 이러한 가능성을 철저하게 봉쇄하고 있다. 가장 중요한 것은 북한의 어느 누구도 김정은을 제거할 용기를 갖지 못하게 하는 것이다. 북한의 유일사상체계 10대 원칙은 북한의 유일체계에 도전하는 어떠한 세력이나 개인에 대해서 북한의 모든 세력과 주민이 투쟁할 것을 선동한다. 북한정권은 이러한 주문을 바이러스처럼 북한주민에게 심어놓았으며 이는 김정은만이 제거할 수 있다. 또한 북한에서는 주민을 철저하게 계층화하고 있는데, 절대적 수혜계층인 핵심세력에 대항할 세력, 즉 주민들의 자체적 실행집단과 동력이 거의 존재하지 않는다. 그리고 조금의 가능성 있는 대상들은 철저한 감시와 통제를 받고 있다. 결론적으로 북한의 장기독재와 3대 세습은 참으로 비정상적이지만 완벽한 독재체제의 구축으로 가능하며, 북한체제에 틈새를 만들어 외부에서 투입할 수 있는 시민봉기 내지는 역량조

차도 견고한 북중동맹과 폐쇄적 상황 때문에 그 시도가 쉽지 않아 그 상태가 유지되는 것이다.

2) 노동당, 국가기구, 그리고 군대의 사유화

북한체제의 또 하나의 비정상적 현상은 첫째, 노동당, 국가기구, 군대, 심지어 국민조차도 독재자의 소유물이 되었다는 점이다. 사유화란 말 그대로 '김정은의 것'이라는 의미다. 현재 북한에서는 모든 것을 소유한 권력의 정점에 김정은이 있다. 김정은 체제가 사유화의 현상을 보이는 단적인 예가 권력의 세습이다. 정상적인 국가라면 권력의 원천인 국민에게 혹은 권력을 위임한 집단에게 누가 다음의 권력자인가를 물어야 한다. 그러나 북한에서는 유일사상체계에 명시된 대로 자연스럽게 아들에게 손자에게 권력이 계승되었다. 우리가 간과하고 있는 것이지만 위에서 언급한 북한주민, 어떠한 권력시스템하에서 정상적으로 권력이 인계된 것이 아니고 먼저 권력을 계승하고 순서에 맞게 직위를 부여하였다. 이미 북한의 당규약에서 노동당을 김일성과 김정일의 당이라고 명시하고 있는데, 북한에서 누가 권력을 승계한 김정은의 당이 아니라고 부정할 수 있는가?

두 번째 사유화의 증거는 북한의 모든 역량이 김정은의 권력유지를 위하여 동원되고 있다는 점이다. 북한에서는 전쟁도 최고존엄이라는 김정은을 위하여 수행하고, 핵개발도 김정은 체제를 유지하는 것이 먼저다. 정상적인 국가에서 국가의 최우선 순위는 국가안보이며, 국민이다. 이에 비해 최고권력자와 그 추종세력을 먼저 돌보는 것이 지극히 정상적인 곳이 북한이다. 이미 북한은 정상적인 국가로서의 가치를 상실하였다. 개인을 위하여 모든 기구와 국민이 희생되는 곳이 북한이다.

셋째, 북한은 최고권력자가 다수의 직위를 가지고 '북한을 다스리고'

있다. 현재 김정은은 노동당 위원장, 당군사위원장, 정치국 상무위원, 국무위원장, 당 조직지도부장, 최고사령관 등 들어난 것 만해도 각 분야별로 최고의 직책 6개를 가지고 있다. 현재 김정은이 가지고 있는 직위로 하지 못할 일이 없으며 누구의 견제도 받지 않는다. 이는 김정은이 권력의 작은 부분도 나누지 않겠다는 것을 의미하기도 하며, 권력은 나누는 것이 아님을 암시하는 것이다.

넷째, 김정은 시대에 들어와 더욱 두드러진 현상은 권력엘리트를 운영하고는 있으나 2인자를 절대로 두지 않겠다는 의지를 보이고 있다. 이미 권력장악을 위하여 김정일 시대부터 이어진 다수의 권력자들이 숙청된 바 있다. 북한의 고위직들이 입을 막고 앉은 자세로 김정은에게 얘기하거나 같이 걸어가면서도 앞으로 나서지 못하고, 공손한 자세를 보이는 것은 주종관계의 단적인 모습이다. 정상적인 국가에서 있을 수 없는 일이다. 또한 동생인 김여정이 선전선동부는 물론이며 당의 주요 부서를 장악하고 있다. 공식적이지는 않지만 몇 중의 감시체제가 권력의 누수현상을 막기 위하여 움직이고 있을 것이다.

마지막으로 북한의 김정은과 그 세력들은 철저히 차별화된 생활을 누리고 있다. 북한의 사회는 마치 왕조시대처럼 주민 위에 군림하고 있으며, 주민의 삶보다는 그들의 삶을 중시하고 있다. 김일성 시대부터 점차 강도가 줄어 들고 있는 사회주의 색채도 1인 독재를 정당화하거나, 주민의 집단적 동원 및 노동력 착취, 시장화 및 개방의 반대, 여타 체제와의 차별성의 목적으로 한시적인 활용을 하고는 있지만 이미 사회주의에서 말하는 천명한 혁명의 주체인 프롤레탈리아의 존재는 철저히 무시하고 있다.

앞으로도 북한의 당과 국가기구 및 군대에 대한 사유화 현상은 김정은의 권력강화를 위하여 더욱 심화될 것이 분명하다. 그러나 이와 같은 사유화 현상은 주민 위에 군림하려는 권력기구들의 도덕성 해이를 야기할 수 있으

며, 현재 북한에서 시장화 현상이 확산되는 것처럼 주민 스스로 살 길을 찾느라 사회통제가 갈수록 이완되어 체제유지에 큰 위협이 될 가능성이 있다.

3) 우상화 및 성분제의 유지와 인민의 노예화: 주민의 의식 변화 가능성

북한주민은 여타 국가의 국민들에 비하여 고통을 이겨내는 능력도 뛰어나고 말도 안되는 우상화에도 순응하고 있는 비정상적 모습을 보여주고 있다. 김정일이 1998년 강성대국을 선포하고 북한주민을 현혹하기 훨씬 이전부터 북한정권은 '이밥(쌀밥)에 고깃국, 비단옷에 기와집'을 부르짖으며 주민을 현혹해 왔다. 김정일을 비롯한 북한의 수뇌부들은 자신들이 '쪽잠을 자고 줴기밥(주먹밥)을 먹는다'라며 주민들과 고통을 공유하는 것처럼 말하지만 특권계층과 핵심계층은 부와 권력을 누리고 있는 반면에 유동계층과 적대계층으로 분류된 주민들은 헐벗고 굶주린 상태에서 각자가 알아서 살아가야 하는 냉혹한 현실에 직면하고 있다.

특히 북한의 우상화는 신격화의 수준이다. 김일성과 김정일이 축지법을 쓰고 공간과 시간을 다스리는 인물로 표현하고 있으며, 노동당이 총동원되어 주민이 이를 믿도록 하는 사상교양을 공세적으로 전개하고 있다. TV조선의 '이제 만나러 갑니다(약칭: 이만갑)'라는 프로그램에 출연하는 북한이탈주민들은 이구동성으로 북한의 구호정치와 세뇌교육을 비판한다. 그들은 모두 전 주민에게 조직생활을 시키고 세뇌교육에 전념하는 북한에 대해서 환멸을 가지고 있다고 말한다. 이러한 환경하에서 북한주민은 노예와 같은 삶을 살고 있다. 성분제와 연좌제에 의하여 당과 국가가 한 개인의 삶을 제멋대로 장악하는 곳이 북한이다. 북한의 인권은 이미 세계 최악의 수준이다. 북한이탈주민의 폭로, 국내외 인권단체의 조사 등을 통하여 북한의 인권문제가 갈수록 비중 있게 다뤄지고 있다. 인권은 우리나라에서도 헌법

을 바탕으로 보장하는 천부적 권리다. 그러나 북한에서는 기본권인 생명권을 비롯하여 자유와 안전, 이동 및 거주, 표현, 참정권, 평등권, 경제적 권리, 사회보장 등 모든 면에서 열악하다. 불법적 사형집행과 고문, 강제노동, 정치범 수용소의 운용, 체제적 이유의 강제 이동, 일상적인 감시, 사상교양 등 정신장악, 차별적인 배급제의 운용, 모든 복지에서의 차별, 여성·아동·장애인에 대한 차별 등 보고된 폐해가 아주 광범위하다.[1] 이러한 북한의 인권은 세계인권선언문, 국제인권규약 등과 배치되어 유엔을 비롯한 유럽, 영국 및 일본 등이 국제적 제재를 가하며 압박을 가하고 있다. 심지어 미국에서는 '인간안보론'에 근거하여 인간의 기본권을 보장하지 못하는 북한체제를 대상으로 군사적 조치까지도 가능하다는 입장을 취하고 있다.

이러한 환경을 감내하고 있는 북한주민은 과연 어떠한 의식을 가지고 있을까? 우리사회에서는 이미 북한체제의 부적절하고 부도덕한 측면과 잘못된 면에 대해서 소상히 알고 있으며, 3만 명에 이르는 북한이탈주민을 통하여 그 실상을 간접적으로 체험하고 있다. 북한주민도 외부의 정보에 눈을 뜨고 있으며, 시장화가 진전되는 상황하에서 정권에 의지하거나 믿지 않는 주민도 늘어가고 있다. 이러한 전제를 바탕으로 주민의 의식변화와 관련하여 다음의 몇 가지 가설을 설정해보았는데, 이러한 가설은 비정상적 상황이 체제에 반드시 영향을 미칠 것이라는 추정을 가능하게 한다.

- 북한주민은 김일성, 김정일, 김정은으로 이어지는 우상화를 믿지 않는다.
- 주민에 대한 세뇌교육과 집요한 사상교육의 효과는 저하되고 있다.
- 북한주민은 대한민국의 발전상은 물론이며, 그들 스스로 잘 살지 못한다는것을 알고 있다.
- 이미 확산되고 북한의 시장화 현상과 북한주민의 배금주의 및 가족중심적 삶

1 통일연구원, 『2016 북한인권백서』(서울: 통일연구원, 2016).

의 추구는 북한정권의 통제력을 벗어나고 있다.

• 경제난으로 인하여 북한의 모든 계층에 퍼져 있는 도덕적 해이와 생활범죄, 정권에 대한 불신은 북한의 체제를 위협할 수 있는 사안이다.
• 북한의 적대계층을 중심으로 정치·사회·경제적으로 차별 받는 계층의 반발이 집단적 혹은 조직적으로 발전할 가능성도 없지 않다.
• 경제난이 가중되는 한 북한정권의 통제력은 시간이 갈수록 약화될 것이며, 체제적 허점으로 발전할 것이다. 이와 같은 허점은 새로운 저항세력의 결집을 촉진하는 동력이 될 것이다.

4) 경제난과 체제유지의 모순

북한의 경제문제를 다루다 보면 경제난이 심각하여 몇 번은 체제적 위기가 있었고, 붕괴가 거론된 바가 있는데도 독재체제가 건재한 것에 대해 의문을 갖게 된다. 일반적인 국가에서는 경제적 비중이 매우 크므로 경제적 실정이 용납되지 않는데, 북한에서는 체제적 차원의 문제의 일부로 치부되고 있고, 독재자들은 책임에서 자유롭다. 핵개발로 인한 경제적 제재가 강화되고 있는데도 북한은 여전히 살아 있다. 과연 북한경제는 체제에 어떤 의미일까?

북한의 경제는 북한의 체제발전 과정에서 상당히 중요하다. 북한의 경제난이 체제에도 치명타를 가하고 있는 것도 분명하지만 문제는 그 수준이 어느 정도인가이며, 정상적인 추론으로 해답을 얻기가 어렵다는 점이다. 이러한 문제 때문에 북한의 경제난에 근거한 체제평가에 늘 오류가 발생하고 있으며, 때로는 체제붕괴론과 같은 치명적인 오판도 발생하곤 한다. 왜 이러한 오류가 발생하는 것인가?

먼저 북한의 경제수준을 개관해 보면 후진국 경제의 형태로 몰락의 수순을 밟고 있다. 북한의 경제는 1차 산업과 노동집약적 산업에 의존하고 있으며, 국민총생산량도 우리의 45분의 1수준이며, 무역 총액은 2015년 기

준으로 62.5억 달러로 우리의 154분의 1 정도에 미치고 있다. 북한의 무역은 이미 중국에 거의 기생하고 있으며, 식량, 유류, 기본적인 제조품 등을 모두 의존하고 있다. 또한 약 5만여 명의 북한주민이 노동한 대가로 년 10억 달러 이상을 벌어들이고 있다. 남북한 경제 협력도 한 때는 북한의 주요한 수입원이었다. 북한의 경제난은 해결 기미가 없어 주민이 식량난과 전기난에 시달리고 있다. 김일성 때부터 장담해온 '이밥에 고깃국, 비단옷에 기와집'의 공약은 실천하기가 어려운 실정이다. 핵을 비롯한 군사력 건설에 경제력을 쏟아부어 주민이 기아에 허덕이고 있는 상황에서 주민에 의한 폭동이나 쿠데타 등의 시나리오는 지극히 상식적인 추론이지만 북한에서는 그 추론이 통하지 않는다.

또한 북한의 사회주의 계획경제와 북한이 이제까지 시행한 경제개발계획과 구호정치는 체제의 경직성과 무리한 군사정책으로 인하여 모두 실패하였고 그 상태가 심각하여 경제적 회생이 가능할지 의문이다. 이미 김정은은 제7차 당대회를 통하여 국가경제개발 10개년 전략을 선포했지만 목표치를 제시하지 않았다. 이는 그동안 시행한 중앙집권적 경제개발 계획에 대한 확신이 없기 때문이다. 현재까지 김정은은 2013년 3월 당중앙위 전원회의를 통하여 경제정책의 기조로 경제·핵무력 건설 병진노선을 선포하였다. 김정은은 이를 통하여 핵무력을 강화하고, 국방비를 추가적으로 투입하지 않고 전쟁 억지력과 방위력을 확보할 수 있다는 논리를 펴고 있다.

이외에도 김정은이 시행중인 경제정책은 6·28방침, 5·30조치, 경제개발구 조치 등이다. 6·28방침은 분조제를 3-6명의 가족단위인 포전담당제로 전환, 생산물을 국가와 농장이 7대 3의 비율로 분배, 공장 및 기업소의 운영 자율화, 서비스와 무역 분야에서 개인자본의 투자 합법화 등이 핵심이다. 5·30조치는 '우리식 경제관리 방법'으로 통용되는데, 경제지도와 관리에서 경제적 실리를 최대한 보장, 공장·기업소·협동단체들의 자율 경영권

부여, 농업부문에서의 현물분배, 지방의 소규모 공장, 국영상점 건설부문에서 개인 투자 허용 등이 주요 내용이다. 경제개발구조차 김정은이 2015년 위의 정책에 이어 해외투자 유치를 위한 정책으로 선포한 것인데, 경제개발구법을 제정하고, 나선·황금평 및 위화도·개성·신의주·원산·금강산의 중앙급 경제특구 5개, 강령·은정·진도·무봉의 중앙급 경제개발구 4개, 경제구인 압록강·만포·혜산·청진·경원, 공업구인 위원·청남·현동·흥남, 농업구인 숙천·북청·어랑, 관광구인 온성섬·청수·신평, 수출구인 송림·와우도 등 지방급 경제개발구 17개를 지정한 것이 요지다.

북한이 이처럼 다양한 경제정책을 쏟아내며 경제적 회생을 추진하는 것을 보면 북한의 경제위기가 실제로 매우 심각하고, 이로 인한 주민의 사상적 변질과 수령에 대한 충성심에 균열이 생긴 것이 분명하다. 그러나 더욱 확실한 것은 북한의 경제가 오뚜기처럼 설계된 북한체제의 몸통 아래 부분을 소멸시킬 단계는 아니라는 점이다.

5) 국력 45:1의 경쟁체제: 상대적 비교의 허구성

북한의 비정상적인 행태로 발생하고 있는 또 하나의 비정상적 영역이 남북관계다. 〈표 7-2〉는 장에서 제시된 것으로서 일부 축약한 내용이다. 이외에도 북한의 위상을 기준으로 한 남북한 비교자료에서도 남북한의 비교가 무의미해질 정도로 남북한 간의 격차는 심대하다. 단지 군사분야에서 북한의 핵개발로 인하여 안보위협이 지속적으로 배가되고 있다.

왜 남북한 간에 이러한 비정상적 상황이 발생하는가? 먼저 남북한 간의 비정상성은 남북한도 복합적 상황에 의한 상관성과 필연성이 작용하기 때문이다. 이와 같은 설명은 Barry Buzan의 지역안보복합체 이론에 의해 설명이 가능하다. 다시 말해서 북한은 지역이라는 안보복합체에서 존재하는

〈표 7-2〉 남북한 주요 경제 지표 비교(2015년 기준)

구분	북한(A)	남한(B)	B/A
명목GNI(십억원)	34,512	1,565,816	45.37
1인당 GNI(만원)	139	3,094	22.26
무역총액(억달러)	62.5	9,633	154.13
발전량(억KWh)	190	5,281	27.79
쌀·곡물생산량(만톤)	450	484.6	1.08
원유도입량(만배럴)	385	102,611	266.52
시멘트생산량(만톤)	669.7	5,135	7.67
비료생산량(만톤)	52.8	198.2	3.75
선박보유(만톤)	100	1,339	13.39

구성원이며, 그 구성원들과 끊임없이 관계를 맺고 있다는 점이다. 북한의 행위는 복합체 안에서 만들어진 수많은 요인들에 의하여 생성되었으며, 북한의 행위를 이해하거나 그 행위를 변화시키기 위해서는 복합체를 세밀하게 파악하여 대처해 나가야 한다. 우리는 이제까지 북한을 우리와 분리시키지 않고 애써 동일민족과 한반도라는 틀 안에서 취급하려고 했다. 이러한 접근자세는 북한의 내외부적인 다양한 요소를 고려하지 않는 결과를 초래했으며, 북한을 과소평가하거나 북한문제를 해결하는 데 있어서 논리적인 해법을 찾기 어렵도록 만들었다.

북한은 체제경쟁의 대상이기 때문에 남북한 간에 끊임없이 충돌하고 갈등이 양산되고 있다. 남북한의 관계는 동북아와 체제라는 구조 속에 있지만 또한 (+)와 (-)의 관계처럼 밀접하게 이익의 영역이 중첩되어 있다. 현재의 상태에서 우리는 모든 면에서 북한에 앞서고 있어서 여유가 있다고 하는

데 반하여 북한은 체제적 위기에 처하여 사생결단을 하는 것처럼 우리를 상대하고 있다. 북한은 핵무기 개발에 주력하며 체제적 대립에서 우위를 차지하고자 한다. 북한이 경쟁에서 이길 수 있는 영역은 핵무기 개발과 같은 안보 분야이며, 우상화와 독재정치에서 가능한 집단적 충성심을 남북대결의 주요 수단으로 삼으려고 한다.

지금 남북한은 공통된 이익이라고 할 수 있는 관계의 증진, 위협의 해소, 주변국 간섭의 약화 등에 있어서 상호 win-win할 수 있는 방법을 찾지 못하고 있다. 북한의 문제와 남북한 간의 갈등을 심화시키는 구조적 문제와 남북한 간의 체제경쟁을 해소하기 위하여 다음과 영역을 정하고 해법을 모색하는 것이 필요하다. 물론 제시하는 것들은 대체로 해결의 가능성이 적다. 그러나 해결이 어려워 외면하고 포기할 수는 없다.

- 한반도의 통일과 북한의 핵개발 중단 불가론 극복
- 주변국 간 패권 경쟁의 해소와 충돌방지
- 남북한 간 체제경쟁 문제에 있어서 피해야 할 것들
- 국제화된 북한문제의 축소 및 우리의 역할 강화
- 북한내부 문제의 논의 및 지원
- 남북한 간 군사적 신뢰구축(CBM: Confidence Building Measures) 진전

6) 북한문제의 국제화 확대 현상

북한문제의 국제화란 북한이 중심에 있거나 북한과 관련된 문제가 한반도를 넘어서 국제사회에 영향을 미치고 북한이나 남북한 혹은 어느 한 국가가 해결하지 못하여 국제적 이슈가 되거나 국제적으로 해결해야할 대상이 되는 것을 의미한다. 이제는 정치, 경제, 안보, 외교, 문화, 정보 등 많은 영역에서 국가 간의 경계가 불투명해지고 있어서 모든 국가가 국제적 문

제를 안고 있다. 그러나 북한은 국제사회의 평화를 저해한다는 부정적인 이미지를 가지고 있다. 국력의 왜소함으로 국제적 역할에서 거의 기여하지 못하는 북한에 대해 국제적 관심과 우려가 집중되는 것도 비정상적인 상황이고 이로 인하여 우리는 간접적인 피해를 받고 있는데, 특히 통일의 과정에서 국제화가 진전된 북한문제로 인하여 국제사회 혹은 주변국의 간섭이 불가피한 실정이다. 다음은 북한문제라고 할 수 있는 현상들이다.

- 북한의 군사력 증강과 한반도 긴장 유발
- 핵보유 시도와 핵무기 등 WMD 개발 지속
- 무기 밀매와 제3세계 연계
- 위폐, 마약, 인신매매, 범죄조직 연계 등 국제범죄
- 독재정권하의 인권, 기아, 노동력 수출
- 김정은의 세습과 우상화, 그 일가의 행동
- 남북한 대립과 통일문제
- 북중 혹은 북러 협력 등 주변국 관계

왜 시간이 갈수록 북한문제가 국제문제화 되어 가는가? 첫째, 북한문제가 갈수록 악화되고 심각해지기 때문이다. 위에서 언급한 북한문제 중 해결기미가 있다거나, 복잡성이 해소되는 것들은 없다. 남북한과 주변국, 그리고 국제사회의 합의 혹은 해결의지가 부족한 점이 작용한 결과다. 둘째, 북한이 국제적 요구에 불응하고, 체제유지를 최우선으로 삼으며, 대결구도를 조장하기 때문이다. 북한은 이미 김정은이 사유화한 정권이다. 독재체제는 전 근대적이고 냉전시대의 유물로서 개인의 비중이 확대된 현대사회의 흐름과 전혀 맞지 않는다. 셋째, 국제사회의 밀도가 높아지고 간섭이 커지기 때문이다. 특히 한반도는 주변국과 국제사회의 이해가 집중되는 곳이다. 강대국의 힘이 상호 충돌하여 좋게는 완충지대라고 하지만 실제로는 팽팽

한 긴장이 존재한다. 마지막으로 우리의 해결 능력이 제한적이어서 주변국의 협조가 필요하기 때문이다. 대다수의 북한문제는 남북한과 주변국의 이해가 얽혀 있으며, 각각의 입장도 상이하다.

그동안 북한문제는 심각하지 않아서가 아니라 해결이 어려워 우선순위에서 미뤄졌다. 또한 강대국의 이해가 중첩되다 보니 잘못 접근할 경우 갈등 정도가 심각해질 수 있어서 미뤄진 측면도 있다. 그러나 북한문제가 지역은 물론 국제적 안보문제를 심각하게 유발한다거나 1순위의 관심사로 떠오를 때 우리는 그 역할과 파급영향 측면에서 상당한 위기를 맞이할 수 있다.

7) 핵무장의 종착역(end-state): 한반도의 핵전장화 위험

북한이 왜 핵개발을 하는가? 그 종착역은 어디인가? 첫 번째 질문에 대해서는 '김정은 정권이 북한의 1인 독재체제유지를 위해서, 그리고 남북한 대결에서 남한을 적화통일하기 위하여 핵을 최후의 수단으로 보유하고자 한다'라면 설명이 가능하다.[2] 그러나 두 번 째 질문에 대해서는 현재 북한이 대륙간탄도미사일(ICBM: Inter-Continental Ballistic Missile)과 잠수함발사 탄도미사일(SLBM: Submarine-Launched Ballistic Missile)을 개발하는 것을 두고 '미국을 상대하기 위해서'라고 답한다고 할 때 타당성이 부족하다. 북한이 핵무력에 있어서 최강대국인 미국을 상대한다는 것은 상상이 가지 않는 일이다. 아무리 핵무기가 단 한 방으로도 치명적인 피해를 준다고 할지라도 골리앗과 다윗의 싸움조차도 성립되지 않는다.

북한이 핵무장의 고도화를 추진하는 것은 북한의 벼랑끝 전술로 설명이 가능하다. 북한이 체제적 위기에 직면하면 1차적으로 체제유지와 내부

---

2 문성묵, "김정은 셈법과 우리의 통일전략," 2016-2 통일교육 전문가 포럼, 2016. 11. 7.

적 동요를 억제하고, 상황에 따라서 핵무기를 사용함으로써 확전을 도모할 수 있고, 모두가 공멸할 수 있다는 전제를 암시하고 있다. 핵무기는 사용하지 않을 때는 억제력으로서 충분하지만 사용하였을 경우 보복공격은 필연적이다. 만약에 미국이 핵공격을 받았을 경우 미국의 보복은 불가피하며, 보복 이후의 상황을 고려하여 북한의 동맹국인 중국의 위협도 고려하여 선제공격할 가능성이 있다.

이와 같이 핵무장의 고도화 목적이 확전을 노린 거라면 한반도는 핵전쟁의 중심지역이 될 것이다. 지금 한반도를 가장 위험하게 만들고 있는 것이 북한의 핵무장이다. 또한 북한의 비정상적인 행위의 극치라고도 할 수 있다. 문제는 우리에게 북한의 위험한 도발을 억제할 수단이 제한적이라는 것이다. 미국의 확장억지전략도 북한의 도발에 대해서는 속수무책이다. 미국의 안보에 밀려 우리의 안보는 무의미해질 것이다.

2. 북한의 비정상적 현상과 미래

북한으로 인해 발생하고 있는 비정상적 현상은 상식에서 상당히 벗어나 있어서 앞으로 정상적인 진로로 가려는 힘과 비정상적 진로를 고집하는 힘의 충돌은 불가피할 것이다. 보다 쉽게 표현하면 북한의 김정은 체제를 부정적으로 보는 세력의 힘의 총합이 전자고, 북한을 옹호하거나 그 이익에 편승하는 세력의 총합이 후자가 될 것이다. 또한 〈표 7-3〉에서와 같이 남북한이 각각 바라는 미래는 통일, 비핵화, 동북아 질서, 김정은 체제, 북한인권, 남북관계, 군사정책 등 대부분의 관점에서 그 차이가 심하여 접점을 차기도 어렵다. 프롤로그에서 핵문제와 관련하여 우리는 북한이 핵을 모든 진로의 장애물로 인식하지만 북한은 핵과 다른 일을 별개로 치부하고 있다.

〈표 7-3〉 남북한이 바라는 미래

주요 관점	남한	북한
통일 주체/방법	남한/평화통일	북한/무력적화통일
핵문제	한반도의 비핵화	핵무력 보유국
동북아 질서	한미일 주도	북중러 주도
김정은 체제	독재정권의 소멸	세습적 절대 권력
북한인권	점진적 해결	유일지배하의 인민
남북관계	정치·안보적 신뢰구축	체제차원 통남봉미
군사 정책	안보/군사적 신뢰구축	강성대국

더욱 심각한 것은 경제·핵무력 병진노선을 통하여 핵이 체제문제, 국제적 고립, 경제문제를 해결해 줄 것이라는 망상을 가지고 있다. 북한은 상식적 판단과 정상적인 환경을 생각하고 판단하기보다는 오직 1인 독재체제유지를 기준이자 목표로 삼고 있어서 한반도는 물론이며, 지역과 체제 차원에서 갈등을 양산할 것이다.

그러나 북한의 미래는 북한이 원하는 방향대로 가지 못할 것이다. 2016년 11월 9일 미국에서는 예상하지 못했던 도널드 트럼프가 미국의 45대 대통령으로 당선되었다. 많은 전문가들의 기대와 바램과 달리 미국의 주류인 백인층이 원하는 대통령, 미국주의를 표방하는 인물이 당선되어 보다 공세적이고 미국의 이익추구를 더욱 강조하는 대외정책이 예상되고 있다. 한반도를 중심으로 강력한 중국을 도모하고 있는 시진핑, 구소련의 영화를 갈망하는 국민의 지지를 받고 있는 푸틴, 패전국이 아닌 보통국가 일본을 주장하는 아베 등이 포진하는 상황이 북한에게 유리할 것인가? 북한의 핵무장과 관련하여 미국이 국제기구를 활용하기보다는 '북한의 비핵화와 일본의 핵무장'이라는 카드 2개를 내어 놓고 중국에게 선택을 강요할 것

이라는 전망이 나온다.[3] 이러한 상황은 주변국 간의 극심한 갈등에서부터 이해추구를 통한 이합집산까지의 시나리오가 가능한데, 그 틈에 끼어 있는 한반도의 운명이 간단치 않음을 암시한다.

북한의 미래는 전문가들이 예측하는 전 세계적 미래 조류에 순응하지 못하여 적응도 못할 것이며 그 진로 또한 험난할 가능성이 있다. 북한의 김정은은 미래라는 키워드에 어울리지 않으며 김일성과 김정일을 답습할 뿐이다. 북한은 정치·안보적인 측면에서 체제유지에 사활을 걸고 있지만 세계적 조류는 low politics, 즉, 정치·안보의 외적인 측면에서 경쟁력을 확보하려는 국가들에 의해 형성되고 있으며, 잠시 안주하는 순간 경쟁에서 밀려나는 상황을 연출하고 있다.

전문가들은 어떠한 미래를 예고하고 있으며, 이들의 주장이 북한의 미래에 무엇을 말해주고 있는가? 선구적인 미래학자들은 21세기가 시작되면서 인류사회에 많은 변화가 일어날 것을 예고하였으며, 그들의 예측은 대부분 현실에서 나타나거나 논란거리가 되고 있다. 엘빈 토플러는 시간, 공간, 지식을 심층기반이라고 정의한 후 이 기반이 매우 빠르게 변화되고 확장되며, 네트워크 산업지식상품, 성장일변도, 자본의 이동성 등에 의하여 인류사회의 미래가 변하될 것임을 역설하였다.[4] 에이미 추아는 초강대국 미국을 추격하는 독일과 일본, 새로운 도전자 그룹인 중국, 유럽연합, 인도 등을 소개하면서 강대국의 조건으로 기회, 역동성, 도덕성을 강조하였다.[5]

매튜 버로스(Mathew Burrows)는 2030년의 미래는 개인의 권한이 확대됨에 따라 많은 국가에서 권력과 개인 간의 갈등이 심화되는데 중동과 중국에서 민주주의가 발현될 것이며, 인공지능·로봇·합성생물학 등의 기술발달,

---

3 "美가 만든 70년 전후 질서, 美가 무너뜨리다," 「해럴드경제」, 2016년 11월 10일자.

4 엘빈 토플러 외, 『부의 미래』(서울: 청림출판, 2006).

5 에이미 추아, 『제국의 미래』(서울: 비아북, 2008).

나아가 풍요와 결핍의 양극화 심화, 3차대전의 가능성 등을 예고하였다. 특히 중국의 미래가 험난함을 밝히고 있으며, 미국과 중국의 협력 필요성을 제기하고 있다.[6] 구정은·정유진은 저임금 산업의 문제 등 중국의 준비되지 않은 미래, 지구온난화와 기후재앙 등을 예고하고 있다.[7] 최윤식은 2020년에 세계경제에 경제적 호황기가 올 것을 예고하면서도 부동산 거품 붕괴와 관리들의 부패에 따른 중국 경제의 위기, 아베 노믹스의 실패에 따른 일본 경제의 파산 가능성 등을 예상하였다.[8]

하영선 등은 2000년대 초에 이미 21-22세기에 걸친 정보기술혁명의 광범위한 확대를 예고하고 정보기술이 안보와 외교, 문화, 경제 등 제반 분야의 획기적인 변화를 초래하며, 여기에서 개별국가의 명운이 결정됨을 주장하였다.[9] 한국경제 TV 산업팀은 10년 후의 핵심적인 사물인터넷(인터넷을 통해 모든 것이 연결되고 관리되는 것), 스마트시티(사물인터넷 시스템에 의하여 도시의 모든 정보가 유통되고 업무의 처리가 효율적으로 이루어지는 현상), 바이오산업, 미래자동차, 원자력발전, 2차전지(에너지를 저장하는 충전형 전지), 소프트웨어, U헬스케어(원격의료시스템으로서 환자의 정보를 미리 알고 처방하거나 치료), 신소재, MICE(Meeting, Incentive Travel, Convention, Education & Event: 회의를 통한 정보 교환, 성과 보상, 국제회의 통한 네트워크 형성, 전문적 마케팅 활동 등 의미), 창조경제(신기술과 산업, 그리고 인재를 결합하는 의미) 등을 꼽았다.[10]

이외에도 많은 전문가들이 미래를 진단하고 그 대비방향을 역설하고 있는데 그 핵심내용은 기술과 정보의 급격한 발달, 이로 인한 인류의 삶과

---

6 매튜 버로스, 이미숙 역, 『미래의 역습: 낯선 세상이 온다』(서울: 비즈니스북, 2015).

7 구정은·정유진,『10년 후 세계사』(서울: 추수밭, 2015).

8 최윤식, 『2030 대담한 미래 2』(서울: 지식노마드, 2014).

9 하영선 편, 『21세기 한반도 백년대계』(서울: 풀빛, 2004).

10 한국경제TV 산업팀, 『10년 후: 우리의 삶을 바꿀 10가지 미래산업』(서울: 지식노마드, 2014).

기존 질서의 변화, 그리고 각각의 국가들도 이러한 환경의 변화에 따라 부침을 거듭한다는 것이다. 한반도 주변 국가들도 '미래의 변화'라는 주제하에서 중심적으로 거론되고 있는데 특히 중국에 대한 미래는 그렇게 긍정적이지 못하다. 북한은 미래의 어떠한 논의에도 속하지 못하고 있다. 그만큼 미래와 어울리지 않는다는 것이다. 동시에 북한의 미래와 관련한 긍정적인 신호 역시 거의 없다.

결론적으로 북한의 미래를 견인하는 것은 위에서 언급한 것처럼 경직된 독재국가의 틀을 유지한 가운데 이루어지는 비정상적인 현상들이다. 북한은 내부적으로 그 비정상적 상황이 심화되는데 피해는 고스란히 주민의 몫이 된다. 남북관계에서도 핵개발문제가 심각한 장애요소로 지속될 것이다. 앞으로 중국이 현재의 생명줄 역할을 계속할 지는 두고 볼일 이지만 중국도 G2국가로서 더욱 성장하려면 북한과의 고리가 부담스러울 것이다. 다소 먼 미래의 일이 될 수도 있지만 중국 역시 사회주의 국가로서 체제적 위기를 맞이할 가능성이 있는데 이때가 북한에게도 가장 위험한 순간이 될 것이다. 전체적으로 볼 때 북한의 미래는 매우 불안정하며, 북한으로 인하여 한반도의 미래도 불확실하고 위험하기만 하다. 필자는 [그림 7-1]과 같이 북한의 미래를 큰 틀에서 진단해 보았다. 이 그림의 핵심은 북한의 미래가 보통사람이 예상한대로 흘러가는데 어느 시점에서는 체제부실, 주민의 이반 현상 심화, 경제적 붕괴, 외교적 고립 등이 심화되어 악성 국가로 발전될 가능성이 크다. 종착역은 시나리오처럼 현상유지에서 붕괴의 스팩트럼에 머물 것인데, 이와 같은 다양한 시나리오는 한반도 문제에 대해 주변국 및 국제사회, 그리고 남북한의 입장차가 너무도 현격하기 때문에 발생한다.

다시 말해서 북한이 붕괴되려는 순간에도 주변국이 이해관계를 내세워 지렛대를 세워주거나, 중국의 괴뢰정부를 수립하려는 시도 등 우리의 주도적 통일을 방해하는 상황이 발생할 수 있다. 이러한 모든 상황은 북한정

권의 낙후성, 무능 등 비정상적 현상에 기인한다.

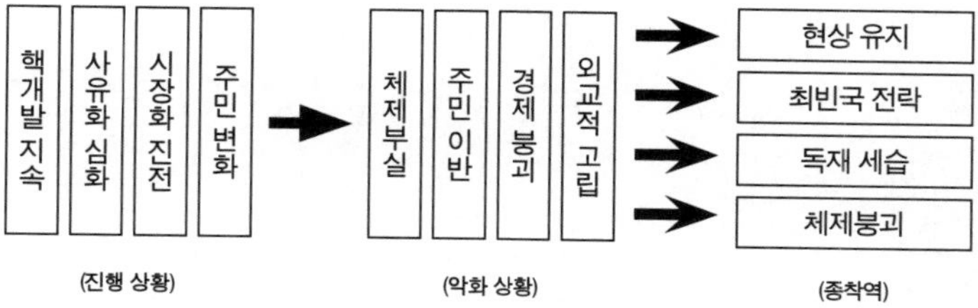

[그림 7-1] 북한체제의 주요 요소 변화 및 미래

제8장

북한의 21세기형 군사전략: 복합전(Hybrid-Warfare)

하이브리드전(복합전)은 새롭게 부각되고 있는 하나의 전쟁패러다임이다. 하이브리드전의 일반적인 개념은 '유연하고 지능적인 적이 목표달성을 위하여 특정한 시기에 동시적으로 다른 형태의 전투를 통합하여 수행하는 것[12]'이다. 위에서 말하는 다른 형태의 전투는 정규전, 비정규전, 그리고 핵과 WMD를 활용하는 모든 전투를 포함하며, 정치, 경제, 사회, 그리고 심리적 영역에 영향을 미친다. 레바논의 반군세력인 헤즈볼라가 2000년대 초반 막강한 전력의 이스라엘에 맞서기 위해 무려 6년 동안 이스라엘군을 연구하여 그 취약점을 파악하였다. 그리고 헤즈볼라는 이란과 시리아의 지원하에 전투를 통하여 이스라엘을 철저히 농락하였는데, 이것이 하이브리드전의 현대적 기원이다.

북한의 천안함 폭침과 연평도 포격은 북한이 그들의 목적, 즉 우리의 안보환경을 악화시키거나 혹은 대북정책에 영향을 주기 위해서 어떠한 수단도 사용할 수 있음을 보여주었다. 이는 북한의 군사전략인 대량선제 기습공격이 21세기의 안보환경과 전장이 변화되는 상황에 맞추어 진화되고 있음을 말해준다. 다시 말해서 '대량'이 보다 질적으로 우수해지고 형태의 변화를 통해서 한 차원 높아질 수 있다는 것이다. 분단 이후 북한의 전략에 대비한 우리의 군사전략에서도 사고의 전환이 요구되는 부분이다. 2016 국방백서에서는 '북한군이 기습전, 배합전, 속전속결을 중심으로 하는 군사전략을 유지하면서 다양한 전술을 모색하고 있으며 국지도발과 전면전 수행체계를 강화하고 있다.[13]'라고 기술되어 있다. 북한군이 총력전의 성격을 지닌 현대전의 특성과 이미 전력의 열세를 감지한 상태에서 모색하는 전술은

---

* 제8장은 필자가 기고했던 논문을 정리한 내용이다; 박영택, "북한의 하이브리드전 실행 가능성과 전개 양상," 「국방정책연구」, 제27권, 제4호, 2011년 겨울, pp. 95-122.

12 Frank G. Hoffman, *Conflict in the 21st Century: The Rise of Hybrid Wars*(Virginia: Potomac Institute for Policy Studies, 2007), pp. 35-42.

13 국방부, 위의 책, p. 23.

위에서 언급한 하이브리드전과 크게 다르지 않다. 과연 북한이 어떤 형태의 하이브리드전을 전개할 것인가? 핵을 포함한 모든 전력을 하이브리드 전술에 응용할 것인가? 기존의 전쟁 개념인 기습전, 배합전, 그리고 속전속결의 형태가 어떻게 변화될 것인가? 작금의 안보현실을 고려해볼 때 점증하는 하이브리드적 위협을 자각하는 것이 시급하다 하겠다.

1. 헤즈볼라와 미군의 하이브리드戰

1) 헤즈볼라의 하이브리드전

레바논은 1943년 독립 이후 정부군과 헤즈볼라 및 PLO가 포함된 반군이 주도권을 두고 싸우는 내전에 휩싸이게 되었다. 1976년 정부군과 반군의 휴전 이후 레바논 내전은 이스라엘과 반군 간의 분쟁으로 발전되었는데, 레바논 지역 내의 Shebba Farm 지역에 이스라엘군이 주둔하면서 주둔군에 대한 반군의 공격이 지속되었다. 현재 레바논 지역에서는 유엔평화유지활동 및 PKO 활동이 필요할 정도로 근본적인 해결이 이루어지지 않았으며 긴장이 늘 고조되는 지역이다. 헤즈볼라의 하이브리드전 개념은 2006년 7월의 헤즈볼라와 이스라엘 간의 전투에서 비롯되었다. 제3, 4차 중동전에서 불과 6일과 3주 만에 승리한 막강한 이스라엘군이 한낱 반군에 불과한 헤즈볼라를 극복시키지 못한 이유가 무엇일까?

헤즈볼라의 리더인 하산 나스랄라는 2000년 이스라엘군이 남부 레바논에서 철수한 후 약 6년 동안 이스라엘군과 미군의 전투 스타일 및 취약점을 연구하여 다음 전투에 철저하게 대비하였다. 첫째, 정면승부를 피하고 치고 빠지는 전술을 구사하기 위하여 베트콩식의 게릴라전을 착안하였다.

헤즈볼라는 레바논 남부의 주요 전투지역에 터널 및 참호를 굴설하여 이스라엘군을 깊숙이 유인한 후 기습공격을 감행하였다. 둘째, 고도의 훈련된 전투요원을 양성하였는데, 헤즈볼라 요원은 의지가 매우 강하고 잘 훈련되었다. 그리고 충분한 예비병력을 보유함으로써 이들을 즉시 투입할 수 있었다. 아울러 헤즈볼라의 요원들은 전투와 비전투를 막론하고 주민 사이에 잘 섞여서 은거하고, 도시근교에 매복[14]하는 능력을 보유하였다.

〈표 8-1〉 헤즈볼라의 주요 무장 및 보유무기

구분	내용
개인무장	방탄복, 야시경, 고급통신 감청장비
對탱크무기	메티스미사일, RPG 29, 사거미사일
지대지 미사일	파지르5 미사일, 젠잘2다연장로켓포(사거리 100km)

셋째, 이스라엘의 본토를 공격하기 위해 이란 및 시리아와 협조하여 준비를 충분히 하였으며, 다양한 전투에 필요한 장비를 구비하였다. 〈표 8-1〉은 헤즈볼라가 얼마나 철저하게 대비하였는 지를 보여준다. 넷째, 헤즈볼라는 심리전과 역정보전에 능통하였다. 이들은 기습공격 시 이스라엘군을 생포한 후 방송을 통하여 이스라엘군의 전투의지와 사기를 저하시키는데 활용하였다. 아울러 방송에서 전쟁상황을 오도하는 정보를 흘려 아랍권의 반발을 유도하거나 결집시키고 전 세계의 여론을 호도하려고 애썼다. 특히, 노약자 및 어린 희생자를 부각시킴으로서 이스라엘군의 도덕성에 흠집을 내려고 하였다. 다섯째, 헤즈볼라는 적의 통신을 감청하거나 정보를 수집하여 대비하는 매우 진화된 작전수행능력을 보유하였다. 마지막으로 헤즈볼

14 Frank G. Hoffman, 위의 책, pp. 35-42.

라는 게릴라전을 넘어선 본토 공격을 감행하였는데, 이스라엘의 북부지역에 수십 발의 로켓포를 발사함으로써 이스라엘 국민 수십만 명이 방공호에서 생활하는 준난민으로 전락하였으며, 심리적인 충격은 물론이며 경제를 마비시키는 효과도 거두었다.

헤즈볼라의 전투방식은 그랜트 하먼드가 말하는 21세기 전쟁원칙인 초점(Focus), 다재다능(Versatility)과 적응(Adaptation), 주도권(Initiative)과 조성(Shaping), 기습(Surprise), 유지능력(Sustainment), 정밀한 효과(Precision Effect) 등을 함축[15]하였다. 이는 하이브리드전의 일반적인 개념과 일맥상통한 요소라고 할 수 있다. 功者는 상대방을 충분히 학습하고 가장 유리한 상태에서 기습적으로 공격하고 성공할 수 있는 이점이 있다. 무엇보다도 심리적인 측면을 면밀하게 계산하여 작전을 실행하므로 그 효과는 배가된다고 할 수 있다. 천안함 폭침과 연평도 포격사건은 인명과 재산 피해보다도 우리국민에게 훨씬 더 심각한 심리적 충격을 안겨 주었다. 북한이 헤즈볼라의 전투를 학습했는지는 알 수 없지만 정규전 상대를 대상으로 비정규전을 동시에 가미한 것이 바로 헤즈볼라가 구사한 하이브리드전이다.

2) 미군의 하이브리드전 제기 배경

(1) 미군의 위협인식 변화

9.11 테러 이후 미국은 미국의 안보를 위협하는 유무형의 모든 위협과 현재 직면한 위협은 물론 잠재적 위협까지도 대비하여 유사한 상황이 발생하지 않도록 국가적 자원을 통합적으로 관리하며 자원을 투입하고 있다. 그러나 미국은 모든 위협에 대비하고는 있지만 아직도 그 대비가 충분하지 않고 특히 비정규전 혹은 예측이 불가능한 형태의 위협부분에서 많은 취약점이 존재하고 있다는 것을 인식하고 있다. 미군의 전문가들이 상정한 취약점

---

15 Anthony D. Mclvor, 김덕현 & 권영근 역, 『전쟁원칙에 관한 새로운 사고』(서울: 국방연구원, 2005), pp. 169-173.

은 WMD의 확산에 의한 위협, 자연재해, 테러분자의 핵심지역 공격에 의한 경제적 충격, 에너지 위기, 난민유입, 주요 국가 인프라에 대한 사이버 공격 등이다.[16] 특히 미국 국방부의 QDR Red Team에서는 다음과 같은 7개 치명적 시나리오를 제시하면서 그 위협에 대비하기가 쉽지 않음을 암시하였다. 첫째, 미국 영토에 대한 이슬람 급진주의 세력의 핵공격이다. 둘째, 해안 에너지 생산시설, 컨테이너 선박, 지하통신선에 대한 공격이다. 셋째, 이라크로부터의 철수인데, 일련의 상황을 의미한다. 넷째, 글로벌전쟁을 초래할 중국의 대만 침략이다. 다섯째, 파키스탄 내전과 핵의 안전성에 문제가 초래되는 상황이다. 여섯째, 북한과의 핵공격을 포함한 대치이다. 마지막으로 전 지구적 전염병 확산[17]이다.

아울러 미군은 분쟁지역의 경험을 토대로 전통적 위협, 즉 직접적 위협과 정치, 사회, 경제, 그리고 국제적 상황을 내포한 간접적 위협을 상정하고 있다. 직접적 위협은 저항세력의 군사 행동으로서, 요인 암살, 인원 및 차량 폭탄을 이용한 자살공격, 군사적 공격·납치·탈취, 저항세력과 주민의 연대 상황하에서 이루어지는 은거지 및 식량 제공, 군의 작전 정보 수집 등이 포함된다. 아울러 주민에 대한 보복 및 군사 행동, 총선 등 정치적 행사 시 테러 등 공격, 저항세력에 동조하는 지역과 야간에 치안공백도 해당된다.

정치 및 사회적 위협은 군의 진입과 주둔 초기 지역 국가 긴장 심화 및 주민의 불안감 팽배, 분쟁 당사자 간 긴장감 지속, 법, 행정체제 등 국가재건을 위한 통치 환경 열악, 주민의 행정 지원 결여 혹은 부패 만연 등으로 불만 고조, 난민 보호 및 복귀 지연에 따른 불안 지속, 국경 지대 불안정 등

---

16 Paul S Oh, "Future Strategic Environment in an Era of Persistent Conflict," *Military Review*, Jul/Aug 2009. Vol. 89, Issue. 4.

17 Erin K. Fitzgerald and Anthony H. Cordesman, Arleigh A. Burke, *The 2010 Quadrenial Defense Review*(Washington D.C.: CSIS, 2009).

이 있다. 경제분야의 위협은 의식주 문제가 여의치 않을 경우 저항세력에 가담하거나 비협조적 돌변, 경제제재의 후유증과 사회기반 시설의 약화에 따른 경제재건 장애, 국가기반시설 파괴로 인한 주민의 불만 증대, 경제적 대책의 부재 등이다. 마지막으로 국제상황에 따른 위협에는 주도권 확보 미흡에 따른 주변국의 개입 가능성 증대, 주변국의 저항세력에 대한 거점 제공, 저항 세력의 공격대상 확대, 대규모 난민 발생 또는 살육, 주변국의 반응 심화 등이다. 미군의 국내 및 국외지역에서 활동하는 현장지휘관 또는 요원들이 위와 같이 제기한 위협은 다양한 위협에 노출된 미군의 희생을 줄이기 위해 그 대비 개념을 수립해야 한다는 차원에서 점차 체계화 되었으며, 하이브리드적 사고의 중요한 배경으로 작용하였다.

(2) 분쟁지역에서의 군사 및 비군사 활동의 증가

1980년대 후반 이후 최근까지 전 세계에서 발생한 분쟁은 대략 100여 건이 있으며, 전 지구적으로 분포되어 있다. 분쟁의 원인은 국가 간의 영토 분쟁, 이라크전과 같이 WMD의 확산 우려가 있는 국가에 대한 국제사회의 집단 응징, 그리고 종족 간 혹은 종교 문제에 의해 발생하였다. 특히 이슬람 문화권과 신생 독립국 지역에서 주로 발생하며, 동시에 강대국의 이해가 상충되는 지역이 많다. 미군은 그동안 이러한 분쟁에 개입하여 군사 및 비군사활동을 전개해 왔는데, 대략 20-25개 분쟁과 관련되어 있다. 미군의 분쟁 개입은 주로 UN을 주도하거나 직접적인 군사행동의 형태를 띠고 있다. 주요 개입 방식을 보면 콜롬비아 내전, 페루 내분, 포클랜드전, 과테말라 및 니카라과 내전 등에서는 주로 정부군과 우익세력에 대한 자금 및 물자 등을 지원하였다. 아이티 사태, 아프가니스탄 내전 등에서는 다국적군을 결성하여 쿠데타 세력과 탈레반 세력을 축출하였다. 또한, 코소보 독립분쟁 및 보스니아 내전, 걸프전, 레바논 내전, 라이베리아, 소말리아 내전, 그리고 르

완다 내전에서는 UN 및 NATO세력으로 전쟁 주도, 공습, 평화협정 및 수습과정 참여, 그리고 UN PKO 활동 등에 참여하였다.

특히 우리 군도 참여하는 UN PKO 활동을 주목할 필요가 있다. 미군은 전 세계 약 16개의 분쟁국에 대한 UN의 활동을 주도하며, 군사작전과 병행하여 법질서 회복, 경제개발 지원, 인도주의적 활동을 전개하는 PKO 활동을 전개 중이다. PKO활동은 두 가지 형태가 있는데 그 첫째가 다국적군 형태의 PKO 활동이다. 이는 유엔의 지휘·통제 능력을 초과하는 국가의 위협에 대해 PKO 편성 및 운용을 지역기구 또는 특정국에 위임하는 형태인데, 유엔이 주도하기 이전에 한시적으로 운용하며, 내전 또는 분쟁 당사국의 동의 없이 임무 수행이 가능하다. 걸프전, 아프가니스탄전, 그리고 이라크전 등이 이에 해당된다. 두 번째 형태는 UN 주도의 PKO 활동인데, PKO 편성 및 운용을 유엔 사무총장에게 위임한다. 통상 분쟁 당사국의 동의하에 군, 경찰, 국제기구, 각종 NGO 요원, 자원봉사자 등이 참여하여 복합적인 임무를 수행한다. 소말리아, 서부사하라, 앙골라, 동티모르, 그리고 그루지야 등에서의 활동이 포함된다.

위와 같은 미군의 PKO 활동에는 군사 및 비군사 작전이 중첩된다. 먼저, 민주통치 재건, 주권확립 또는 통치력 확보, 각종 평화조약 준수 검증, 적대감 종식, 국가제도 재건설, 선거감시, 군사체제·민간 행정 지원, 공공서비스 회복을 하는 국가 재건 지원 및 정치적 조치가 있다. 둘째, 무장해제, 정전·휴전 감시, PKO 임무단 군사적 지원, 중립지대·완충지대 설치 및 감시, 지뢰제거, 병력·무기(WMD 포함) 및 물자 반입 감시, 병력 철수 감시, 내전 방지, 주요 시설 안전 통제, UN 요원 안전 지원, 외국군대의 철수 감시 등의 군사적 조치가 있다. 셋째, 법질서 회복 유지, 정치범·구금자 석방 또는 인권 보호, 주민보호, 경찰 중립성 감시 등의 치안문제 해결이 있다. 마지막으로 경제 및 하부구조 재건, 안정된 통화구축, 인도주의 물품 경계, 인

도주의 활동 협조 및 조정, 가난 구제 및 기간시설 향상책 강구 등의 경제 및 인도적 지원이 있다. 미군의 분쟁지역 활동은 위협인식의 확산과 더불어 하이브리드전이 중요한 전쟁패러다임으로 발전하고 있음을 일깨워 주었으며 급박하게 대응할 필요성을 부각시켰다.

(3) 전쟁방식에 대한 반성과 첨단 기술의 발달

하이브리드전은 전쟁방식을 완전히 대체하는 개념으로 아직 발전하지는 않았지만 다양한 위협의 확산과 함께 미군의 전쟁수행 방식에 대한 자성을 촉발하였다. 콜린 그레이는 미군이 전쟁 이후 평화 시의 군사작전 영향을 고려하지 않는 정치무관심(apolitical), 정책적인 상황을 고려하지 않고 독립적으로 전쟁을 수행하는 전략무관심(astrategic), 역사의 중요성과 이해가 부족한 역사무관심(ahistorical), 조건과 상황을 문제로 오인하여 불가능한 정책을 시도하는 낙관성(optimistic), 상대방의 문화권에 대한 이해가 부족한 문화적 무지(culturally ignorant), 화력중심(firepower focused), 대규모(large-scale) 정규전 중심(profoundly regular), 성급성(impatient), 그리고 9.11테러 이후 낮은 수준을 기대하는 인명손실 민감(sensitive to casualties)를 지적하였다. 이러한 지적은 새로운 전략과 군사문화의 도래를 경고하는 것이며, 특히 비군사적인 분야에서의 위협을 상정하고 있다.[18]

하이브리드전의 중요성을 부각시킨 또 하나의 요인은 첨단 기술의 발달이다. 이는 미국을 비롯한 군사강국의 군사력을 첨단화시키는 동력이지만 동시에 분쟁국에서의 약자 혹은 미국에 도전하는 비국가 단체 또는 범죄 집단의 대응 및 파괴 능력을 향상시키는 요인이기도 하다. 하이브리드전의 기원 또한 헤즈볼라의 최신무기를 활용한 전략적, 전술적 위협이 가중되

18 Anthony D. McIvor, 위의 책, pp. 51-66.

어 결정적인 패인으로 작용할 수 있다는 데 기초한다. 조지 프리드먼은 첨단화와 관련한 미래를 전망하였는데, 이러한 변화는 장차 전쟁 양상을 전망하는 단초를 제공해 주고 있다. 주요 내용을 보면 첫째, 핵무기의 전략 수립 및 국제체제 구성에서의 지배적 위치가 현저하게 상실된다는 것이다. 둘째, 해상교통로(sea lane)의 안정적 확보를 통한 군수체계의 확립이 필수적이다. 셋째, 첨단 정밀 유도무기의 등장으로 총력전의 시대가 종결되고, 민간인의 피해가 현저히 감소한다. 넷째, 유도시스템을 갖춘 무기에 의해 전차의 효용성이 감소된다. 다섯째, 인공위성 및 공중 정찰, 컴퓨터체계로 결집된 감지장치의 첨단화로 전차 등 덩치가 크고 느린 전투장비의 은폐가 곤란하다. 여섯째, 호위 세력을 필요로 하는 항공모함의 전략적 효과가 의문시된다. 일곱째, 수상전투함의 취약성이 노출되었고, 전략 폭격과 정밀 유도폭탄의 중요성이 증대되었다. 이밖에도 GPS 장치의 활용 확대, 스텔스기, 무인항공기, 우주공간 활용 증대[19] 등도 첨단기술의 사례다.

한편 플라즈마(Plasma, 기체상태의 빔으로 이온/전자를 광속으로 투사) 타격무기, 고에너지 레이저 무기(레이저광을 광속으로 표적에 투사), 고출력 마이크로파 무기(전자펄스를 발사, 전자부품 무력화), 무인전투기, 무인잠수정, 무인지상전투차량, 회오리바람 대포(인공 회오리바람을 노즐을 통해 발사), 통증전자파(전자파를 발사, 사람의 피부에 극심한 통증 유발), 음향탄(소리를 140dB 이상으로 증폭, 고막 통증 및 방향감각 상실 유발), 전자기 펄스탄(전자기 펄스를 발사, 전자체제 마비), 탄소섬유탄(수천 개의 탄소섬유를 비산시켜 주요 시설 마비), 고섬광 발사탄(강력한 섬광 발사로 인명의 무력화) 등[20]의 등장은 미래전 무기체계의 발전 가능성을 예고하고 있으며, 보다 경량화되고 유연해질 전술의 변화를 예상케한다.

---

19 George Friedman · Meredith Friedman, 권재상 역, 『전쟁의 미래』(서울: 자작, 2001).

20 최석철, 『무기체계@현대 · 미래전』(서울: 21세기군사연구소, 2003), pp. 419-474.

3) 하이브리드전의 다양한 개념 정의

(1) 로버트 게이츠와 미셀 플루노이

미국의 국방장관인 게이츠[21]는 콜린그레이의 '전쟁의 구분이 더욱 모호해지고 박스에 담을 수 없는 형태로 딱 들어맞지 않다'는 개념을 인용하여, '우리는 더 많은 도구와 전술들, 매우 정교함으로부터 단순함에 이르는, 그리고 하이브리드적이고 보다 복잡한 전쟁형태를 맞이하게 될 것'이라며 하이브리드전을 언급하였다. 그는 2010년 QDR 서문에서도 '미국은 앞으로 타국가들의 군사현대화에서부터 비정부그룹의 정밀하고 파괴적인 수단에 이르는 광범위한 안보위협에 대비해야한다…동시에 매우 넓은 범위의 분쟁에 대비할 수 있는, 최대의 유연성을 갖춘 군사적 능력이 필요함'을 강조하였다. 아울러 '미군의 지속적인 우세는 적들이 이를 상쇄시킬 방법을 모색하는 강력한 동기를 부여하는 바, (미군이)보다 정교한 방식으로 전략과 능력을 조정해야한다. 하이브리드란 전쟁의 복잡성이 증대되고, 관여하는 행위자가 다양해지며, 분쟁의 전통적 분류가 모호해지는 현상이다. 하이브리드적 접근 방식은 미군으로 하여금 다양한 범주의 분쟁에 대비해야 함을 요구한다[22]'라고 역설하였다.

미국 국방부 정책담당 차관인 플루노이[23]는 하이브리드전의 필요성을 강조하면서 그 개념을 '적이 (미국의 압도적인 재래식 전력에 대응하기 위하여) 비대칭 전략을 구사하는 바, 강점을 약화시키고 약점을 찾는 전쟁'이라고 규정하였다. 그리고 하이브리드전의 주요 사례로서 이라크 및 아프가니스탄, 이스라

---

21 Robert M. Gates, "A Balanced Strategy," Foreign Affairs, January/February 2009, pp. 28-40.

22 한국국방연구원, 『QDR 2010』(서울: KIDA Press, 2010), p. 41.

23 Michele Flournoy는 Center for Strategic and International Studies(CSIC)(2009. 4.29), Center for a New American Strategy(2010, 6.10), 그리고 미하원 군사위원회 등에서의 연설에서 미군의 미래 위협으로 하이브리드 위협을 언급하였음.

엘에서 경험한 인구밀집 지역에서 정규 및 비전투원을 활용한 IED와 자살 폭탄 공격을 들었다. 그리고 그 영역을 비정부군에 의한 첨단장비를 사용한 반위성, 반항공, 반함정, 수중 전쟁과 WMD 및 사이버 공격까지 확장하였다.

(2) 프랭크 호프만

포토맥연구소의 연구원인 프랭크 호프만은 하이브리드전의 가장 열렬한 주장자로서 헤즈볼라를 하이브리드전의 주요 대상으로 끌어들였다. 앞의 문제제기에서 언급한 바와 같이 하이브리드전을 '유연하고 지능적인 적이 목표달성을 위하여 특정한 시기에 동시적으로 다른 형태의 전투를 통합하여 수행하는 것[24]'이라고 정의하였다. 그의 관점에 의하면 하이브리드전은 시너지 효과를 극대화하기 위하여 물리적이고 심리적 요인이 작용하는 전쟁공간에서 작전적 혹은 전술적 수준에서 전개된다. 대부분의 전쟁이 정규전과 비정규전을 포함하며, 서로 다른 형태의 위협으로서 전장이 다른 곳에서 전개되나, 하이브리드전은 동일한 전장에서 동일한 부대를 대상으로 전개된다는 입장이다. 아울러 하이브리드전은 다른 형태의 전쟁을 통합하는 바, 재래식 능력, 비정규전 전술과 유형, 테러, 무차별적인 폭력과 강압, 그리고 충격과 공포를 주는 범죄 등 무질서를 포함한다. 하이브리드전에서의 비정규전은 보통의 비정규전이 전투지연, 과도한 행동 유도(기만 등), 방어자에게 안보비용을 과다하게 사용하도록 하는 목적인데 반하여 비대칭적인 접근으로 기간과 비용 지연, 의지 약화 등을 도모한다는 차원에서 보다 결정적인 역할을 수행한다.

호프만은 하이브리드전의 주요 특성으로서 전방향성(omni-directionality),

24 Frank Hoffman, 위의 책, p. 5.

동시성(synchronism), 그리고 비대칭성(asymmetry)을 제시하였다. 전방향성은 모든 종류의 전쟁 자원을 활용하고, 전장과 비전장의 구분 없이 모든 작전 영역을 포함해야 하며, 정치, 경제, 문화, 도덕적 요소 등도 전쟁에서 고려해야 함을 말한다. 동시성은 효과를 달성하기 위하여 다른 영역의 전쟁을 같은 시간대에 진행하는데, 단계별 작전과는 달리 전략적 효과가 곧바로 시현되지는 않는다는 점을 지적하였다. 비대칭성은 작전에 국한되지 않고 전쟁의 모든 관점에 비대칭성이 적용[25]된다는 개념이다. 그리고 하이브리드전의 행위자는 정부 또는 비정규군, 비국가 조직, 범죄자 등이 포함되는데, 비국가 행위자는 비정규전 형태의 전쟁을 통하여 정규작전을 지원하고, 협력하는 형태로 정규작전에 참여한다. 따라서 위협 또한 재래식 능력, 비정규적인 전술 및 유형 전력, 테러 행위, 범죄 행위 등이 망라된다. 호프만이 상정하는 작전지역은 주로 경쟁지역(contested zones), 도시 주변의 정글, 인구밀집 또는 경제 중심의 대도시이며, 도시 게릴라전이 인구 밀집지역, 교통중심지, 공공기관 및 인프라 지역에서 전개됨으로써 회피가 용이하고, 작전 또는 준비 상황의 은폐가 가능하다는 것이다.

호프만은 하이브리드전이 사막의 폭풍작전과 같은 전격전과 체첸전의 본거지인 도시를 거점으로 저항하는 전쟁형태가 결합하여 출현한 미래전이라고 평가하였다. 동시에 전쟁성격의 모호성과 국가의 독점적 지위가 손상되는 4세대 전쟁에서 보여주는 정치적 의지의 역할과 내부사회 분화 등의 특징을 반영하고 있다고 했다. 특히 배합전(compound wars)이 정규전과 비정규전을 배합하여 통합된 방향으로 동시에 사용함으로써 각각의 전력 효과를 바탕으로 그 효과가 나타나고, 전략적 수준에서는 시너지 효과와 배합 효과를 제공하나, 작전 및 전술 수준에서는 복잡성, 융합성, 동시성이 부여

25 Frank Hoffman, 위의 책, pp. 23-24.

되지 않는다고 지적했다. 그러나 하이브리드전에서는 전략적, 작전적, 전술적 수준에서 복잡성, 융합성, 동시성이 모두 표출된다고 했다. 아울러 하이브리드전은 old-style war를 대체하지 않으나, 방어계획 수립을 위한 복잡한 요소를 제공하고 있다고 평가했다. 또한 하이브리드전은 아직까지도 상상하지 못한 전쟁으로서 혁신적인 생각과 정부 조직이 필요하나, 미군이 아직까지도 재래식 전쟁의 변형이라고 할 수 있는 새로운 전쟁 개념에 대응하지 못하고 있는 상태라고 평가했다. 미군이 비정규전을 전투를 지연시키기 위한 하나의 수단으로 생각해서는 안되며, 아군을 직접적으로 패퇴시키기 위한 치명적인 전투로 이해해야 한다고 역설했다.

그는 하이브리드전에 대한 대책을 다음과 같이 제시하였다. 첫째, 전력의 준비다. 모든 전쟁을 감당할 만한 화려하고 거대한 군사조직의 건설이 아닌, peace-keeping과 warfighting을 동시에 수행해야 한다. 민간과 연대하거나 혹은 독립적으로 임무를 수행하는 체제가 필요하다. 군대의 기능을 단순히 일반적 전투목적 만의 수행이 아닌 multi-purpose 부대로 만들어야 한다. 이러한 상황에서 특히 정보의 역할은 대단히 중요한데, 기존의 정보자원보다 더욱 확대된 정보의 융합노력이 요구된다. 둘째, 통합적(Interagency) 접근이다. 국가의 모든 자원과 기구를 효과적으로 융합할 수 있는 보다 향상된 조치가 있어야 하며, interagency에 민간 부서의 인원이 참여해야 한다. 셋째, 변화된 환경에 대비해야 한다. 민간이 수행할 일을 군대가 수행하는 등 복합적 임무를 동시에 수행해야 하는 상황이 올 것이다. 평시에서 위기대응체제로 전환해야 한다. 인구밀집지역에서 비전투요원의 조정 문제에 직면한다거나, 예측되지 않은 전술과 비대칭 무기 등에 노출되는 상황을 상정한 것이다. 넷째, 교리의 발전이다. 하이브리드전의 전투환경에서 우리는 누구와 싸워야 하는가?, 그들은 어떻게 조직되어 있는가?, 그들은 어떻게 싸우는가?, 왜 그들은 싸우는가? 등을 교육해야 한다. 비정규전의 개념을

명확히 해야 하며, 소부대 지휘관의 결정능력, 예측되지 않은 상황에 대한 전술적 반응, 적보다 반응과 적응이 더 빠른 장비구비 능력이 필요하다. 결론적으로 하이브리드 전사가 요구된다. 다섯째, 작전계획과 전투구상이다. 무엇보다도 새로운 정부통합기구의 교리, 그리고 군과 민간 간의 통합 프로그램이 필요하다. 현재의 전투계획은 아직까지는 직선 개념이며, 하이브리드전을 수행할만한 다층적 구조로 발전되지 못했으므로 작전술과 전쟁구상의 변형이 필요하다. 아울러, 정부통합을 위한 새로운 조직모델, 군과 국가 안보 조직의 전략에 맞는 리더 양성 및 교육, 군의 정보 획득과 조직 운영 방안, 군과 민간의 정보자원 융합수준 결정, 그리고 다양한 경험을 한 전문가의 확충이 요구된다 하겠다.

(3) 다니엘 라시카

미군의 공군장교인 라시카[26]는 하이브리드전 개념을 '모든 전쟁 영역에서 여러 행위자가 혼재된 가운데 같은 시공간 지역에서 목적을 달성하기 위하여 각기 다른 수준, 영역 또는 범위의 전쟁 방법과 이론이 혼재된 전쟁 개념'으로 정의하고 인식과 도덕 개념 측면의 영역까지 확장하였다. 아울러 [그림 8-1]과 같이 하이브리드전을 넓은 범위의 의미인 war와 전술적 수준, 특히 약자가 강자에 대항하여 다른 형태의 전투를 수행할 때 사용하는 warfare 개념이 혼재된 것으로 보았다. 또한 하이브리드전이 대전복작전(counterinsurgency)처럼 보이는 새로운 전략패러다임의 출발이며, 전쟁의 형태가 정보를 기반으로 한 전투가 우선하는 형태에서 전투를 기반으로 한 정보가 우선하는 형태로 변화하는 것으로 판단했다.

---

26 Daniel T. Lasica, *Strategic Implication of Hybrid War: A Theory of Victory*(Kansas: U.S. Army Command and General Staff College, 2009).

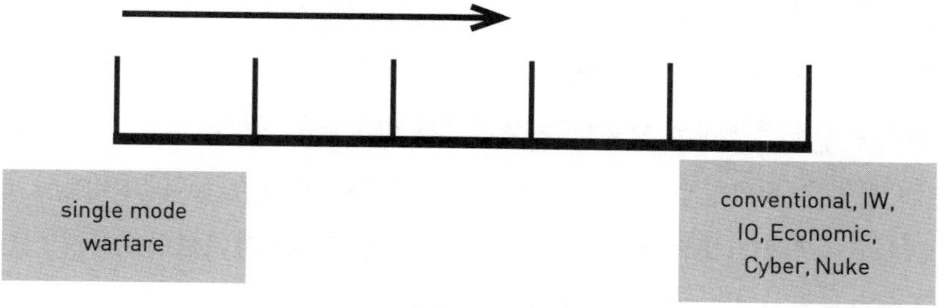

[그림 8-1] 하이브리드전의 복잡성 진행도

특히 라시카는 호프만과 같이 체첸전과 헤즈볼라전을 하이브리드전 관점에서 해석하였다. 체첸군은 정규전과 비정규전을 혼합하여 도시외곽에서 신무기를 사용하고 풍부한 정보를 이용하여 러시아와 전쟁을 수행하였는데, 헤즈볼라는 인식과 도덕측면을 활용하여 전략적 효과를 신속히 달성하는, 한층 진화된 하이브리드전을 사용했다고 강조했다. 따라서 그는 아프가니스탄전, 이란전, 베트남전에서 미군의 전쟁승리에 대한 개념 정립이 미약했다고 지적하면서, 앞으로는 'how to win'에 부가하여 'what is victory'의 정의가 선행되어야 한다고 역설했다. 다시 말해서 전쟁승리를 인식이론적 구조수준, 즉 전략적 목표를 달성하기 위하여 신속하게 인식과 도덕의 영역에 영향을 미치는 전략과 전술의 조합으로 정의하였다. 하이브리드전에서 승리하는 것은 외형적인 승리뿐만 아니라 인식과 도덕의 수준에서도 승리하는 것이며, 장기적인 상황에서 모든 위협에 잘 대처하는 것이 전쟁의 승리 공식이라고 하였다.

특이한 점은 라시카는 하이브리드전을 역사적 관점에서 해석하였는데, 첫째, 클라우제비츠의 전쟁의지 측면에서 보면 하이브리드전은 인간과 물질적 자원을 볼모로 미군의 전쟁의지를 약화시키는 측면에서 유용하다고 보았다. 둘째, 정규전과 비정규전을 배합하고, 인식과 도덕의 영역을 활

용하면 약자가 강자를 이길 수 있다거나 전쟁의 형태를 다변화할 경우 승리할 수 있다는 손자와 모택동의 이론이 하이브리드전에 적용되었다는 것이다. 4세대 전쟁에서 사용하는 정규군과 비정규군, 범죄조직의 네트워크, 야만적이고 결사항전하는 전쟁 등도 하이브리드전의 인식의 영역에서 중요하나, 4세대 전쟁은 전쟁영역이나 목적 등을 볼 때 하이브리드전의 어느 한 부분이라고 설명했다. 그가 제시한 대책은 앞으로의 환경에서 하이브리드전이 대세가 될 것이므로 full spectrum전략이 필요하며, 하이브리드전에 대한 지적인 구조를 구축함으로써 전략적 접근이 가능하므로 인식 확산을 위하여 지적 활동을 확산하고, 교육과정에 포함시켜야 한다고 했다. 동시에 전문연구기관의 개설, 새로운 전쟁패러다임에 대한 심층적 연구, 그리고 전쟁의 승리를 위한 하이브리드전 중시 등이다.

(4) 나탄 프라이어[27], 마가렛 본드[28] 등

미군의 육군 장교인 나탄 프라이어는 [그림 8-2]에서와 같이 2005년 National Defence Strategy를 인용하여 위협을 전통적, 비정규적, 재앙적, 파괴적 위협 등 4가지로 구분하여 설명하였다. 그는 비정규적, 재앙적, 파괴적 위협은 이미 식별되고 도래한 상태이나 위협이 복합적으로 이루어지는 비정규적 위협, 즉 하이브리드적 위협을 새롭게 경고하였다. 도전하는 국가는 군사적 약점을 보완하기 위하여 비군사적 전쟁수행방식을 강화할 것임을 강조하였다.

하이브리드적인 환경하에서 약한 국가는 다른 국가와의 연합, 비정부

27 Nathan Freier, *Strategic Competition and Resistance in the 21st Century: Irregular, Catastrophic, Traditional and Hybrid Challenges in Context*(Carlisle: U.S. Army, 2007).

28 Magaret S. Bond, "Hybrid War: A New paradigm for Stability Operations in Failing States," *UWC Strategy Research Project*(Carlisle: U.S. Army War College, 2007).

군 또는 조직, 반대 또는 저항하는 모든 세력의 네트워크와 연대한다고 하였다.

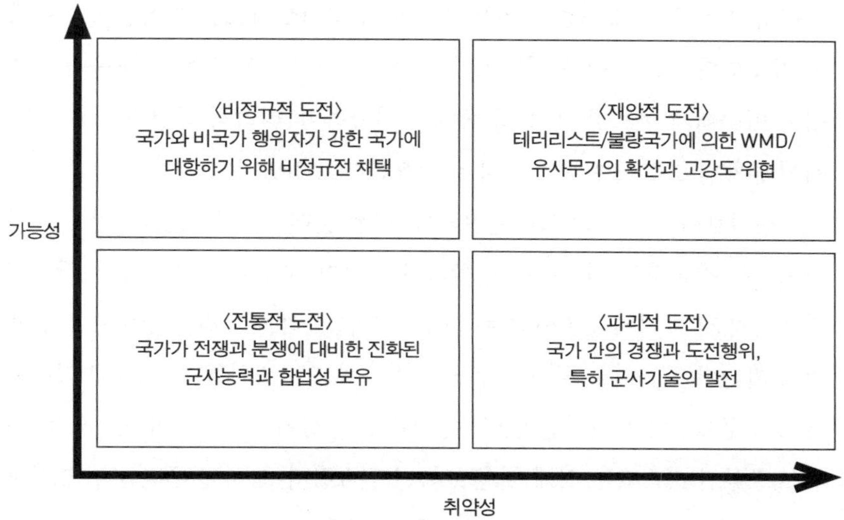

[그림 8-2] 하이브리드적 위협

미국 육군의 마가렛 본드는 하이브리드전을 '안정, 안보, 재건, 무장부대의 작전 등 모든 행동의 지속하는 국가적 요소, 즉 모든 군사활동, 자원, 프로그램과 적용, 비폭력 상황, 경제활동, 그리고 실패한 국가[29]들을 개혁하는 정치적 영향, 정치, 경제, 사회의 변화 상황'을 포함하는 광대한 영역으로 확장하였다. 특히 본드는 실패한 국가가 포함된 곳이 테러분자의 안착지이며, 전사를 모집하고, 마약 및 위폐 유통, 인질, 전염병 등이 발생한다고 하

29 "The Failed States Index 2005," *Foreign Policy*, May/June 2005(On line Edition), Foreignpolicy.com/story/cms.php?story_id=3420. 실패한 국가는 영토에 대한 통제력 상실, 안보제공 곤란, 정부와 경제계의 부패 심화, 경제활동에서의 상당한 비공식 거래 증대, 공공재 제공의 현저한 저하 등이 초래되고 있는 곳을 의미한다. 2005년도를 기준으로 북한은 13위를 기록했다.

였다. 이러한 지역에서 하이브리드전은 반드시 발생하며, 실패한 국가의 안정 이전에 발생함을 지적하였다. 본드는 하이브리드전에 대한 대책으로 미래의 전략군사 기획자는 모든 국가자원 요소를 포괄하는 하이브리드전을 고려하고, 미군이 실패한 국가에서 적시에 하이브리드전을 적용해야 한다고 강조했다. 그는 대전복작전에서는 기선제압이 전부라 할 만큼 중요한데, 적이 아군에게 반응할 때 환경 통제가 가능하며, 따라서 작전지역 또는 현지에 존재감을 심어주는 것이 매우 중요하다고 하였다.

하이브리드전의 대책과 관련하여, 러셀 글렌[30]은 하이브리드전이 개념상으로는 전술적인 의미에서 출발하지만 적이 실제로 노리는 것은 강자의 전쟁의지 및 이미지를 분쇄하는 등 결정적인 승리를 노리는 것이므로 전체 정부 차원의 접근과 포괄적인 접근의 필요성을 강조하였다. 교육에 있어서 스코트 쿠오모와 브라이언 딜런[31]은 복잡한 전쟁에서 부딪치게 될 small war가 오랫동안 지속되는 것에 대한 교육이 필요하며, 특히 전투정신력, 도시정찰, 비상 및 탐색 작전과 관련하여 소규모 대반란 작전이 중요함을 부각시켰다.

(5) 국내 전문가

국내에서는 아직 하이브리드전에 대한 충분한 공감대가 형성되지 않았다. 북한은 정규전과 비정규전을 포함한 다양한 전략 및 전술과 공격수단을 보유하고 있다. 그동안의 수많은 도발과 천안함 폭침, 그리고 연평도 포격, 때마다 반복되는 군사적 위협 발언을 고려할 때 북한이 하이브리드전을

30 Russell W. Glenn, "Thoughts on Hybrid Conflict," *Small Wars Journal* (www.smallwarsjournal.com).

31 Scott A. Cuomo and Brian J. Dinlon, "Training a Hybrid Warrior at the Infantry Officer Course," *Small Wars Journal*(www.smallwarsjournal.com).

구사할 것이라는 가능성은 충분하다. 하이브리드전은 하나의 전쟁 개념으로서 아직 국내에서 학술적인 논의가 부족한 상태이다. 다행이도 박휘락과 전종순의 선도적 역할로 그 뿌리는 내린 셈이다.

박휘락[32]은 하이브리드전을 혼합전으로 명명하면서 '온갖 형태의 투쟁방식이 포함될 수 있는 포괄적인 전쟁형태'로 정의하였다. 그는 하이브리드전이 부각됨으로써 국가 간 전쟁의 빈도가 감소된 상황하에서 군대의 새로운 임무 영역 제시, 군사적 승리를 정치적 성과로 연결시키는 전쟁승리 개념의 등장, 그리고 비국가 주체의 도발을 위협으로 명시함으로써 대응방법의 획기적 사고 전환을 촉구한 것을 긍정적인 점으로 평가하였다. 그러나 (다수의 이종이 섞인) 개념의 불명확성, (전쟁범위의 확대로) 군사대비 방향의 모호성 증대, 자국영토 방어의 국가에의 적용 한계, 그리고 대비방향에 대한 구체적 대안 제시 미흡 등을 부정적인 점으로 분석하였다. 결론적으로 하이브리드전의 등장으로 우리 군의 입장에서 전쟁의 최종승리 개념의 확인, 민관군의 긴밀한 협조 필요성, 심리전 및 선무활동의 중요성, 한반도전에서의 한국군 역할, 교리와 무기체계의 사전 검토 등 다양한 과제가 제기되었음을 밝혔다.

전종순[33]은 하이브리드전을 '정규전, 비정규전 등 모든 영역을 망라하는 전쟁 개념'으로 정의하였다. 그는 전쟁에서는 통상 물리적/심리적 차원의 시너지 효과를 창출하는 행동이 이루어진다고 전제하였다. 또한 하이브리드란 용어는 전쟁형태의 복합성, 조직, 그리고 수단의 혼합을 의미하는데, 조직측면에서는 네트워크를 통해 광범위하게 분산된 세포조직으로부

32 박휘락, "혼합전(Hybrid Warfare)의 개념과 한국군의 수용방향,"『군사평론』제405호(2010. 6), pp. 99-119.

33 전종순, "현대전의 새로운 패러다임과 미 합동 개념의 변화," 『합동군사연구』 제19호, pp. 52-99.

터 전통적인 계층구조를 가진 조직에 이르며, 수단측면에서는 매복, IED를 포함한 네트워크된 지휘체계, 미사일 및 현대적이고 치명적인 시스템을 운영할 수 있다고 하였다. 특이한 점은 제4세대 전쟁과 하이브리드전을 비교하였는데, 전쟁의 수단이 모두 혼재되고 정치적인 목표를 달성하는 측면에서 유사성을 찾았으나, 전자는 비국가적 집단이 수행주체로서 순차적인데 비해 후자는 국가와 비국가 집단이 모두 주체가 될 수 있으며 동시적인 형태를 보이는 점에서 그 차별성을 부각시켰다.

4) 미군의 하이브리드전

(1) 이론적 관점

방법론 측면에서 전쟁이론이 하나의 전쟁패러다임으로 발전하기 위해서는 전쟁의 진화과정에 대한 심층적인 연구가 선행되어야 한다. 이는 이론이 과학적 지식이기 때문인데, 과학은 지식 그 자체가 아닌 지식을 생산해내기 위한 방법과 그러한 방법을 정당화해주는 일단의 분석규준(analytic canons) 및 논리(logic)의 총칭이다. 또한 과학은 검증 가능한 진술(또는 설명)과 예측이 가능해야 하며, 어떤 현상에 대한 서술이 가능해야 하기 때문에 이론에 대한 심층적인 연구가 선행되어야 한다. 동시에 객관성과 상호주관성, 합의성과 개방성, 검증가능성과 반증가능성, 통합성과 체계적 함의 등을 충족[34]해야 한다. 이러한 측면에서 하이브리드전은 일반적인 전쟁 개념 수립 방법론[35]에서 주장하는 문제의 본질에 대한 이해, 지역의 특징 이해, 상대적 능력 비교, 작전 개념 요소, 작전 개념 형성, 문제점 및 대책 등 서술과 설명 측면에서는 어느 정도 충족하나, 위의 과학적 절차의 요구조건에는 여전히

---

34 김웅진, 『정치학방법론 서설』(서울: 명지사, 1992), pp. 11-31.

35 이종학 편저, 『군사전략론: 이론과 실제』(서울: 박영사, 1987), pp. 386-406.

미흡하다고 평가된다.

또한 분석수준 측면에서 볼 때, 전쟁패러다임은 체제 및 단위 국가 수준을 포괄하는 행위자 및 주요 요소를 분석하는 것이 일반적인데, 군사전략 모델의 주요 요소에는 임무(국가정책, 국가이익/목표), 상황(작전지역, 전투력 비교), 행동방책(적군, 아군의 군사목표와 군사전략 개념 분석과 비교), 결심(지원계획이 포함된 군사전략) 등이 포함[36]되어야 한다. 이러한 관점에서 현대에서의 전쟁에 대한 관점, 국가들의 군비증강 행태, 비대칭전쟁의 선호도 증대, 새로운 전쟁 양상 등이 제시되어야 할 것이다[37]. 또한 국가안보전략 요소에는 국가안보 위협의 평가, 국가안보 목표의 설정, 국가안보전략 개념의 설정, 평시 국가활동의 조정, 전쟁의 억제, 장차전의 구상과 대비, 전쟁의 지도 등이 필수적[38]이다. 결론적으로 분석수준에서 다루어야할 국가적 전략요소, 방책 등이 구체화되지 않았으며, 전략목표를 충족하기 위해서는 더욱 많은 연구와 토론이 필요한 상황으로 분석된다.

(2) 여타 개념과의 차별성

하이브리드전과 가장 유사하고 혼동하기 쉬운 것이 배합전이다. 〈표 8-2〉에서와 같이 전략 목표는 유사하다. 그러나 하이브리드전이 국가의 모든 취약요소를 고려하여 활용하는 반면, 배합전은 주로 안보 및 군사적 취약점을 공략한다. 적의 형태, 전투 경계, 그리고 전개 방법 측면에서 배합전이 뚜렷한데 반하여 하이브리드전은 모호하다. 특히 배합전이 순차적으로 전개되는데 반하여 하이브리드전은 동시적 전개 형태를 보인다. 무엇보다

36 이종학, 위의 책, pp. 335-340.

37 John Baylis, Steve Smith, and Patricia Owens; 하영선 외 옮김, *The Globalization of World Politics, 4th Edition*(서울: 을유문화사, 2009), pp. 254-269,

38 박휘락, 『국가안보전략연구』(서울: 법문사, 1993), pp. 52-80.

도 배합전이 동일한 공간이 아닌 여러 공간에서 전개되는데, 하이브리드전에서는 비정규전 및 테러가 정규전을 직접 지원하는 형태다. 따라서 비정규전이 훨씬 파괴적이고 결정적이라고 할 수 있다. 또한 배합전의 효과는 즉시 표출되지만 하이브리드전은 장기적인 양상의 효과를 보인다. 해군에서 사용하는 복합전(composite warfare) 개념은 다차원 전투공간에서 동시다발적인 적의 위협에 대처하기 위하여 지휘통제가 분권화된 전투조직으로 전투를 수행하는 개념[39]이다. 일반적인 전투 개념을 상정하여, 전쟁의 지휘권관계를 기술한 개념으로서 하이브리드전의 개념과 상이하다.

〈표 8-2〉 하이브리드전과 배합전의 차이

구분	하이브리드전	배합전
전략목표	유사	
취약점 공략	국가적 취약점	군사적 취약점
적의 형태	복합적이고 실체 모호	뚜렷함
전투 경계	모호	경계 뚜렷
전개 방법	예측 불허의 비대칭 접근	순차적, 중첩적 시나리오
공간	동일한 전투 공간	여러 개의 전투 공간
효과 지속성	장기적인 총체적 효과	전투별 군사효과

(3) 하이브리드전 실체적 개념

하이브리드전을 종합적인 개념으로 제시하기에는 다소 어렵지만 앞서의 설명을 충족하고 그 의미를 살린 것으로서 단순한 혼합이 아닌 동시적인 요소, 특히 비정규전 요소가 강조된 전쟁을 의미한다. 좀 더 세부적으로

39 해군본부, 『해군기본교리』(대전: 해군인쇄창, 2007), 부록 3-3.

살펴보면 하이브리드전의 목표는 정치, 경제, 사회, 군사, 그리고 심리적 목표를 달성하는 것이다. 즉, 국가(혹은 공격대상)를 총체적으로 흔드는 것이며, 원하는 목표가 분명이 있다는 것이다. 따라서 행동의 주체는 비정규전 능력으로부터 정규전 능력을 포함한 다양한 공격수단을 보유해야 한다. 공격방식에 있어서도 일체형, 즉 네트워크화된 공격을 수행할 수 있어야 한다. 장기적으로 상대를 연구하고 그 취약점을 알고 철저하게 준비하는 적을 의미한다. 그러한 관점에서 볼 때 호프만이 정의한 '유연하고 지능적인 적이 목표달성을 위하여 특정한 시기에 동시적으로 다른 형태의 전투를 통합하여 수행하는 것'이 가장 정확하고 종합적인 개념이라 할 수 있다.

2. 북한의 하이브리드전 실행 가능성과 전개 양상

1) 북한의 하이브리드전 실행 동력

(1) 대남무력도발의 유용성

북한의 무력도발은 분단 이후 북한이 정치적 목적 달성을 위하여 빈번하게 사용해온 수단이다. 북한의 무력도발 형태를 개관해보면 1.21사태 및 울진·삼척 간첩사건, 강릉잠수함 사건과 같은 대량 침투 사건에서부터 연평도 포격과 같은 직접 포격, 천안함 폭침과 같은 침투 공격, 미사일 발사와 같은 성능개량과 긴장조성 겸용, 함정과 항공기, 심지어 어선을 이용한 빈번한 NLL 침범, 그리고 DMZ에서의 총기발사 등 그 수단과 형태가 다양하고 화려하기까지 하다.

왜 북한이 이렇게 대남도발에 집착하는 것일까? 첫째, 체제유지의 한 방법이다. 북한은 군사국가이며, 1인 독재체제다. 핵실험과 선군정치를 하

지 않고서는 체제를 지탱할 수가 없다. 북한이 대남무력도발을 하며 우리와 북한주민에게 끊임없이 보내는 메시지는 '우리가 너의 상대다. 둘 중에 하나는 없어져야 한다'이다. 북한주민이 광적인 관중이라고 할 때 사각의 링 위에 상대를 올려놓고 싸우는 모습을 계속 보여주어야만 한다. 독재자는 화려한 스포트라이트가 필요하다. 그런데 김정일을 화려하게 비춰줄 역할을 할 수 있는 수단이 군대 밖에 없다. 북한인민군은 김정일의 군대고 당의 군대다. 인민군은 인민을 감시하고 통제하는 역할과 수탈하는 위치에 있다. 인민군이 김정일로부터 충분한 대접을 받는 만큼 시키는 대로 역할을 하는 것은 당연하다. 그러한 이유에서 연평해전에서 전사한 인민군을 영웅시하고 여타의 인민군 전사들이 이를 동경하게 만드는 곳이 북한이다. 우리는 북한의 군사도발이라고 하지만 북한은 이를 '지도자동지를 위한 혁명전'이라고 생각한다. 북한에서 말하는 혁명은 김정일을 위해 전 한반도를 공산화하는 것이기 때문이다.

둘째, 대북원조 구조의 형성이다. 지금 우리는 북한을 지원하는 것을 대북지원이라고 하지만 북한은 이미 우리의 원조를 받는 수혜국가로 전락하였다. 1988년 7.7선언을 하고, 1989년 6월의 '남북교류협력지침', 1990년 8월의 '남북교류협력에 관한 법률' 등의 근거를 마련한 이후 남북교류협력이라는 용어를 사용하여 왔다. 우리가 거의 일방적으로 지원해주는 형태인데 용어는 마치 서로가 주고받는 것처럼 표기되어 있다. 현재까지 남북한 교역이 총 146억 6000만 달러에 이르고 있다. 남북한 교류의 특징은 일반교역 및 위탁 가공물품 증가 등 비거래성 비중이 크다. 우리에게는 북한의 비중이 크지 않지만 북한의 총 무역규모의 1/3을 차지하고 있다.[40] 남북한 관계의 특수성을 감안하더라도 한 국가 경제를 지탱해주는 우리에게 돈

40 통일교육원, 『북한이해 2011』(서울: 통일교육원, 2011), pp. 134-141; 통일부 통계자료 등을 참조하였음.

을 달라고 떼를 쓰듯이 무력도발을 남용하는 현재의 남북관계는 상당한 기형이라고 할 수 있다. 비록 평화통일이라는 국가목표를 달성하기 위한 장기적 전략으로 북한과의 교류협력을 유지하고는 있지만 북한은 이를 끊임없이 도발하는 데 대한 일종의 안전판 정도로 판단하는 것은 아닐까?

마지막으로 남한정세 개입의지의 발현이다. 북한은 이제 우리의 대선 전후 및 정부출범 이후에도 정부를 압박한다거나 친북 혹은 종북 세력을 측면 지원하기 위하여 의도적으로 긴장을 조성한다. 북한정권은 언론과 인터넷 등 완전히 개방된 환경에서 남한의 정세를 오히려 우리보다 더 객관적으로 파악하고 있을 것이다. 남북한 간의 교류협력이 시작된 이후 북한은 이제 직간접적으로 우리와 밀접한 관계에 놓이게 되었다. 그렇다고 남북한 수뇌부가 정세를 논하는 것도 아니다. 노동신문에 정권의 요구사항을 논리적으로 구성하여 역설하는 것이 정론, 즉 일종의 사설인데 남한정부에 대해 어떤 요구를 한다한들 우리가 이에 귀 기울이지는 않는다. 따라서 북한이 할 수 있는 수단은 제한될 수밖에 없으며 역시 군사적 수단으로 귀착된다.

하이브리드전은 그 개념에서 알 수 있듯이 정치적 목적을 달성하는데 유용하며 특히 상대방의 강약점을 충분히 알고 전개해야 효과가 있다. 천안함폭침사건은 그 형태로 보면 은밀히 침투하여 공격하는 비정규전 특징과 함께 그 수단은 준비과정과 이동, 공격, 그리고 복귀까지 다수의 정규전 병력이 동원되었을 것이다. 그 수단에 WMD가 제외될 것이라고 장담할 수가 없다. 이미 북한의 무력도발은 핵실험이라는 극단적인 수준에까지 도달하였다. 천안함폭침은 전시에나 있을 법한 군사적 공격이다. 클라우제비츠가 말한 '전쟁은 수단을 달리한 정책의 연속(War is a mere continuation of politics by other means)'이라는 상황을 우리는 북한을 통해서 주기적으로 겪고 있다. 북한의 도발이 체제유지, 대북원조, 그리고 정세개입을 위해 점차 정예화되고 강해질 것이며, 궁극적으로는 제반 수단을 응집하는 형태인 하이브리드전

이 대세가 될 것이다.

(2) 비정규전의 메카

북한군의 뿌리는 일제 강점기에 중국 및 소련에서 활동하다 소련의 북한지역 점령을 계기로 북한으로 이동한 항일빨치산이다. 이들을 혁명세력이라고 하는데, 1930년대 중반 중국 공산당 동만주지역 유격대 및 1940년대 소련 극동군 제88특별여단 소속 출신을 일컫는다. 소련군정은 김일성과 빨치산세력에게 북한의 군·보안·치안조직 등 모든 무력을 장악토록 위임[41]하였는데, 이러한 조치는 사전에 계획된 것이었으며 김일성의 권력 장악에 결정적 기회를 제공하였다. 김일성은 1950년대 중반까지 빨치산의 세력 열세를 만회하기 위해 다른 세력과 제휴하여 정권을 장악하기 시작하였으며, 어느 정도 권력의 안정을 구축한 이후에는 1956년 8월 종파사건 등을 통해 경쟁세력을 숙청하기 시작했다. 이때부터 북한군부는 빨치산 출신의 혁명세대들이 득세하였고, 이러한 전통이 현재까지 계승되고 있다.

빨치산세력이 북한군부의 중심이라는 것은 빨치산이 유일지배체제에 절대 충성하는 조직이라는 점과 더불어 북한의 군사전략에 있어서 비정규전이 매우 중요한 위치에 있다는 것을 의미한다. 북한의 비정규전이 전략의 중심에 자리잡은 것은 6·25전쟁 이후다. 북한은 6·25전쟁 시에 중공군과 인민군의 제2차 진공에 맞추어 후방지역 교란 및 증원부대 차단, 차후 반격 시 전선타격부대와 배합전술을 구사할 목적으로 제2전선 형성하면서, 유격전을 전개[42]하였다. 1951년 8월 31일 김일성의 '미해방지구에서의 우리 당

---

41 김창순,『북한 50년사』(서울: 지문각, 1961), pp. 43-61.

42 김일성은 중공군의 참전으로 평양을 탈환한 이후인 1950년 12월 21일-23일간 평북 별오리에서 개최한 노동당 중앙위 제2기 제3차 전원회의에서 유격전을 "우리 공군이 약하고 기동성이 약한 조건하에서 적의 기동성을 파괴하며 적을 분산 격멸하며 적의 참모부와 후방을 습격하여 적후방에 제2전선을 조직함으로써 적의 공포와 당황을 초래케하는 것이다."라고 정의.

사업과 조직에 대하여'라는 교시를 근거로 지하당 재건을 위한 지구당을 개편하였다. 유격전 또한 김일성의 지시에 따라 이루어졌는데, 1951년 4월 총참모부 작전국 직속의 유격지도처가 설립되어 유격전을 지휘하였다. 이에 따라 지역 빨치산 부대를 체계적 조직인 유격지대로 개편하였다. 전남도당의 사례에서 보면 유격부대는 조직면에서 당조직체계를 따르고, 무장부대가 그 휘하에 있었다. 따라서 유격부대에서도 당생활 교육 및 혁명교육 등 교육교양사업과 대열관리가 중시되었다.[43] 6·25전쟁의 초전 승리가 유지되지 못하고 실패한 이후 중국과 소련의 전략전술을 배제하고 항일빨치산 경험에 기초한 군사전략을 자주적 군사전략으로 인식하고 발전시켜 왔다.[44] 특히 모든 전투 개념을 혼용하는 배합전 개념으로 체계화되었는데, 이는 김일성이 1970년 11월 제5차 당대회에서 지시한 내용으로서 '한반도의 지형조건을 살려 산악전, 야간전투, 대부대 및 소부대 작전, 정규전과 유격전을 배합하여 강한 상대를 이길 수 있다는 것[45]'을 의미한다.

북한의 비정규전은 이후 체계적으로 발전되었으며, 20만여 명에 달하는 특수전 병력은 정규전을 전개하는 능력과 함께 정치·심리전·유격전을 전개하는 군사전략의 중심에 위치하고 있다. 또한 북한은 제3세계 국가에 비정규전 능력을 수출하는 국가이기도 하다. 북한의 전문적인 비정규전 능력은 하이브리드전의 구사를 가능하게 해준다. 북한의 어느 고위급 북한이탈주민이 "정찰총국의 1개 중대면 우리의 1개 사단을 기습하여 쑥대밭을 만들 것이다"라고 발언한 적[46]이 있다. 북한의 비정규전 대상이 후방이나 민간을 넘어 정규부대를 상대할 태세를 갖추고 있다는 것을 의미한다. 앞서

---

43 정관호, 『전남유격투쟁사』(서울: 선인, 2008).

44 북한연구학회, 『분단 반세기 북한연구사』(서울:한울아카데미, 1999), p. 130.

45 권양주, 『북한군사의 이해』(서울: 한국국방연구원, 2010), pp. 167-168.

46 북한이탈주민과의 비공식 토론회에서 득문한 내용이며, 일부 공작원 출신도 대체로 이와 같은 의견에 동의하였음.

의 미국 전문가들이 하이브리드전의 핵심인 비정규전을 논할 때 북한을 배제한 것은 다소 의외다. 앞으로 한미동맹 차원에서 북한의 비정규전에 대한 충분한 논의가 필요한 대목이다.

(3) 핵무기의 사용 가능성 상존

북한은 핵능력의 3대요소를 이미 갖추고 있는 것으로 평가된다. 핵물질 확보측면에서는 북한이 1992년 이전에 플루토늄 10~14킬로그램을, 2003년 재처리를 통하여 20여 킬로그램, 2005년 재처리 시 10여 킬로그램 등 총 40~50킬로그램의 플루토늄을 추출한 것을 추정하고 있다[47]. 고폭장치 측면에서도 북한이 그동안 140여회의 고폭실험과 핵실험을 통한 최종실험 등을 거침에 따라 핵무기를 제작하는 수준에 도달했다고 보는 것이 타당하다. 아울러 노동, 대포동, 스커드미사일, 저고도 침투 항공기, 방사정포 및 야포 등 다양한 투발수단을 보유하고 있어서 핵무기의 전략적, 전술적 사용이 가능한 상태라고 판단된다.

과연 북한이 앞으로의 전쟁에서 핵무기를 사용할 것인가? 다수의 전문가 수준의 북한이탈주민은 북한의 핵개발이 체제유지를 목적으로 추진되었으므로 체제에 위협이 되면, 즉 체제붕괴에 직면하는 위기를 맞이할 경우 핵무기를 사용할 것이라고 말한다. 북한군은 한미연합군, 그리고 서방의 지원이 포함된 전쟁을 상정할 것이다. 따라서 전력이 약한 북한은 한미연합군과 전쟁을 해야될 경우 핵, 화생무기 등 가용한 모든 수단을 동원하여 결전하려 할 것이다.[48] 특히 우리가 주목해야할 것은 북한이 핵을 이용하여 선제타격할 수 있다는 가정이다. 전력의 열세를 만회하기 위해서는 전략적으로 선제타격을 취할 수밖에 없다. 이는 북한지도부의 경직성과 재스민혁명을

47 국방부, 『2006 국방백서』(서울: 국방부, 2006); 국방백서, 위의 책, pp. 18, 27-28.

48 권양주, 위의 책, pp. 164-165.

지켜보고 나서 핵이 자신을 지켜줄 수 있다는 생각에 근거하여 더 큰 위험을 방지한다거나 미국의 선제 핵공격을 의식하는 데서 비롯될 수 있다.[49]

북한이 핵무기를 사용할 수 있다는 전제는 북한의 하이브리드전 옵션이 강력해지는 것을 뜻한다. 북한정권이 핵을 사용하면 보복을 당하고 괴멸할 수 있다는 소위 '핵적사고'를 가지고 있지 않다는 전제는 우리의 군사전략을 매우 혼돈스럽게 만든다. 이는 하이브리드전 뿐만 아니라 핵확산과 관련해서도 매우 심각한 문제다. 북한은 우리 군과 미군이 주목하는 핵과 비정규전 능력을 모두 보유한 집단이다. 핵무기 옵션이 점증하는 시기에 우리는 살고 있다.

2) 하이브리드전 실행 가능성

하이브리드전은 평시와 전시의 구분 없이 전개될 수 있다. 앞에서 북한의 무력도발이 평시에 체제유지를 위한 선전선동, 대북원조의 확대, 그리고 정세개입수단으로서 남용되고 있음을 살펴보았다. 천안함 폭침과 연평도 포격사건은 하이브리드전의 확실한 전조다. 유사한 형태로 민간 선박이나 다른 형태의 군함, 혹은 우리 영해를 항해하는 미군 및 서방국의 선박을 공격할 수 있다. 또 다른 시나리오도 상정할 수 있다. 연평도가 아닌 접적지역의 다른 도시를 포격하거나 중요 건물을 점거하여 인질극을 벌이다가 출동한 군경과 교전할 수 있다. 또는 다른 지역의 폭파를 빌미로 유유히 빠져나가는 것도 가능하다. 접적지역 도시에 포격을 한다면 헤즈볼라가 이스라엘 북부를 포격하여 경제를 마비시키는 것과 같은 일이 벌어질 수 있다. 북한은 원한다면 무슨 일이든지 벌일 수 있는 집단이다. 하이브리드전의 실행

---

49 박영택·권양주·함형필 공저, 『남북한 군사력의 현재와 미래』(서울: 한국국방연구원, 2010), 제4장 참조.

가능성과 함께 하이브리드전이 실행되었을 경우의 교훈이다. 북한은 우리가 핵공격을 의식하여 북한의 국지적인 도발에 대한 대응방법을 찾기 어려울 것이라고 판단할 수 있다. 즉, 자신들의 핵능력 보유가 우리의 보복의지를 위축시켰을 것으로 오판할 가능성이 있다.[50]

다음은 전시를 상정하고자 한다. 먼저 6·25전쟁에서의 북한군의 전략은 50일 이내에 부산을 점령하고 전 한반도를 공산화한다는 것이었다. 북한군은 주공인 제1군단이 서울 북방에서 서울을 집중 공격하고, 제2군단은 춘천의 정면을 돌파한 후 그 일부병력이 서울 동남방으로 진출하여 한국군 주력의 퇴로를 차단하여 한수 이북에서 포위격멸하려고 하였다. 또한 상황에 따라 섬멸선을 소백산맥 이북으로 조정한다거나, 주력 일부가 부산으로 진출하는 것 등이 핵심전략이었다.[51] 현재에도 북한의 남침전략을 과거와 크게 다르지 않게 기술하는 것이 일반적이다. 북한군의 핵심전략은 우리의 방어태세를 와해시켜 한반도에 대한 미국의 군사적 지원이 이루어지기 전에 전 영토를 점령하는 것이다. 따라서 접적지역으로 전진 배치된 4개 군단의 대규모 집중공격이 수반되는 기습공격 전개와 병행하여 기계화보병군단을 비롯한 기동전력의 휴전선 돌파, 해공군의 기습적 공격으로 공해상 방어 태세 와해, 한반도 전역의 전장화를 위하여 특수전 부대의 후방 침투 및 교란, 해상교통로 장악, 미사일공격에 의한 공항심리 조장 등[52]이다.

그러나 하이브리드적인 사고를 하면 위의 전쟁시나리오가 얼마나 자기중심적이며 편의적이라는 것을 알 수 있다. 이미 북한은 우리의 일반적인 대비전략을 숙지하고 있다. 천안함 폭침과 연평도 포격사건을 통하여 우리의 대응태세를 확인하였을 것이다. 세상에 상대가 예상하는 대로 움직이

50 김재엽, 『자주국방론』(서울: 선학사, 2007), p. 217.

51 김성우·김용현 공저, 『한국전쟁사』(서울: 진영사, 2008).

52 김재엽, 위의 책, pp. 214-215.

는 바보가 어디 있겠는가? 전면공격 시 동시에 핵과 비정규전을 운용한다든지, 특수전 병력을 직접 전면에 투입할 수도 있다. 과거의 교훈을 잘 알고 있는 북한이 남한의 깊숙한 지역까지 들어와 고사되려고 하지 않을 것이다. 이미 북한전역을 요새화한 것처럼 일정 지역을 점령하고 버티기를 시도할 수도 있다. 북한이 핵을 가지고 있기 때문에 가능한 전략이다. 비록 하이브리드전이 미군에서 출발하였지만 북한은 이미 하이브리드 전사를 키워 왔으며, 비정규전을 전문으로 하는 집단임을 간과해서는 안될 것이다.

제9장

핵무장의 위험성과 대남위협

북한의 핵무기 개발은 이제 실체의 문제에서 위협의 문제로 진화하고 있다. 김정은은 2013년도에 들어와 3차 핵실험을 감행한 이후 경제와 핵 병진노선, 핵보유국 지위 선언, 핵 억지력의 과시 및 위협, 핵무기의 소형화·경량화·다종화 추진을 공공연하게 언급하는 등 우리 정부와 국제사회의 비핵화노력에 역행하면서 4-6차 핵실험을 강행하고 있다. 과연 북한 핵개발의 지향점은 어디이며, 우리에게는 어떠한 형태에서 어느 정도의 위협이 될 수 있는가? 우리는 북한이 유일지배체제와 세습체제의 핵심동력으로서 핵무기 개발을 멈추지 않을 것이며, 향후 우리를 대상으로 핵을 이용한 협박과 흥정이 계속될 것이라는 가능성을 어느 정도 예상하고 있다. 하지만 실제 전개상황과 대안에 대한 구체적 논의가 부족한 상태에서 비핵화의 촉구와 병행하여 국제적 수준의 제재와 군사대비태세의 점진적 구축을 추진하고 있는 상황이다.

우리 정부는 북한의 변화와 함께 비핵화가 없는 한 어떠한 관계진전도 어렵다는 입장을 견지하고 있는데, 북한은 변화의 기미를 조금도 보이지 않고 있다. 북한의 핵무기는 전·평시 및 급변사태 시 우리에게 다양하고 다층적인 위협을 가할 수 있다. 본고는 북한의 유일지배체제의 특성에 대한 고찰과 복합전 개념을 북한의 핵개발에 적용시켜 북한의 핵무기의 예상 위협과 운용양상을 분석하였다. 복합전 개념의 적용은 북한이 핵무기를 어떤 형태로든 수단으로 사용한다는 전제에서 비롯되었다. 이러한 시도는 북한의 핵위협에 대한 논의의 필요성을 확대하고 그 위협을 해소하기 위하여 무엇보다도 적극적인 대비와 비핵화가 매우 중요하다는 정책적 공감대를 형성하는데 기여할 수 있을 것이다.

1. 북핵 위협의 가시화

북한의 핵무기 개발이 진전되면서 북한의 핵무기는 단순한 소유가 아닌 실행될 수 있는 위협으로 변화하고 있다. 토마스 쉘링은 '절망적 인간의 모델(desperate man's model)'에서 '핏발이 선 눈빛의 한 남자가 어느집 문 앞에서 칼을 들고 10달러를 주지 않으면 자해를 하겠다'라고 협박하는 장면을 묘사하면서 벼랑끝 전술을 설명하였는데,[53] 체제위기의 북한이 핵개발을 시도하는 초기의 모습과 흡사하다. 그러나 절망적인 남자는 지금 자신에게 향했던 칼을 집주인에게 겨누고 있으며, 현재의 북한의 모습과 동일하다.

북한의 핵위협은 사실상 북한의 핵개발 단계부터 시작되었다. 북한은 분단 초기부터 핵무기 개발의 3대 축인 핵물질·기폭장치·이동수단의 확보 및 개발을 진행한 이후 2006년 10월 9일의 1차 핵실험을 통하여 핵무기 개발을 노골화하였고, 그 이후 국제사회의 다양한 비핵화 노력을 무시하고 4차까지의 핵실험과 탄도미사일 및 SLBM 발사 시험을 강행하면서 적극적으로 무기화 시도를 하고 있다. 북한의 핵무기는 현실화되고 있으며, 북한은 한반도의 불안정과 핵 확산의 심화를 획책하고 있다. 북핵 위협을 상정한 작금의 상황은 남북한이 비핵화를 통한 한반도의 안정화 추구(남한)와 핵무기를 통한 체제유지(북한)라는 양극단의 지향점을 향하고 있어서 개선될 여지가 부재한 상태로서 위험성이 가중되고 있음을 보여준다. 지금 우리는 비핵화의 의지가 없으며 핵무기를 다양한 용도로 활용하고자 하는 북한을 상대하고 있다. 그동안 북한은 '북핵의 규모'를 암덩어리처럼 키워왔으며, B도로를 상당히 가로막고 있다. 〈표 9-1〉은 현 정부가 출범한 2013년 이후 현재까지 북한의 핵무기 개발과 주요 도발 상황을 요약한 자료다. 김정은은 2011년 12월 17일 김정일 사망이후 1년 3개월 만에 3차 핵실험을 실지시

53 Schelling, Thomas C. *The Strategy of Conflict* (Massachusetts: Harvard University, 1960), p. 105.

〈표 9-1〉 북한의 주요 핵도발 및 추진 현황(2013. 1-2016. 5)

년도	내용
2013	- 2.12: 3차 핵실험 - 3.9: 핵보유국 지위와 위성발사국 지위 영구화 언급 - 3.31: 경제건설과 핵무력 건설 병진노선 제시 - 4.1: 핵보유국 지위 법령 채택 - 4.2: 5MWe원자로 재가동 언급 - 3.26, 4.4, 4.16, 4.18: 핵억제력, 핵전 등 언급 - 5.21: 노동신문, 핵무기 소형화·경량화·다종화 논평 게재 - 9.27, 10.23: 핵억지력 주장
2014	- 1.16: 국방위 중대제안, 한반도 비핵화 등 - 3.14: 핵억제력 과시의 추가적 조치 위협 - 3.16 핵안보정상회의 관련, 대통령 실명 비난 - 4.28: 국방위, 중폭핵분열실험이나 탄도미사일 시험 언급 - 12.20: 핵무력 등 자위적 국방력 강화 주장
2015	- 3.2: 한미연합훈련을 북침핵전쟁연습이라며 불세례 위협 - 5.2: 소형화·경량화·다종화, 장거리미사일·SLBM 언급 - 7.21: 외무성, 핵 불포기 입장 재강조 - 9.15: 영변원자로 정상가동 공식 확인 - 5.8, 11.28, 12.21: SLBM 시험 발사
2016	- 1.6: 4차 핵실험 - 2.7: 탄도미사일 발사 - 2.23: 참수작전 등 체제붕괴 거론 - 3.3: 김정은, 핵탄두 발사 항시 준비 지시 - 4~9월간: 중장거리 탄도미사일 시험발사 - 9.9: 5차 핵실험

하고, 이어서 경제건설과 핵건설 병진노선 공표, 핵보유국 지위의 법제화 등을 강행하였다. 같은 해 5월 21일 노동신문에 게재된 핵무기의 소형화·경량화·다종화는 북한 핵무기 개발의 방향성을 제시하였는데, 이를 근거로 탄도미사일 및 SLBM에 탑재할 핵탄두의 소형화, 경량화 및 다종화를 통한 전술핵 및 다목적용의 핵폭탄 제조 등이 진행 중일 것으로 추정된다. 일례로 4차 핵실험이 중수소 등을 이용한 핵융합 실험일 경우 수소폭탄 실험은 핵융합을 통하여 필요한 부품과 물질을 상당이 줄일 수 있어서 경량화 및

소형화에 활용될 수 있다.[55] 북한은 2013년을 기점으로 이제는 공공연하게 핵 억지력을 강조하며 우리를 협박하고 있다.

〈표 9-2〉 박근혜 정부의 북핵 외교 및 성과(2013. 2-2016. 12)[54]

구분	대미	대일	대중	대러	주변국간	기타 (UN/EU)
정상회담 (유선포함)	8	5	6	5	-	11
고위급 접촉 (북핵/6자)	48	16	26	8	19	-
제재	UN	IAEA	EU	미국	중국	
	2	2	1	1	1	

현 정부는 북한의 비핵화 없이 한반도 문제가 해결될 수 없다는 확고한 인식하에 인내심을 가지고 북한을 설득해 왔으며, 국제사회도 우리 정부의 노력에 부응하여 보조를 맞추고 있다. 〈표 9-2〉는 그동안 비핵화를 위한 현 정부의 외교적 노력과 유엔의 결의 및 대북제재를 일궈낸 성과를 보여주고 있다. 우리 정부는 수십 회의 정상회담과 고위급 및 실무접촉, 그리고 다양한 통로를 활용하여 북한을 압박·설득하면서 비핵화를 추진하였다. 박근혜 대통령은 2013년 10월 7일의 APEC정상회담, 2014년 12월 8일의 세계정책회의, 2015년 5월 19일 아시아리더스십 컨퍼런스, 같은 해 현충일 추념사 및 국군의 날 기념사, 11일 15일의 G20정상회의, 11월 3일의 대국민담화 기자회견을 통하여 북한의 '핵무기 개발 포기와 국제적 협력이 북한의 살 길임'을 강조하여 왔다.

---

54 외교부 홈페이지(http://www.mofa.go.kr)의 북핵/6자회담일지 중 2013.2-2016.4의 내용과 기타 공개 자료를 참고하였으며, 정상회담 관련 내용은 G20·APEC·ASEAN·ASEM·핵안보정상회의에서 이루어진 해당국 정상과의 접촉을 산정하였다.

55 문주현, "북한 핵기술 어디까지 왔나?" 『통일한국』 2016. 2, pp. 16-17.

이러한 노력의 기조는 현재에도 병행되고 있으나, 북한이 2016년 1월 4차 핵실험을 강행하면서 우리정부도 강경대응 기조로 바뀌었고, 실질적인 대응조치를 강구하고 있다. 박근혜 대통령은 2016년 1월 21일에 북한제재를 위한 모든 실효적 수단을 추진할 것을 강조하였고, 2월 4일에는 북한의 미사일 발사 움직임과 관련하여 강력한 유엔제재를 촉구하였다. 2월 16일 국정연설에서는 '북한정권이 핵개발로는 생존할 수 없으며, 오히려 체제 붕괴를 재촉할 뿐이라는 사실을 깨닫고 스스로 변할 수밖에 없는 환경을 만들기 위하여 보다 강력하고 실효적인 조치를 취해 나갈 것임'을 강조하였다. 이에 따라 우리의 국방부는 2016년 5월 21과 24일 북한의 국방위 인민무력부 명의의 '남북군사 당국 회담 개최를 위한 실무접촉' 제안을 '북한의 비핵화 조치가 최우선되어야 한다'라는 기본 입장을 전제하면서 일축했다. 요약하면 지금 북한은 핵무장이 북한의 생존을 담보하는 것으로 인식하여 핵무기 개발에 더욱 박차를 가하고 있으며, 최근의 SLBM 개발 사례에서와 같이 제2차 세계대전 이후 한 번도 사용되지 않은 핵무기를 '사용할 수 있는 무기'로 부각시키려는 도발적 행동을 멈추지 않고 있다. 본고에서는 이러한 북한의 행동이 구체적으로 어떻게 전개될 것인가를 복합전 개념을 적용시켜 전개하고자 한다.

2. 북한 핵무기의 사용 가능성과 위협범위

북한은 과연 핵무기를 사용할 것인가? 북한의 핵무기 개발과 더불어 주된 논쟁이 핵무기의 사용 가능성이다. 이러한 논쟁은 북한이 이미 노골화한 핵무기 개발의 목적 및 추진상황, 공공연한 협박 등에서 비롯되었다. 그러나 핵무기 사용 시의 가공할만한 파괴력과 피해, 보복공격 등 핵전쟁의

확산, 방사능 오염의 지속성, 민간인의 희생에 국제적 비난 등은 핵사용의 가능성을 반박하는 요인이다. 아울러 2차 세계대전 이후 한 번도 사용되지 않았던 핵무기에 대한 인식도 핵무기 사용을 억제하는 효과가 있는데, 〈표 9-3〉에서와 같이 현재의 핵보유국들도 핵사용을 공언하거나 노골화하지는 않으며, 단지 전략으로서 억지 및 보복에 중점을 두고 있다.

〈표 9-3〉 핵보유국의 핵전력 및 운용전략[56]

구분	핵전력 개요	운용전략
미국	핵탄두: 5,113개 ICBM: 450개 SLBM 잠수함: 14척 전략핵폭격기: 94기	핵확산/핵테러 예방 전략적 억제/안정 유지 지역/동맹의 안전 보장
러시아	핵탄두: 4,500개 이상 ICBM: 322개 SLBM 잠수함: 7척 전략중폭격기: 71기	자국/동맹의 존립 위협 억제
영국	핵무기: 120기 SLBM 잠수함: 4척	WMD 공격 억제/선제 공격
프랑스	핵탄두: 300개 미만 핵전 가능한 전투기 SLBM 잠수함: 4척	핵억지 및 보복 WMD 공격 억제
중국	탄두: 200-300개 ICBM: 110개 SLBM 잠수함: 2척 전략폭격기: 20대	선제공격 지양/보복능력 보유
인도	플루토늄탄: 80-100개 ICBM/SLBM 성능향상 중 전략핵폭격기 보유	신뢰할만한 최소 억제
파키스탄	다량의 핵물질 보유 전술핵무기 보유	선제공격 지양(인도 제외)

56 정영태 외. 『북한의 핵전략과 한국의 대응전략』(서울: 통일연구원, 2014). pp. 84-114.

그러나 김정은의 공포정치를 기반으로 한 독재정치의 불안정성, 분단 구조와 북한의 체제취약성, 김정은 1인에게 집중된 핵무기 사용 권한, 보다 강력해지고 있는 대북제재와 북한의 반발 등은 북한의 핵 사용을 촉발하는 요인이다. 이미 우리 군은 북한의 핵무기에 대비하기 위하여, '맞춤형 억제 전략'으로서 선제타격을 전제한 킬 체인(kill-chain) 개념과 이의 실패에 대비하는 개념의 한국형미사일 방어체계(KAMD: Korean Air and Missile Defense) 방식을 적용하고 있다.[57] 그러나 북한의 핵무기는 이동수단의 변화 또는 북한의 비정규전 능력을 활용한 공격 시 대응이 쉽지 않다. 사드의 배치 결정으로 논란이 가중되는 가운데 킬 체인은 북한 전 지역 및 이동수단에 대한 전천후 감시 및 공격의 제한성, 공격 이후 상황 파악의 어려움, 북한영공 진입의 장애 및 미사일 전력의 제한과 항공용 정밀유도 무장의 보유량 제한 등이 제기되고 있으며, KAMD는 개발 중인 중거리 지대공미사일(M-SAM)과 장거리 지대공미사일(L-SAM)외에 패트리어트 미사일에 의존하고 있어서 방어 범위가 협소(교전범위: 25km)하다는 지적이 있다.[58]

따라서 북한정권의 특성과 핵무기의 다양성 및 유용성을 고려하여 북한의 핵무기 사용 가능성과 위협을 다음과 같이 분석하였다. 첫째, 북한의 체제위기의 고조와 세습 단절 시기에 핵무기 사용 위험성이 높다. 북한의 김정은 정권에 있어서 북한의 핵무기는 어느 정도의 가치가 있는가? 단적으로 표현하면 핵무기는 김정은의 세습권력의 동력이라고 할 수 있다. 김정은의 권력은 최고의 직책 몇 개를 부여받거나 추대되었다고 유지되는 단

---

57 Kill-chain은 탐지(한미 연합 감시정찰 자산 이용) → 식별(좌표 획득) → 결심(무기체계 선정) → 타격(선제타격)의 4단계 작전 개념으로 이루어지고, KAMD는 탐지 → 교전통제(요격 정보의 관리) → 요격의 3단계 작전 개념으로 이루어진다; 국방부.『2014 국방백서』(서울: 국방부, 2014), pp. 56-59.

58 김홍철 외. "북핵 위협 대비 공군전략 및 전력발전 방안 연구."『군사논단』제74호(2013년 여름), pp. 75-76, 79-83.

순한 권력이 아니다. 김정은은 권력이양 기간이 김정일에 비하여 매우 짧고 권력수업을 충분히 받지 않았음에도 불구하고 지금껏 건재하며, 강력한 권력을 구축했던 장성택, 리영호, 현영철 등을 제거하였다. 그 힘의 원천은 〈표 9-4〉에서와 같이 세습권력, 체제권력, 그리고 명시권력이다. 세습권력은 김정은이 세상에 태어나기 전부터 준비된 권력이다. 세습왕조라고도 할 수 있는 권력은 김일성과 같이 무장투쟁을 하다가 해방 이후 북한에 들어와 현재의 정권을 수립하는 토대를 구축한 약 1,200여 명의 인물들이 김일성을 독재자로 옹립하면서 형성되기 시작하였다.[59] 이들과 그 후손들은 김일성, 김정일, 그리고 김정은에게 대를 이어 충성하였고 그 대가로 북한에서 권력과 지위를 누리고 있다. 또한 그들은 그 집단의 최고의 원칙인 세습적 유일지배체제에 순응하고 있다. 핵무기 개발은 김일성이 시작하고 유훈통치에 의해서 김정일도 체제의 사활을 걸고 추진하였다. 핵무기 개발을 부정하는 것은 세습권력자로서 부적합하며, 핵무기는 당을 영도하는 김정은의 힘과 지도력을 상징하는 것이다.

〈표 9-4〉 김정은의 복합적 권력과 핵무기의 기능

권력 구분	김정은의 권한	핵무기의 기능
세습권력	핵무기 개발·보유	세습권력자의 전유물 절대 권력 및 우상화 도구 대남무력적화통일 수단
체제권력	체제무기화	체제과시 및 체제보호 수단 체제위기 극복 수단
명시권력 (직책 등)	핵무기의 소유	핵무기 운용·통제 권력 보유 핵무기의 복합적 사용

59 장용철. 『북한을 움직이는 사람들』(서울: 창세상닷컴, 2003).

체제권력이란 북한의 당체제가 김정은을 위하여 움직이는 것을 말한다. 노동당은 오로지 김정은의 생각과 의도대로 움직인다. 체제권력의 선봉대는 북한군부, 국가안전보위부, 인민보안부 등이다. 체제권력하에서 핵무기는 체제의 위용을 과시하고 보호하는 수단으로 인식된다.

명시권력은 무형의 권력을 법적으로 보장하고 명확한 권력의 범위와 그 영향력을 표현한 것으로써 제7차 당대회에서 추대한 노동당 위원장을 비롯하여, 정치국 상무위원, 당중앙위 군사위원장, 인민군 총사령관, 조직지도부장, 국방위 제1위원장 등의 직책이다. 김정은이 가지고 있는 직책은 상징적이면서 실질적 권력으로서 1인 독재체제의 정점을 의미한다. 동시에 김정은은 핵무기의 운용과 이와 관련한 모든 조직을 통제하고 있다.

북한의 권력이 위협받는다는 것은 김정은이 위협받는 것을 의미한다. 김정은 개인의 종말은 자연사, 암살, 쿠데타, 전쟁 등 여러 가지 요인에 의해 발생할 수 있는데, 김정은은 타의에 의한 생명의 위협이나 정권의 붕괴가 임박할 시에 핵카드를 꺼내들 수 있다. 김정은은 2014년 4월 1일에 채택한 '자위적 핵보유국의 지위를 더욱 공고히 할 데 대한 법'을 통하여 이미 핵무기 사용을 자신이 직접 결정할 수 있도록 법적 장치를 마련하였다. 또 다른 가능성은 (북한의 다중적 통제장치가 작동하는 상황하에서 내폭의 동력이 형성되지 않고 있으며, 내부적인 이유로 핵을 사용한 사례가 없는 상태지만) 김정은의 세습이 불가할 경우 가족이나 측근들이 권력을 유지하기 위하여 핵무기를 장악하고 도전세력에 대해 위협을 가할 수 있다. 이러한 관점에서 우리가 상정할 수 있는 것은 김정은을 마지막으로 세습이 종결되고 새로운 인물이 정권을 장악할 경우 그 지도자 혹은 지도체제는 북핵무기의 세습적 의미에 구속되지 않고 북한의 인민과 정권의 이익을 위하여 핵을 협상도구로 활용할 가능성이다.

둘째, 군사적 활용의 위험성이다. 북한의 핵무기는 체제위협이 되는 군사적 상황에서 사용될 수 있다. 북한은 (정식적인 핵보유국 대열에 끼지는 못했지만)

인도, 파키스탄, 이스라엘과 더불어 핵약소국(small nuclear powers)으로 분류되는데, 여타 약소국들처럼 핵억지를 기본전략으로 삼을 것이다. 카멜은 북한의 가용한 핵전략으로 핵 억제와 방어, 그리고 공격 및 적극적 강요를 들었는데, 핵 억제와 방어는 방어하는 측(북한)의 핵사용 가능성을 촉발하는 것이고, 공격 및 적극적 강요를 사용할 경우 강력한 핵 보복으로 인한 (북한의) 체제 붕괴 가능성을 제시하고 있다.[60] 프레스는 북한의 억지전략은 나토-바르샤바 동맹, 러시아-미국, 파키스탄-인도의 사례를 들어 재래식 전력이 열세한 국가가 선택할 수 있는 최상의 선택으로서 핵무기의 전력화를 들었는데, 특히 김정은이 후세인과 카다피 등 패배한 독재자들의 최후를 보고 군사적 패배를 결코 수용하지 않고 핵무기로 대응할 것이라고 주장한다.[61] 또한 북한은 미국의 대규모 응징보복을 고려 시 사용 가능성이 낮지만, 전쟁 지속능력 및 한미연합전력을 상대하기가 버거울 때 핵사용을 할 수 있으며, 내부적 반대세력을 저지하기 위한 수단에 핵이 포함될 수 있다.[62]아울러 미국의 핵우산에 대한 오판 시, 즉, 미국이 보복하지 않을 수 있다는 판단에 의해 핵무기를 사용 가능성도 존재한다.[63]

마지막으로 비정규전(테러)과의 결합 및 핵확산의 위협이다. 최근 북한과의 갈등이 고조되면서 가장 우려되는 것이 북한의 도발이다. 향후 상황이 극도로 악화된다면 북한이 테러와 연계된 핵카드를 꺼내들 수 있다. 북한이 핵무기를 이용하여 우리 정부와 국민을 위협하려면 사전에 공포감을 조

---

60 Davis, Carmel. "An Introduction on Nuclear Strategy and Small Nuclear Powers: Using North Korea as a Case." *Defence Studies* Vol. 9, No. 1(March 2009), pp. 93-117.

61 Press, Daryl G. "북한 핵무기에 어떻게 대응할 것인가," 한국전략문제연구소-화정평화재단 공동심포지움, 2013. 6. 11, pp. 63-75.

62 박휘락. "북핵 대응 논의에 추가되어야 할 방책: 예방타격과 민방위."『군사논단』제83호(2015년 가을), pp. 189-192.

63 박휘락. "핵억제 이론에 입각한 한국의 대북 핵억제태세 평가와 핵억제전략 모색."『국제정치논총』제53집 3호(2013), pp. 159-161.

성하는 것이 필요할 것이다. 최근 국제적으로 악명을 떨치고 있는 IS(Islamic State) 혹은 ISIS(Islamic State of Iraq and Syria)의 전략은 북한정권의 대남전략 특성과 유사하다. 테러범들의 전형적인 전략은 소위 3-Ze라고도 하는데 적의 의지를 봉쇄하는 공포조성(terrorizing), 테러범들의 사기를 높이고 새로운 테러리스트를 모집하는 증원(mobilizing), 그리고 지역, 종족, 인종, 경제문제 등을 내세워 사회체제를 양분하고, 극도의 긴장과 갈등을 조성하며, 궁극적으로 테러범들의 자양분이 되도록 하는 양극화(polarizing) 등이다.[64] 북한은 정권이 주도하여 1983년의 미얀마 아웅산 묘지에서 전두환 전 대통령의 암살을 시도하였고, 1987년 KAL858편을 폭파하였으며, 1996년 10월 블라디보스토크 한국영사 살해 의혹, 외교관 등이 가담하는 마약밀수, 공작원 양성을 위한 외국인 납치 등을 자행하였는데,[65]그 외에도 핵배낭을 통한 위협 혹은 방사능 오염 등 다양한 형태의 도발을 활용하여 우리 국민에 대한 공포감을 조성할 수 있다. 북한 대남전략의 기본 전술로서 남한 내 혁명역량 구축과 남남갈등 유발 등은 위의 증원 및 양극화 전략과 유사하다. 또 다른 위협은 통치자금 확보를 위한 핵무기 및 핵물질 수출과 테러 집단과의 연계 가능성이다.[66] 북한의 이러한 극단적인 행동은 한반도의 전쟁 위험성 증대와 주변국 간 갈등의 진원지가 될 수 있으며, 핵도미노를 촉발시킬 수 있다.

---

64 Birke, Jason. "Islamic States goes global with Paris attack." *The Guardian*, 14 November, 2014.

65 구로이 본타로, 김효진(역).『21C 新 세계전쟁: 대테러, 게릴라 조직범죄』(서울: 일송미디어, 2008), pp. 334-335.

66 하경석 외. "핵확산 논쟁과 북핵문제: 다차원적 분석."『한국정치연구』제24집 제1호(2015), pp. 154-161.

3. 복합전과 북한의 핵무기 운용 양상

북한은 다목적용으로 핵무기를 사용하기 위해서 개발하고 있다. 북한 핵무기의 공격 대상인 우리의 입장에서는 그 사용 가능성을 고려하여 위협 범위를 구체화해야 하는바, 최근에 북한이 천안함 폭침과 연평도 포격도발 등에서 군사전략으로서 시현한 복합전에 주목하였고 이를 적용하였다.

1) 복합전(Hybrid Warfare) 개념하의 핵무기 기능

하이브리드전은 미군이 헤즈볼라의 對이스라엘 전쟁 교훈에서 도출한 개념이다. 헤즈볼라는 패전을 교훈으로 수립하고 준비한 기습전, 심리전, 미사일전 등 다양한 전술을 사용하여 이스라엘을 공격하여 궁지에 몰았다. 한마디로 정규전과 비정규전, 주변국의 지원까지 활용하여 이스라엘의 약점을 공략하고 중동전에서 연승한 이스라엘 국민의 자긍심을 무너뜨린 전쟁이었다. 북한을 중심으로 한 복합전 개념은 '북한이 전·평시를 막론하고 대량기습 선제공격전략의 기조하에서 비대칭전, 이념전, 심리전 등 다양한 전술을 구사하는 것'을 의미한다. 그렇다면 복합전의 개념에 북한의 핵무기 운용이 포함될 수 있는가? 하이브리드전에서 핵무기는 이미 중요 수단으로서 언급되고 있다. 테러조직이나 북한의 핵공격 대치는 미국 국방부의 QDR Red Team의 치명적 시나리오에 포함되어 있다.[67] 특히 미 국방부의 Flournoy는 비대칭전력이 강력한 적의 약점을 공략하기에 용이한 수단임을 들어 하이브리드전에서 반위성, 반항공, 반함정, 수중공격과 WMD 및 사이버 공격의 구사 가능성을 제기하였다.[68] 또한 Lasica는 하이브리드전을 다

---

67 Fitzgerald, Erin K. and Cordesman, Anthony H.Burke, Arleigh A. *The 2010 Quadrennial Defense Review* (Washington D.C.: CSIS, 2009).

68 Michele Flournoy의 Center for Strategic and International Studies(CSIC)(2009. 4. 29), "Center for a New American Strategy"(2010, 6.10), 그리고 미 하원 군사위원회 등에서의 한

른 수준, 영역 범위의 전쟁방법과 인식 및 도덕 개념을 포괄한 개념으로 정의하면서 하이브리드전에 핵전이 포함될 수 있다고 강조하였다.[69] Freier은 앞으로 비정규적 도전이 새롭게 대두될 것을 강조하면서 기존의 재앙적 위협에서 테러리스트와 불량국가에 의한 WMD와 유사무기의 확산과 고강도 위협을 열거하고 있다.[70]

그렇다면 복합전 개념하에서 북한의 핵무기는 어떠한 기능을 수행할 것인가? 북한의 핵무기는 그 기능 및 효용성 측면에서 용도가 다양하다. 본고에서는 핵무기를 보유하고자 하는 다수의 국가들도 북한과 비슷한 한계(국력을 기반으로 한 첨단전력 구축의 제한 등)를 가진 상황에서 북한에만 특정할 수는 없지만, 단번에 안보·군사적 목적을 달성할 수 있다는 측면에서 핵무기의 유용성에 대한 가능성을 몇 가지 상황에 주목하여 진단하였다. 첫째, 핵무기는 북한의 유일지도사상 및 체제적 기제로서 유일지배체제와 북한체제를 위협하는 명분이라면 어떠한 상황하에서도 핵무기 사용과 관련한 북한주민의 지지를 받을 수 있다.

둘째, 핵무기의 억제효과는 매우 크다. Davis가 언급한 것처럼 북한은 핵무기를 이용한 공격과 강요를 자행할 가능성이 있는 집단이다. 이러한 인식은 북한이 분단 이후 자행한 도발의 연속성에 기인한다. 2014년 국방백서에 의하면 2016년까지 북한이 자행한 침투는 1,977건, 국지도발은 1,117건으로 총 3,094건의 침투 및 도발을 자행하였다. 그 침투 유형은 지상, 강안, 해안, 해외 경유 등 장소를 가리지 않고 있으며, 영공 침범, 공중납

연설 참조.

69 Lasica, Daniel T. *Strategic Implication of Hybrid War: A Theory of Victory* (Kansas: U.S. Army Command and General Staff College, 2009).

70 Freier, Nathan. *Strategic Competition and Resistance in the 21st Century: Irregular, Catastrophic, Traditional and Hybrid Challenges in Context* (Carlisle: U.S. Army, 2007).

치 폭파, 포격 및 소규모 해전 등 도발 유형 또한 다양하다.[71] 북한의 핵무기 개발이 지속되어 다양한 형태로 개발될 경우 그 활용 범위도 확대되며, 북한이 보유하는 그 자체로 억제효과가 크고, 단순한 엄포(bluffing)도 효과가 있을 것이다.

셋째, 타전력과의 융합성이다. 북한의 핵무기는 단독으로 사용할 경우 그에 따른 피공격자의 보복 공격에 의한 체제붕괴라는 위험이 양립하므로 함부로 사용하기는 곤란할 것이다. 그러나 핵무기를 재래식 전력과 비정규전 전력과 배합할 경우 은폐 및 도발의 효과는 커질 수밖에 없다. 특히 북한이 전술 핵무기 혹은 핵배낭을 실제로 운용할 경우 북한의 공격전략의 유연성이 증대됨에 따라 대비 차원의 범위는 복잡하고 어려울 것이다. 최근 북한이 정권창건일 등에서(그 실체는 아직 불분명하지만) 다탄두 탄도미사일 또는 핵배낭으로 시위를 하는 것도 다양한 공격 수단이 있음을 암시하려는 의도라고 할 수 있다.

넷째, 대남전략적 강점의 증대다. 그동안 북한의 대남침투 및 도발은 평시 차원에서는 국경 및 접경지역에 군사적 수준으로 국한된 경우가 많았다. 따라서 우리의 전략적 중심인 수도권이나 중요 산업시설, 항구 등은 비교적 안전하였고, 국민적 공포감으로 확대되지는 않았다. 그러나 북한의 핵무기는 그 위협의 대상으로 위의 중심지역과 우리 국민을 직접 담보로 삼을 수 있다. 물론 이러한 취약점은 북한이 핵을 사용하지 않는다고 전제할 때 의미가 감소하지만 그 반대의 경우는 충분히 고려되어야 한다.

다섯째, 이미 언급한 바와 같이 북한의 핵능력이 불량국가 또는 테러단체와의 연계되거나 유출될 가능성이다. 이 경우는 전·평시를 막론하고 북한이 극단적인 상황에 몰렸을 때이며, 비확산체제하에서 그 후과나 대가는

---

71 국방부, 위의 책, pp. 251-252.

심대할 것이다. 그동안 북한은 위폐나 마약, 무기밀매 과정에서 제3세계 혹은 범죄조직과의 연계를 맺어 왔다. 북한이 의도할 경우 그러한 도발을 감행하는 데는 큰 문제가 없을 것이다.

마지막으로 북한의 핵무기는 동북아의 패권충돌의 촉발 수단이다. 북한의 핵무기는 남북한 간의 전쟁은 물론 미군의 개입 시를 대비한 것이다. 북한은 전쟁지속능력이 취약한 상태에서 한미연합전력을 단독으로 상대하는 것이 어렵기 때문에 중국과 러시아를 끌어들이는 확전을 도모할 것이다. 이러한 상황에서 북한의 핵무기를 활용한 위협이나 공격은 미군은 물론 주변 강대국 간의 갈등으로 비화될 것이다.

2) 북한 복합전의 핵무기 운용 양상

(1) 북한의 복합전 실행 가능성과 능력

과연 북한은 복합전이라는 개념의 전쟁을 수행할 것인가? 미군에서 말하는 복합전은 이미 우리 한반도에서 북한에 의해 자행되고 있다. 천안함 폭침사건, 연평도 포격도발, 그리고 DMZ 내에서의 지뢰도발이 그것이다. 우리 군에서도 이미 북한의 다양한 전술을 결합한 형태의 도발 가능성을 적시한 바 있다.[72] 위의 세 차례의 도발은 정규전 병력(침투 및 복귀, 감시, 정보제공, 유사시 대응)과 비정규전 병력(침투 후 은밀 대기, 타격 및 설치, 복귀 등)의 결합 형태이며, 결과적으로 남남갈등을 조성하고, 남한 국민의 불안감을 조성하여 심리적 타격을 유발하는 등의 복합적 목표를 달성한 사례다. 북한은 내부적으로도 인민의 투지를 자극하는 등 전쟁분위기를 조성하며, 우리에게 책임을 떠넘기는 고도의 전략을 구사해왔다. 북한이 복합전 형태의 도발 혹은 전쟁

---

72 우리 군에서도 '북한군이 기습전, 배합전, 속전속결을 요체로 하는 군사전략을 유지하면서 우리 군의 첨단전력과 현대전의 특성을 고려하여 다양한 전술의 변화를 모색하고 있다'라고 그 가능성을 열어두고 있다, 국방부. 『2010 국방백서』(서울: 국방부, 2010), p. 23.

을 구사할 것이라는 가장 큰 이유는 북한의 체제적 한계에 기인한다. 북한이 우리와의 경쟁할 수 있는 부분은 재래식 전력과 WMD 능력, 그리고 우상화와 통제를 통해 강화되고 있는 체제적 결집력 정도다. 북한은 자신들의 장점을 최대한 활용해야 하며, 우리의 약점을 적극 활용하려 할 것이다. 우리사회는 국가안보 사안에 대해서는 강하게 결집되는 성향을 보이지만 다양한 위협에 노출되어 있고 비교적 투명하여 위험을 인식할 경우 확산속도가 빠르고 쉽게 동요할 수 있는 약점도 있다. 또한 국가적 인프라가 산재해 있다.

복합전의 주된 특징은 요약하면 정치, 경제, 사회 분야 등의 취약점을 공격하는 다목적성 내포, 정규전과 비정규전이 결합함으로써 그 실체와 경계를 모호하게 만드는 전략 전개, 동일 공간 및 동시성, 다양한 전투의 결합, 기습효과의 극대화, 그리고 장기적인 효과 유발 등이다.[73] 이를 북한의 상황에 접목해보면 북한이 복합전에 매우 효과적인 체제와 능력을 갖추고 있음을 알 수 있다. 첫째, 우리의 취약점이 점증함에 따라 북한이 추구하는 대남전략의 행태는 다분히 다목적이고 복합적일 것이다. 주지하다시피 북한의 무력적화통일은 대남전략의 근간이다. 북한의 입장에서 보면 유일지배체제 유지가 최우선이므로 남북관계의 개선 또는 긴장완화 등은 하나의 전략이고 선택사항일 뿐이다. 북한은 체제강화를 위하여 무슨 일이든 할 것이다.

둘째, 최근에 발생한 북한의 도발은 그야말로 실체와 경계를 모호하게

---

73 복합전과 배합전의 차이는 전략목표는 유사하나, 배합전이 주로 군사적 취약점을 공략하고, 적의 형태나 경계가 뚜렷하며, 전투의 배합이 순차적이고, 중첩적이며, 전투공간도 여러 공간으로 분리되며, 그 효과도 전투에 따라 지속되는 경향을 보임으로서 차이를 보이고 있다. 종합하면 복합전은 배합전에 비하여 국가적 취약점을 공략하는 강도가 높고 예측과 대비가 어렵다는 점이다; 박휘락. “혼합전(Hybrid Warfare)의 개념과 한국군의 수용방향.” 『군사평론』 제405호(2010. 6), pp. 99-119; 전종순. “현대전의 새로운 패러다임과 미 합동 개념의 변화.” 『합동군사연구』제19호, pp. 52-99.

만들었다. 북한이 고도로 은밀하게 도발을 감행함으로써 피해가 크고 북한 입장에서 목적달성을 충족했음에도 불구하고 우리 입장에서 도발을 재구성하는데 어려움을 겪고 있다. 셋째, 동일공간과 동시성은 북한의 비정규전 능력을 고려할 때 어려움이 없을 것이다. 북한인민군은 빨치산의 정신과 전략을 군사전략의 모태로 삼고 있다. 비대칭무기와 특수전 병력은 그 군사전략을 실행하는 핵심도구다. 따라서 정규전과 비정규전 능력을 동시에 활용하는 전략이 구체화되어있으며, 당이 주도하는 전쟁체제하에서 모든 전력을 결집하는 것도 용이할 것이다. 마지막으로 기습효과의 극대화와 장기적인 효과 유발 부분은 상대성이 있는 분야로서 북한의 도발 형태와 밀접하다. 우리가 취약한 부분, 방심하는 부분, 그리고 북한이 쉽게 치고 빠질 수 있는 장소를 선택함으로써 그 효과를 달성하고 있다.

(2) 복합전 전개 유형

북한이 전개할 것으로 예상되는 복합전 유형은 김정은 체제의 특성, 북한의 대남전략과 군사전략, 북한의 정규전과 비정규전 능력, 그동안 북한이 보여준 도발의 행태의 북한요소와 우리의 대응능력과 안보적 취약점, 남북관계와 한반도를 둘러싼 지정학적 환경 등의 외적인 요소를 근거로 도출이 가능하다. 먼저 북한이 복합전을 전개하는 목적은 다분히 정치적이다. 북한의 복합전에서 체제를 과시하고 군부의 사기와 인민의 충성심을 강화하는 내부적 변수는 고정적이다. 이러한 내부적 변수로 인하여 북한이 전개하는 복합전 형태의 도발은 무모하고 시대착오적이며, 오직 자신들의 입장만을 고려하는 무책임성을 표출한다. 클라우제비츠가 '전쟁이 정치적 행위이며, 그 전쟁은 카멜레온과 같이 경우에 따라서 특성을 조금씩 변형하며, 폭력성

을 동반한 맹목적 본능이기도 하며, 개연성과 우연의 도박이다[74]'라는 말이 마치 북한을 지칭한 듯하다.

〈표 9-5〉 전·평시 및 급변사태 시 복합전 전개 양상과 핵사용 가능성

(× 미사용, △ 간접 활용, ○ 직접 활용)

구분		형태	복합전 요소(지속성)	핵사용
평시	은밀 공격	기습	정규·비정규전 병력(단기)	×
	제한적 포격	기습+표출	정규병력(중기)	×
	제한적 점거	기습+표출	정규·비정규전 병력(장기)	△
	전국적 공격	표출	정규·비정규전 병력(장기)	△
	요인 납치	기습	정규·비정규전 병력(단기)	×
급변사태	군사적 거부	표출	인민군 무장세력(중기)	△
	약탈방화	기습+표출	민간·인민군 무장세력(장기)	×
	체제적 거부	표출	당원·인민군 무장세력(장기)	△
	WMD 점거	기습+표출	핵전문가·인민군 무장세력	△
전시	제한전 I	기습+표출	도서 점거 → 해방구化 → 장기대치	△
	제한전 II		접경지역 점거 → 장기대치	△
	전면전 I		전방위적 점거 → 장기대치	△
	전면전 II		제한적 복합 공격	△
	전면전 III		대량기습선제공격	○

74 Clausewitz, Carl von.김만수(역). 『전쟁론(Vom Kriege)』(서울: 갈무리, 2013), pp. 79-82.

필자는 논문을 통하여 북한의 복합전을 하이브리드전이라는 개념으로 소개한 바 있는데[75], 복합전 유형은 전·평시 및 급변사태로 구분된다. 복합전은 상황별로 여러 형태의 복합전 요소가 결합된 도발 혹은 공격이 전개되며, 기습 혹은 노골적 표출의 형태로 전개된 이후 정치·군사·심리 등의 목적 달성을 위하여 지속성이 결정된다. 핵무기는 최악의 경우 김정은 정권이 사용할 수 있다는 전제를 바탕으로 강도에 따라 억지를 기반으로 한 간접적 사용이 예상되며, 전면전 상황에서는 직접적 사용 가능성이 있다고 판단하였다. 복합전의 전반적 내용은 〈표 9-5〉와 같다. 먼저, 평시의 복합전 양상은 안보 위협 및 불안감을 조성하거나 전쟁분위기를 조성하기 위하여 다양하게 구사될 수 있다. 우리의 민·관·군을 포함한 대상에 대한 은밀공격이나 접적지역 도시포격은 이미 천안함 폭침사건 및 연평도 포격도발의 형태로 시현된 바 있으며 그 강도가 높아질 수 있다. 북한은 향후 그 지역이나 대상을 얼마든지 변경할 것이며, 다양한 수단을 활용할 것이다. 제한적 점거는 남북한 간의 전쟁 징후가 극심한 경우에 발생할 가능성이 있는데 제한전의 점거와 규모 면에서 차이가 있다. 국가기구의 점령 및 파괴에서는 중요 인프라나 발전소 혹은 정부기구가 포함될 것이다. 주요 인물의 납치에서는 테러수준의 도발이나 또 다른 도발과의 결합 가능성이 있고, 전 국민을 대상으로 한 심리전이거나 갈등의 확산을 노릴 수 있다. 혹자는 복합전 요소에 부가하여 행위자의 다양성을 고려하여 테러리스트와 범죄조직을 이용한 대리전을 제기[76]하기도 하는데 남북한이 대치되고 국제사회가 주목하

---

75 박영택. "북한의 하이브리드전 실행 가능성과 전개양상" 『국방정책연구』제27권 제4호(2011년 겨울), pp. 116-118.

76 국제테러집단이나 반군세력 등 비국가행위자가 국가가 통제하는 WMD를 탈취하거나 밀반입하는 사례도 제기하였으나 북한의 통제능력을 감안할 때 실현 가능성이 희박하여 대리전 혹은 제3자의 비의도적 개입 가능성을 배제하였음; 조한승. "하이브리드 전쟁양상과 북한급변사태."『국방정책연구』제28권 제4호(2012년 가을), p. 17.; 장영호. "신개념의 전쟁유형 고찰과 한반도에의 적용: 비대칭전·제4세대전쟁·복합전을 중심으로."『한국동북아논총』제65

는 지역에서의 북한이 평시에 드러내놓고 비난의 대상이 되는 위험을 감수하기는 어려울 것이다. 북한은 평시에도 군사적 혹은 비군사적인 대상을 구별하지 않고 치명적 위협을 찾아 복합전을 전개할 것인바, 핵의 간접적 사용을 전제하였다. 핵의 직접적 사용은 전면전을 의미하므로 간접적 사용은 위협, 협박 혹은 수사적 수준으로 전개될 것이나 군사적 충돌이 확전되는 상황으로 변화하는 시점에서 그 수위는 증대될 것이다.

평시와는 달리 급변사태와 전시의 복합전은 규모와 효과, 강도 면에서 차이가 있다. 급변사태 초기에는 우리 군의 개입을 거부하기 위한 무장세력의 준동이 예상되며, 저항세력이 집결한 가운데 체제적 거부와 핵을 포함한 WMD 시설의 점거 등 다양한 상황이 혼재될 것이다. 이 상황에서 저항세력은 핵무기를 비롯한 WMD를 확보할 수도 있는데, 민간인을 포함하여, 핵심당원, 비정규전 병력과 정규전 병력이 모두 포함되기 때문에 이들이 생존한 북한의 지휘부에 의해 통제될 경우 사태 해결에 어려움을 겪을 것이다. 결론적으로 북한의 급변사태의 상황은 북한의 내부로 한정되므로 복합전 위협은 군인과 민간인의 무장세력화 이후의 위협, 노동당의 통제지속에 따른 위협, 북한전역에 산재한 군사시설을 기반으로 한 저항활동, 그리고 북한이 보유했던 각종 WMD의 사용 혹은 통제불능 상황으로 함축될 수 있고 북한의 급변사태를 해결하기 위한 우리와 국제사회의 접근을 어렵게 하는 요인으로 작용할 수 있다.[77] 아울러 북한의 급변사태는 어느 한순간 북한 전역의 통제기능이 상실되는 상황으로서 예측이 어렵고, 주변국가 및 국제기구의 개입이 초래되므로 해결의 과정도 간단치 않다.

전시의 복합전 전개양상은 제한전과 전면전의 상황으로 구분할 수 있다. 제한전의 양상은 북한이 전면전을 의도하지 않고 부분적으로 공격 및

호(2012), p. 260.

77 조한승(2012), pp. 22-27.

점거, 억제력을 활용한 거점 구축 및 거부 등을 하는 경우다. 북한이 전술핵무기 등을 보유한 상황에서 비정규전 능력을 동시에 활용한다면, 제한전의 효과는 매우 클 것이다. 전시 상황은 북한의 체제위협이 심화되어 체제보호 필요성이 요구되거나 미국의 군사적 개입 등이 가시화되었을 경우 WMD와 모든 전력을 제한적 범위에서 사용하는 제한전의 단계가 있고, 한반도 전역으로 확대되는 전면전 단계로 구분하였다. 북한의 핵무기는 전시 상황에서 직·간접적으로 사용될 것이며, 북한이 아직 핵무기의 다양한 개발 및 배치에 이르지 못하고 있지만 그 집념이나 속도를 고려할 때 북한의 핵무기는 가장 위협적인 수단이며, 미래의 한국전쟁에서 중심 무기체계로 고려될 것이다.

(3) 복합전의 유형별 핵무기 위협과 운용 양상

억제+재래식 공격 및 방어/은밀 기습타격/도발 위협 및 심리전

전술한 바와 같이 북한의 예상되는 핵전략의 가장 근간은 억제전략이 될 것이다. 억제전략의 특성은 재래식 공격 및 핵공격에 대한 대칭적 힘으로 작용하기도 하지만 국가적 취약점을 공략하는 복합전 상황하에서 다른 전투와 결합할 경우 효과를 발휘한다. 이 효과는 억제전력으로서의 범위가 극대화되는 상황을 가정할 경우 전·평시에 모두 응용될 것이다. 또한 유일지배체제에 집착하는 권력이 장악하고 있는 핵무기는 위기상황에서는 비합리적으로 운용될 수 있으므로 방법 측면에서 예측이 어렵다. 한미연합전력과 상대하는 북한의 입장에서 핵무기는 그 격차를 메워줄 확실한 전력이다.

억제전력으로서 효과가 극대화된다면 전·평시를 막론하고 재래식 공격 및 방어, 은밀 기습타격, 그리고 도발 위협과 심리전의 효과는 충분히 발

휘될 것이다. 북한이 핵을 억제용으로 활용하고자 할 때는 어떠한 형태든 그 위협이 가시화될 수 있음을 보여주고 동시에 국민이 그것을 믿게끔 하는 것이 필요하다. 북한이 성공여부를 떠나 SLBM의 가능성을 암시한다든지 다탄두탄도미사일, 핵배낭 등 각종 핵무기를 과시하는 것도 핵전력을 사용할 수 있다는 일종의 협박이다.

전술핵무기 배치/공격

북한의 전술핵무기(tactical nuclear weapons)의 배치는 실제적 위협이 노골화됨을 의미한다. 전술핵무기는 전투 혹은 전장에서 사용가능한 핵무기로서 파괴력만을 고려한다면 한반도에서 전략핵무기와 구별하는 것이 의미가 없다. 전술핵무기는 핵폭탄(B57에서 투하하는 Mod 0-5폭탄 등)을 포함하여 단거리 미사일, 포탄(미국의 M110 Howitzer에서 사용하는 W33이 대표적), 기뢰, 지뢰, 어뢰 등의 형태로 묘사된다.[78] 전술핵무기의 사용은 전략핵무기의 사용을 유발하는 위험성을 내포하고 있지만 북한이 다양한 전술핵무기를 개발하고 보유할 경우 남한의 주요 도시 및 모든 군사전력이 공격대상이 될 수 있다. 따라서 전술핵무기의 배치는 실제적 위협이므로 국가 및 군사적 대응조치의 논의 및 실행이 불가피할 것이다.

또한 전술핵무기는 비정규전 개념으로 운용될 경우 그 위협의 정도가 확대되는데, 북한이 심리전 효과를 극대화하기 위하여 기뢰, 지뢰 혹은 어뢰의 형태로 위장하여 제한적으로 운용할 가능성이 있다. 북핵무기와 관련하여 핵탄두의 소형화 문제는 전술핵무기의 개발과 직결되어 있다. 북한이 핵무기를 소형화한다는 것은 여타 재래식 전력과의 결합 범위를 확대한다는 것을 의미한다.

---

78 http://en.wikipedia.org/wiki/Tactical_nuclear_weapon(검색일: 2016. 11. 13).

핵배낭 이용 위협/공격

북한이 최근에 공개한 행사에서 노골적으로 핵배낭(suitcase bomb, backpack nuke, mini-nuke, 혹은 pocket nuke)을 보여준 바 있다. 핵배낭은 소지가 가능한 전술핵무기로 분류된다. 그 크기는 가장 작은 핵배낭이 직경 13센티미터, 길이 62센티미터이며 무게는 45킬로그램 정도다. 2차 대전 시 히로시마와 나가사키에 투하된 핵폭탄의 폭발규모인 16-21kt과 비교할 때 핵배낭은 0.19-6kt에 이른다. 러시아에서도 RA-115s라는 핵배낭을 개발하였고, 미국에서도 핵배낭으로 옮길 수 있는 핵무기인 MK-54 SADM(직경 28센티미터 길이 41센티미터, 무게 23 킬로그램)을 개발한 바 있다.[79]

북한이 보여주고자 하는 핵배낭 또한 소형화가 관건으로서 아직은 그 실체가 없다고 유추할 수 있으나 일단 보유할 경우 그 위험성은 매우 크다. 다른 어느 핵무기보다도 북한의 비정규전 능력과 결합되기 쉬운 무기이며 어떠한 형태로든 위협이 가능하다. 핵배낭이 테러의 수단이 될 수 있음을 고려할 때 북한이 최근의 IS테러를 반대한다는 공식입장을 취하면서 핵배낭을 이용하여 시위하는 모습은 매우 이중적이다. 핵배낭은 복합전 개념하에서 평시의 위협은 물론 전시 혹은 북한정권의 붕괴 직전에 은밀하게 사용이 가능하다.

국내 핵시설 점거 및 공격/핵기술 및 핵물질의 유출/핵 폭발사고

북한이 우리의 핵시설을 점거하거나 공격하는 테러형의 복합전도 실현 가능성이 크다. IAEA의 수장인 Yukiya Amano는 2013년 7월 1일에 개최된 국제규모의 세미나에서 핵물질 도난, 사보타주, 불법 접근, 핵물질 혹은 여타 물질의 불법 유통, 그리고 살상과 핵물질 오염으로 대규모 지역을 마비시키는 'dirty bomb(재래식 기폭장치를 이용하여 핵물질이 퍼지도록 고안된 장치)' 등

---

79 http://en.wikipedia.org/wiki/Suitcase_nuclear_device(검색일: 2016. 11. 13).

을 포괄하는 핵테러리즘을 경고한 바 있다.[80]

핵테러리즘은 북한이 이미 축적한 사이버능력을 포함한 비정규전 능력을 활용하여 감행할 수 있는 공격방법이며, 행동 주체를 속이거나 은폐할 수 있는 이점이 있다. 이러한 형태의 공격은 전·평시를 막론하고 활용이 가능하며 특히 극심한 혼란을 조장하기에 적합하다. 국내에 산재한 고리 등 6개 지역의 24개의 원자력발전소와 2015년 10월을 기준으로, 저장된 약 93,800드럼의 방사성폐기물질[81] 등도 핵테러의 표적이 될 수 있다. 또 다른 위협은 북한이 제3국 혹은 테러조직 등 범죄조직과 연루되어 핵기술과 핵물질을 유출한다거나 급변사태 혹은 기술적인 문제로 핵시설이 폭파되는 상황이다.

4. 북핵 주제의 광범위성과 주변의 의견

북한의 핵무기 개발은 다음과 같은 모든 주제와 관련이 있으며, 앞으로 이러한 사안이 발생할 때마다 우리는 해결책을 찾느라 고심해야 하고 그 답을 찾는데 어려움을 겪게 될 것이다. 따라서 좀 더 포괄적인 관점에서 접근하고 다양한 대비책을 찾는 것이 필요하다.

- 한반도 비핵화와 평화체제
- 통일 및 통일 이후의 문제
- 남북한 교류와 경협의 전제조건
- 한반도 안보 문제, 군사적 균형 문제

---

80 *AFP*, June 1, 2013(http://www.foxnews.com/world(검색일: 2016. 11. 17).

81 한국수력원자력(http://www.khnp.co.kr)의 지식마당 원전운영개요 및 방사성폐기물 참조(검색일: 2016. 11. 17).

• 비확산과 주변국의 핵무장 가능성
• 주변국 협력 및 갈등 문제
• 북한과 중국의 관계
• 북한의 내구성과 김정은 체제의 지속 문제
• 제3세계와 테러 문제
• 평화적 핵 이용과 핵기술의 유출
• 인류의 미래 평화와 세계대전 가능성

북한의 핵무기 개발 및 보유는 군사 안보적 측면에서 실체적 위협으로 작용하고 있으며, 국가전략적 측면에서도 한반도의 안정과 통일을 가로막는 가장 심각한 위협으로 인식되고 있다. 북한은 핵무기를 북한의 체제유지와 한반도에서의 군사전략적 목적으로 활용하는 한편, 남한과의 협상용 및 협박의 수단으로 사용하는 등 그 활용도를 전방위로 확산시키려는 의도를 가지고 있다. 북한의 핵전략은 여타 핵보유국들처럼 억지에 기반하고 있는데, 북한이 기존의 핵보유국들과 달리 핵무기의 사용을 공공연하게 드러내고 있으며, 다양한 핵무기 개발을 공개적으로 추진하고 있다. 북한의 핵무기 사용 가능성은 당사자인 북한이 이미 천명한 상태이며, 비록 억지력이라고는 하지만 다양한 형태가 예상된다. 따라서 우리는 국가전략적 측면과 군사적 측면에서 다양한 옵션을 상정하여 대비책을 강구해야 할 것이다. 필자는 군사적 측면에서의 위협을 보다 구체화하기 위하여 '정규전과 비정규전 능력, 그리고 WMD 전력을 동시간대 동일한 장소에서 사용 가능한' 복합전 개념을 활용하여 전·평시 및 급변사태 시의 북한 핵무기 활용 범위를 제시하였다.[82] 이러한 복합전 개념의 핵무기 운용 양상은 북한 핵무기의 사유

82 북한의 핵무기 운용은 한반도 정세, 주변국의 핵억제력 및 의지, 북한내부 상황의 변화 등 다양한 요인에 의하여 용이하지 못할 수도 있으며, 북한의 핵 사용에 대한 의사결정에 제한이 따를 수도 있다.

화, 불안정한 체제, 군사적 유용성, 비정규전 능력과 경험의 축적, 남한과의 협상 및 위협 수단으로서의 가치 등 다양한 여건에 기반하였다.

과연 일반인들은 북한의 핵에 대해서 어떻게 인식하고 있을까? 2016년 9월 총 130명에 대해서 북한의 핵무기에 대한 설문조사를 하였는데, ① 북한 핵무기의 위협 인식, ② 핵무기 사용 가능성, ③ 핵무기 사용시기, ④ 핵무기 사용 범위, ⑤ 북한의 핵무기 개발의 지향점, 그리고 ⑥ 효과적인 방책 등에 대하여 질문하였다. 설문결과를 요약해보면, 72%가 국가안보적 위협으로 북한 핵무기를 인식하고 있고, 70%가 핵무기 사용 가능성에 긍정하고 있으며, 47%가 북한정권의 붕괴 직전에 핵사용 가능성을 들었다. 핵사용 범위에 대해서는 16%가 위협과 심리전을, 6%가 핵배낭 및 핵오염을, 33%가 전쟁 초기 군사적 목적을, 그리고 45%가 전쟁종결 목적의 대량살상으로 답했다. 북한의 핵무기 개발의 지향점에 대해서는 26%가 핵폭탄을, 20%가 전술핵무기를, 42%가 탄도미사일 장착을, 그리고 12%가 다탄두로 인식하였다. 마지막으로 북한의 핵무기 개발에 대한 방책은 42%가 6자회담을 통한 핵포기 유도를, 26%가 군사적 대응을, 2%가 방책부재를, 30%가 한미공조하의 복합적 대응을 꼽았다. 설문결과는 이제 일반 국민들도 북한의 핵무기에 대한 우려를 가지고 있으며, 우리의 적극적인 대응이 필요하다는 점을 시사하고 있다.

우려스러운 점은 설문과정이나 간담회를 통하여 상당수 국민들이 비핵화의 포기 가능성을 제기하고 있다는 점이다. 따라서 앞으로는 핵문제의 실체와 바람직한 대비 방향에 대해서 적극적인 입장표명과 홍보가 필요할 것이다. 특히 군 장병이 핵문제에 대해 바르게 이해하고, 의연한 대응자세와 함께 정부의 대북 핵정책을 신뢰하고 지지하는 자세를 견지할 수 있도록 노력하는 것이 필요하다.

제10장

경제파탄과 불완전한 개혁개방의 실패

1. 북한경제의 주요 쟁점

북한의 경제는 국가를 부흥하게 하고 주민의 삶을 풍요롭게 하는 가장 기본적인 기능과 원칙에서 벗어난 지 오래다. 이는 북한정권이 개인우상화에 치중하고 체제를 수호하는데 목적을 두고 있으며, 주민 전체의 삶보다는 유일지배체제를 지탱하는 특정 집단에게 그 혜택을 집중하기 때문에 발생한 일이다. 또한 무한경쟁의 상황에 돌입한 세계적 조류에서 밀려나 전근대적이고 후진적인 방향으로 역주행을 거듭하는 것도 중요한 원인이다. 김일성으로부터 시작한 '주민을 배불리 먹인다'는 경제 철학과 목표는 현재와 같은 북한의 경제 구조와 방향으로는 결코 달성될 수 없다.

따라서 그 목적을 위하여 포기해야 하는 많은 것들이 있는데, 그 중에 가장 핵심적인 것은 〈표 10-1〉에서와 같이 1인 독재체제·군사국가화·핵무장이다. 주지하다시피 1인 독재체제에서는 경제적 발전보다도 1인 독재를 위한 체제를 유지하는 것이 우선이다. 북한이 중앙집권적 경제체제를 유지하는 것은 모든 경제요소를 철저하게 통제하기 위함이다. 북한은 1990년대에 들어와 몰락한 사회주의 경제체제에 아직도 집착하고 있다. 독재자를 위한 정책, 독재자의 정책이 북한경제를 망쳐온 것이 사실이다. 그 중심이 통치경제인데, 통치자가 맘대로 돈을 쓰고 북한정권의 부를 독점하는 상태를 말한다. 통치자는 경제의 실패 상황이 발생해도 책임을 지지 않으며, 주민은 무방비로 실패의 영향에 노출되고 있다.

두 번째 핵심장애요소는 군사국가화인데, 경제가 군사에 집중됨에 따른 폐해는 심각하다. 인민을 위한 경제분야는 훨씬 다양하고 그 영역이 광대하지만 군사화라는 행위가 블랙홀처럼 모든 영역의 동력을 빨아드리고 있다. 군사영역 이외의 분야는 제대로 발전하지 못하고 정권 차원의 수혜로서만 존재하는 것처럼 보인다. 일례로 북한에서는 복지라는 개념도 무상배

〈표 10-1〉 북한경제 3대 장애 요소의 경제적 파급영향

장애 요소	내용
1인 지배체제	경제 정책의 독점과 통제로 인한 경직성 심화 통치경제의 존재와 부의 편중 책임소재의 불분명과 주민의 희생 강요
군사국가화	군사경제 확대로 비군사분야의 발전 저해 경제동력의 약화 및 정상적 경제활동의 제약 선군경제 폐해 심화 및 군사운영비 문제 심화
핵무장	과도한 핵무기 개발 경비 투입 국제적 제재 및 고립 자초 핵 만능론 등 경제왜곡과 경제환경의 악화

급 및 무상교육 등 국가가 주는 혜택의 개념에 국한되며, 개인의 삶의 질을 따지는 수준이 아니다. 군사국가화의 또 다른 폐해는 경공업, 농수산업, 기타 제조업에서 발생한 이익이 군사분야 산업에 집중되다보니 투자가 제대로 이루어지지 않고 있다는 점이다. 즉 북한의 경제 전체가 재투자 없이 소모적인 형태로 굴러가고 있다. 군사에 우선하는 선군노선은 노동당의 지도 이념으로서 군을 키우는데 그 에너지를 다 소모한다고 할 수 있다.

마지막으로 북한의 핵무장은 북한이 경제를 살리려면 반드시 포기해야만 할 정책이다. 북한의 집단주의 및 군사경제의 실체가 다 드러나지 않은 상태에서 정확하게 추산되지는 않지만 북한이 장기간 추진한 핵무기 개발과 5차례의 핵실험, 탄도미사일 실험 등을 위해 소모한 경제력은 북한경제를 멍들이기에 충분하다. 북한은 이미 내부 경제의 침체와 더불어 핵개발에 따른 국제적 제재와 고립으로 경제적 위기가 심화되고 있다. 중국이 국경무역을 허용하고, 식량과 유류를 지원하고 있어서 경제를 지탱하고는 있지만 정권의 발전동력은 시간이 갈수록 약화될 것이 분명하다. 또한 내부적으로 주민 스스로 살기 위한 노력에 의해 시장화가 진행되어 체제적 위기도 진전되고 있다. 김정은 정권이 경제·핵무력 병진노선을 선포하고 핵이 경

제의 버팀목이 될 것이라는 착각을 하고 있는 것도 문제다. 북한의 핵은 북한경제를 왜곡시킬 뿐만 아니라 북한정권이 추진하는 어떠한 경제정책에도 도움이 되질 않는다. 필자는 위에서 언급한 북한경제의 핵심적 장애요인을 바탕으로 북한경제의 쟁점을 다음과 같이 식별하였다.

- 북한의 최근 경제현상의 문제점과 원인은 무엇인가?
- 김정은의 경제정책이 낙후되고 침체된 북한경제를 살려낼 수 있는가?
- 북한의 시장화 현상은 어느 수준까지 발전하고, 북한체제에 어떠한 영향을미치며, 김정은 정권이 이를 감내할 수 있는가?
- 향후 북한경제의 진로가 험난하다고 할 때, 남북한 관계, 그리고 한반도 전체에 미치는 영향은 무엇인가?

북한경제의 현재 현상을 진단해 위의 쟁점에 대한 가설적인 수준에서 언급하면, 첫째, 북한의 최근의 경제현상은 핵무장의 가속화와 부분적 시장화 허용 정책의 효과가 드러나지 않아서, 개선 여지나 성과에 대한 기대치가 낮다. 둘째, 김정은이 시행하고 있는 경영의 자율화 내지는 시장화와 분권화 조치, 특구 정책 등도 김정일의 7·1조치와 같이 체제적 한계에 직면하여 실패할 가능성이 높다. 셋째, 북한의 시장화 현상은 그 속도와 정도에서 차이가 있더라도 진척될 것이며, 북한의 체제에도 일정 부분 영향을 미칠 것이다. 마지막으로 북한경제의 험난한 진로는 한반도의 불안정을 초래하는 원인이 되며, 북한인권, 핵문제, 주변국 간의 패권 경쟁 등 여타 문제와 결합되어 지역 안정의 저해요인으로 작용할 것이 분명하다.

2. 북한경제 현황의 진단

북한경제의 현재 모습은 무엇이며, 어떠한 위치에 있는가? 북한의 현재 모습은 우리와의 간접적인 비교를 통하여 진단이 가능하다. 〈표 10-2〉에서와 같이 북한의 경제와 관련된 지표는 열악한 수준이다. 인구는 국가의 주요 발전 동력이고 노동력이기도 하나 우리의 절반 수준이다. 북한의 국민총생산량도 45분의 1 수준으로 갈수록 그 격차가 커지고 있는데, 1차 산업과 노동집약적인 산업에 의존하는 북한의 후진성은 이러한 격차를 더욱 크게 할 것이다. 북한의 산업구조를 살펴보면, 농림어업 21.6%, 광공업 32.7%, 전기수도업 4.5%, 건설업 9%, 서비스업 32.2% 등[83]의 분포를 보이고 있다. 1인당 GNI도 당연히 낮은 수준이며, 갈수록 주민의 삶은 고단해질 것이 분명하다.

북한의 경제성장률은 2000년대에 들어와 회복 조짐을 보였는데, 핵실험 등에 따른 국제제재와 남북한 경제교류의 단절로 인하여 작년에는 마이너스 성장률을 기록했다. 이 지표는 북한경제의 총체적 상황을 보여주는데, 북한의 구조적 문제에 부가하여 정치·안보적 상황이 자주 반영되고 있으며 북한경제의 주요 현상의 하나라고 할 수 있다.

북한의 무역총액은 62.5억 달러로 비교의 의미가 없지만 우리의 154분의 1 수준이다. 북한의 대외무역은 80% 이상이 중국에 의존하고 있으며, 2015년에는 그 의존도가 심화되어 91.3%에 이르렀는데, 대중국 수출 24.8억 달러, 수입이 32.3억 달러였다. 이와 같은 현상은 중국의 북한 원자재 투자·공장설비 및 원자재 수입 증대·중국산 공산품의 북한시장 지배에 의해 발생하였다. 중국은 1962년부터 북한에 원유를 공급하기 시작하였는

83 한국은행경제통계시스템(ECOS)의 북한 GDP 관련 통계 참조: http://ecos.bok.or.kr/(검색일: 2016년 10월 13일).

〈표 10-2〉 남북한 주요 경제 지표 비교(2015년 기준)[84]

구분	북한(A)	남한(B)	B/A
인구(천명)	24,779	50,617	2.04
명목GNI(십억원)	34,512	1,565,816	45.37
1인당 GNI(만원)	139	3,094	22.26
경제성장률(%)	-1.1	2.6	-
무역총액(억달러)	62.5	9,633	154.13
대미환율(원/달러)	108.80	1,131	-
발전량(억KWh)	190	5,281	27.79
쌀·곡물생산량(만톤)	450	484.6	1.08
원유도입량(만배럴)	385	102,611	266.52
시멘트생산량(만톤)	669.7	5,135	7.67
비료생산량(만톤)	52.8	198.2	3.75
철도총연장(km)	5,304	3,874	0.73
도로총연장(km)	26,183	107,527	4.11
선박보유(만톤)	100	1,339	13.39

데, 1976년 1월부터 '북중석유공급협정'에 따라 중국과 북한을 잇는 송유관을 건설하였으며, 현재에도 매년 40-50만 톤 수준의 원유를 정상 가격 대비 3분의 1 수준으로 공급하고 있다. 북한은 중국 이외에도 독일, 인도네시아, 네덜란드, 대만, 브라질, 태국, 러시아, 홍콩 등과 거래를 하고 있는데, 후진국 무역형태를 유지하는 가운데 광물성 생산품, 섬유제품을 수출하고 공업완성품 및 에너지, 식량을 수입하고 있다. 북한은 이러한 무역구조로

84 한국은행경제통계시스템(ECOS)의 남북한 주요 지표 참조: http://ecos.bok.or.kr/(검색일: 2016년 10월 13일).

인하여 만성적 무역적자에 시달리고 있는데, 그 수치가 연평균 1.2억 달러[85]에 이르고 있다.

북한의 대외무역에서 러시아에 대한 노동력 수출도 중요한 부분으로 인식되고 있다. 러시아의 극동지역은 북한과 약 19킬로미터의 국경을 공유하고 있는데, 세계 육지면적의 20분의 1에 해당하는 광활한 지역에 비하여 출산율 저하와 인구의 외부 유출로 지역개발에 필요한 인구가 절대적으로 부족하다(2014년 기준으로 622만 명). 이에 따라 중국, 북한, 베트남 지역에서 인구가 유입되고 있는데, 2013년까지 북한에서 2만 1447명이 유입되었으며, 이 중 5,600명 정도가 연해주에서 활동 중이다. 북한노동력의 러시아 진출 역사는 크게 계절적 노동이주(1945-1950년), 벌목집약형 노동이주(1967-1991년), 북한과 러시아가 공동으로 통제하는 통제노동이주(1992-2000년), 북한이 직접 통제하는 관리통제 노동이주(2012년-)로 구분된다. 현재는 북한이 주체가 되는 관리통제형을 위주로 함에 따라 노동자의 평균 월급이 120-150달러 수준으로서 보건시설 부재, 음식의 질 저하, 일일 12시간 이상 노동 강요, 매월 1-2일의 휴일 등 열악한 사정으로 알려지고 있다. 그러나 북한은 이를 포함하여 약 5만 명의 인력 수출을 하고 연 12-23억 달러의 외화벌이를 하고 있다.[86] 북한과 러시아는 2002년 8월 푸틴 대통령과 김정일 간의 정상회담, 2011년 8월 메드베데프 총리와 김정일 간의 정상회담을 통하여 임업·어업·광업·농업·건설 등 다양한 분야에서 협력을 하고 있다.

남북한 경협도 북한의 대외 경제에 중요한 작용을 하였는데, 민간 경제협력사업은 1988년 이후 2013년까지 총 100개의 협력사업이 승인되었고

---

85 북한의 대외무역 및 시장경제의 주요 지표는 KOTRA 국가정보 중 무역분야를 참조하였다.

86 이영형, "러시아 극동지역 내 북한노동자 활동 현황: 아무르주를 중심으로," 「러시아연구」, 제26권 제1호, 2016. 5, pp. 113-143.

현재는 개성공단을 제외하고 총 93개 사업이 승인된 상태다. 또한 남북간 경협에서 당국 간 경협사업도 비중이 큰 바, 2000년도의 임진강 수해방지 사업, 2004-2007년의 남북철도도로 연결사업, 2005년 이후의 남북농업 협력, 2006년 이후의 경공업 및 지하자원 협력사업 등 매우 다양하다. 이와 같은 남북교역을 통한 현황은 〈표 10-3〉과 같이 2015년에 총 10만 여건에 27억 달러를 포함하여 총 79만 7천여 건, 2억 4천만 만 달러에 육박하고 있다. 그러나 남북한 경협과 교역은 2010년 5·24 조치 이후 남북관계가 경색되면서 침체기를 겪고 있다.

〈표 10-3〉 **남북 교역액 및 건수 현황**(1989-2015년)[87]

(단위: 백만 달러/건)

구분	'89-'10	'11	'12	'13	'14	'15	계
교역액	14,607	1,714	1,971	1,136	2,343	2,714	24,485
건수	408,723	73,918	81,815	46,128	86,158	100,907	797,649

북한의 환율은 2002년 7·1 경제관리 개선조치와 2009년 11월 30일의 전격적인 화폐개혁 조치에도 불구하고 화폐가 국가 경제의 조절기능을 수행하지 못함에 따라 극심한 인플레이션 발생 지속, 위안화 및 달러의 유통 가속화, 시장경제의 확산 등이 일어나 경제전반에서 불안정을 유발하고 있다. 〈표 10-2〉에서 보여주는 108.80의 환율도 실제로는 맞지 않고 북한 화폐에 대한 불신이 가중되는 가운데 그 수준이 3000선에 육박하고 있다.

북한의 전기생산량은 190억 KWh인데 원유도입량, 시멘트 및 비료 생산량의 수준에서 보는 것처럼 북한경제의 침체현상을 지속시키는 주요 현상의 하나다. 북한의 변방 농촌지역에서는 아직도 우마차가 운행되고, 목탄

87 통일부 자료마당의 통계자료 중 남북교류협력자료를 참고하였다(검색일: 2016년 10월 24일).

을 사용하고 있으며, 평양 등 도심지의 아파트 전기공급이 제대로 되지 않아 생활전기 공급과 엘리베이터 운행은 제한되고 있다. 밤이 되면 한반도의 반은 환하게 보이는데 반하여 북쪽지역은 암흑에 휩싸이는 현상이 북한의 전기사정을 있는 그대로 보여준다.

북한의 경제를 보여주는 또 하나의 대표적인 지표가 쌀과 곡물의 생산량인데 북한의 2015년도 곡물 총 생산량은 2014년의 480만 톤에 비해 약 30만 톤이 감소된 450만 톤이다. 이 중에서 쌀은 202만 톤, 옥수수 164만 톤, 서류 50만 톤, 맥류 16만 톤, 두류 및 기타 잡곡 18만 톤이 생산된 것으로 추정되는데, 김정은이 농지를 개량하고 다양한 농촌 경영전략을 내세우고는 있지만 가시적인 성과가 부족한 상태에서 가뭄과 홍수 등이 식량 사정을 더욱 악화시켰다.[88] 북한의 기아는 이미 세계가 주목하는 문제로서, 영유아의 3분의 1이 영양 실조 상태에 있고 심지어 인민군에서도 영양실조 현상이 심각한 수준이다. 이러한 식량 문제는 생산에 몰두해야할 주민이 식량을 구하기 위하여 이탈하는 문제로 비화되어 여타 산업의 가동률에도 부정적 영향을 미치고 있다.

3. 북한경제의 몰락 과정

왜 북한의 경제가 이 모양으로 전락하고 낙후되었을까? 북한경제의 문제점을 개관해보면, 중앙집중적이고 경직된 사회주의 경제체제와 군사국가화 및 핵개발에 집착하는 과정을 겪으면서 몰락의 과정을 걸어왔다. 중앙집권적 경제 통제는 분단초기에는 어느 정도 성과를 거두었으나 세계경제

---

88 농촌진흥청, 농촌진흥소식, 2015년 12. 23(http://www.rda.go.kr/board)(검색일: 2016년 10월 19일).

가 활성화 되고 국제적 경쟁이 활발하게 이루어지는 환경하에서는 무엇보다도 다양한 경제 주체의 노력이 발현되고 융합되어야 하는데 북한은 1인 우상화라는 틀 안에 경제를 가둬 놓고 발전 가능성과 개방성을 통제함으로써 경제를 매우 경직되게 만들었다.

그동안 북한정권은 2200만 명에 이르는 주민을 집단적으로 통제하여 억압하면서 각종 경제정책을 구사하였으나 결과적으로 가난과 굶주림을 겪게 하는 것 외에 미래에 대한 비전을 제시하지 못하여 주민의 불신을 받고 있는 상황이다.

사회주의체제에 물든 북한주민이 갖기 어려운, 그러나 시장경제가 확산되기 시작한 북한에서 개인들이 가지고 있을 법한 '잘 살고자 하는 열망과 의욕'조차도 북한경제를 활성화시킬 수 있는 동력으로 작용하기보다는

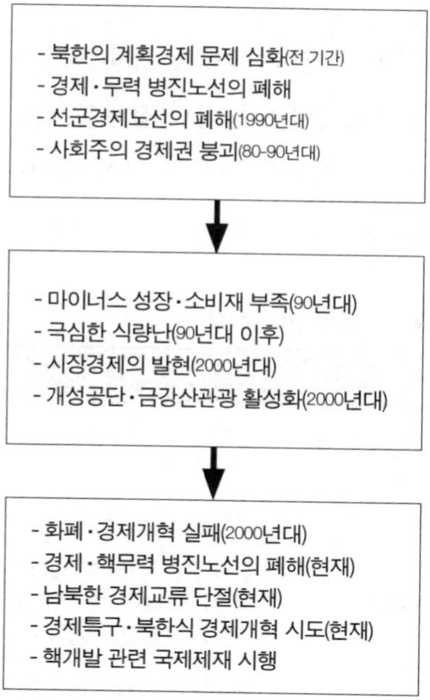

[그림 10-1] 북한경제문제의 심화 진전 상황

독재의 강화를 위한 목적에 집중되고 있어서 북한경제의 미래가 보이지 않는다. [그림 10-1]은 북한경제가 몰락하는 과정을 보다 구체적으로 보여주고 있다.

1) 사회주의 경제체제의 모순

먼저, 북한의 경제의 근본 문제는 〈표 10-4〉와 같이 사회주의와 계획경제 자체의 모순에서 비롯된다. 북한정권이나 협동단체가 소유하는 제도하에서는 생산성의 향상이나 창의적 노력을 기대하기 어렵다. 또한 중앙집권적 계획경제에서 자원을 집중시키고 국가가 통합된 계획에 의해 분배하는 경제체제는 그 획일성 측면에서 경제적 안정세를 유지하고, 자원의 순환이 빠를 것 같지만 경제주체의 융통성과 창의적 행위를 유발하기 어려워 시간이 갈수록 흐름이 더뎌지며, 외부환경의 악화나 중앙의 지원이 어려운 문제가 발생할 경우 해결이 어렵다. 북한은 1946년도에 계획경제체제의 기반을 구축하기 위하여 토지개혁과 농업의 집단화, 산업의 국유화와 상공업의 협동화를 달성하였는데, 개인의 소유를 향한 열정이나 기대를 완전하게 차단함으로써 경제체제의 구조적 문제를 안게 되었다.

〈표 10-4〉 사회주의 경제체제의 특징

구분	내용
생산수단의 집단적 소유	전인민적 소유(국가) 사회협동단체 소유(집단)
중앙집권적 개인소유	계획의 일원화 및 세분화
경제계획단위	전략단위: 국가계획위원회 작전단위: 내각, 성, 두, 기관 전투단위: 공장, 기업소, 계획세포
기반구축	토지개혁과 농업의 집단화('46년) 산업의 국유화/상공업의 협동화('46년)

〈표 10-5〉 북한의 시대별 경제현상 개요

구분	내용
분단 이후	무상몰수·무상분배(토지 개혁), 산업·자원의 국유화 일제의 병참기지화로 공업시설의 약 79% 분포 1개년/2개년 경제계획 실시, 해방 전 공업능력 회복
1950년대	협동조합 조직, 산업부문 협동화, 소상공업 개조 중소의 원조, 동독의 함흥시 복구 지원 전후 복구 3개년/5개년 계획, 30-40% 성장률 달성 중앙집권적 사회주의 경제체제 확립, 천리마운동
1960년대	경제·국방 병진노선, 군사비 급증, 3대 경제정책 기조 제1차 7개년 계획, 계획지표 1만개 이상 청산리방법·대안의 사업체계, 집단적 경제관리 도입 중국의 대북 중유공급 시작
1970년대	3대 혁명 소조운동, 11년 의무교육제 채택 연합기업소·주체농법(농업생산 집약) 시행 세금제도의 폐지, 유일적 자금공급체계 완성 인민경제개발 6개년 계획, 제2차 7개년 경제개발계획
1980년대	합영법 제정 제3차 7개년 경제개발계획 경공업과 농업 등 부진, 생필품 부족현상
1990년대	선군경제건설 노선의 시행, 연합기업소체계 폐지 사회주의권 몰락 및 소련해체, 경제고립 - 나진·선봉 무역지대, 신의주 경제특구 지정 극심한 자연재해 발생, 식량난·경제난, 마이너스 성장
2000년대	7·1경제관리 개선조치, 화폐개혁 자연재해로 인한 식량난 가중, 시장경제 활성화 남북경제교류 확대, 대북제재의 시행 중·러와의 대외무역 강화 및 인력수출 활성화
2010년대	경제·핵무력 병진노선의 시행 특구지정 및 6·28조치, 국가경제개발 10개년 계획 5·30노작(우리식 경제관리 방법)[89] 강화된 대북제재 시행, 세컨더리보이콧[90] 대상

둘째, 북한에서 시행하는 각종 노선과 경제개발계획은 군사국가의 건설과 1인 독재체제의 굳건하게 구축하는 성과를 제외하고는 북한경제의

문제를 심화시키는 역할을 하였고, 북한경제를 회생시키는 데에는 한계를 보였다. 분단 이후 전개된 북한경제의 모습은 〈표 10-5〉와 같은데, 분단 이후 약 70여 년 동안 북한이 시행한 경제개발계획은 9개에 달하며, 김일성·김정일·김정은 시대에 각각 노선을 정하여 정권적 차원의 경제와 무력 증강의 방향을 설정하고 있다.

2) 북한의 경제개발계획

북한의 경제개발계획은 해방 후에 시작되었는데, 1개년(1947년) 및 2개년(1948-1949년) 경제계획을 실시하면서 구소련의 지원에 근거한 경제성장에 주력하였다. 6·25 이후에는 전후복구 3개년(1954-1956년)과 최초의 장기 경제계획인 5개년 계획(1957-1960년)에 착수하였는데, 이 때에는 3대 경제건설노선과 연동하여 중공업을 토대로 한 공업화의 추진과 의식주 해결에 주력한 바 있다. 북한은 스스로 이 시기에 경제성장률을 30-40% 성장시켰다는 평가를 하고 있지만 구소련 및 중국 등의 대규모의 원조와 천리마운동 등 대중동원체계로 인한 영향이 컸다. 1960년대에 들어와서는 북한의 경제발전전략이 제 모습을 형성하기 시작한 시기로서 1961년부터 1차 7개년 계획(1961-1970년)을 세워 추진했는데, 경제·군사 병진노선에 따른 군사비 지출과 중소의 원조 중단으로 계획에 차질이 생겨 원래보다 3년

---

89 '우리식 경제관리' 확립을 위한 김정은의 종합적 지침서로서, 2014년 「근로자」 9월호에 국가계획위원회 리영만 부국장이 기고한 내용: 경제관리 개선의 기본 방향은 사회주의 원칙을 견지하고, 실리에 주안을 두며, 공장·기업소·협동단체의 '책임관리제'를 실시하면서 동시에 자율경영권·생산권·분배권(판매권)·무역권 등을 생산단위에 부여하는 것을 말한다.

90 세컨더리 보이콧(secondary boycott)은 특정대상에 대한 불매, 즉 제재를 의미하며, 북한이 1차 대상일 때 북한과 거래하는 2차대상까지 제재를 가하는 것을 의미한다. 미국에서 제10년 이란에 대해서 '포괄적 이란제재법(CISADA: Comprehensive Iran Sanctions, Accountability, and Divestment Act of 2010)'을 시행한 것이 그 기원이며, 이란과 교류하는 모든 국가에 대한 경제제재가 이루어졌다.

을 연장하여 10년을 추진하였다.

1970년대에 들어와서는 6개년 계획(1971-1976년)을 시행하여 서방으로부터 대규모 차관 및 기계플랜트를 도입하였는데, 오일쇼크 등이 겹쳐 경제상황이 악화되면서 차관상환이 지연되었으며, 1975년 8월에 6개년 계획을 앞당겨 달성했다고 발표하면서 경제 실패 충격을 만회하기 위한 2년의 완충기를 가졌다. 2차 7개년 계획(1978-1984년)도 실패를 거듭하여 북한의 상환능력문제가 제기되었고, 1986년에는 파산국가로 지정되었으며, 3차 7개년계획(1987-1993년)도 정책목표를 하향 조정하여 시행하였는데, 북한경제상황의 악화를 스스로 자인하는 것으로 평가된다.[91]

3) 3대 경제건설 노선: 경제·무력 병진노선

북한의 병진노선의 시발점은 1960년대 초에 설정한 경제·무력 병진노선을 중심으로 한 3대 경제건설 노선으로서 내용은 〈표 10-6〉과 같다.

〈표 10-6〉 북한의 3대 경제건설 노선 내용

구분	내용
자립적 민족경제 발전	종합적 경제구조 확립 현대 기술적 자립 자체 연료 및 동력기지 건설 민족기술간부가 주체
중공업 우선 발전 정책	중공업 중심의 자립적 공업체계 확립 인민경제의 기술 재건 원자재 및 외화난 이후 군수부문에 주력
군사·경제 병진노선	경제발전과 군사력 강화 동시 추구 군사비의 지속적 증액 제2경제 중심의 산업체계로 기형화

91 양문수, "북한의 경제발전전략 70년의 회고와 전망," 「통일정책연구」, 24(2), 2015. 12, pp. 34-41.

자립적 민족경제 발전은 북한 스스로 자원을 생산하고 북한주민이 중심이 되어 경제를 건설하는 것을 말하며, 이러한 방법만이 제국주의의 간섭을 방지하는 가운데 사회주의를 건설할 수 있다고 주장한다. 중공업 우선 발전 정책은 자립경제의 핵심분야로서 군사·경제 병진노선을 지원하는 개념의 북한의 불균형적 경제 발전제도다. 군사·경제병진노선은 남북한 간의 체제경쟁에서 군사적 우위를 확보하기 위한 정책이다. 이 정책은 사회주의 국가들이 보편적으로 추진하는 경제건설 노선에 군사문제를 병행시킨 것으로서 중소의 갈등과 분쟁하에서 추구한 북한의 군사적 생존전략이라고도 할 수 있다. 결과적으로 북한의 자립주의는 북한이 경제를 고립시키는 문제를 초래하였다. 3대 경제건설 노선은 군사비를 급격하게 확대하는 결과를 초래하였는데, 궁극적으로 경공업과 농업의 발전을 후자에 둠으로써 북한경제의 왜곡을 심화시키는 한편 북한주민의 생활고를 가중시킨 정책이다.

4) 선군경제건설 노선

김정일은 1998년도에 공식적으로 취임한 이후 1993년의 1차 핵위기 상황과 1990년대 중반의 경제적 위기를 극복하기 위하여 선군경제건설 노선을 표방하였다. 선군노선은 군사 부분이 모든 부분에 우선하다는 원칙인데, 사실상 군수공업을 우위에 두고 있어서 경제·무력 병진노선과 다를 바 없으며 군사를 수단으로서 강화시켜 활용한다는 측면에서 군사적 색채가 더욱 강력하다. 선군경제건설 노선하에서는 민생경제가 위기에 처하더라도 군사경제를 먼저 다뤄야 함으로써 북한주민의 생계와 민생경제는 더욱 피폐해졌다. 또한 북한의 자연재해, 기근으로 북한경제의 상황은 더욱 악화되었으며, 한번 파괴된 생산력은 회복하기가 쉽지 않았다. 이로 인하여 북한정권이 예상치 못한 것이 북한의 자생적 시장화 상황이며, 북한경제를 더

욱 왜곡시켰다.

5) 경제·핵무력 건설 병진노선

북한이 현재 추진하고 있는 것은 경제·핵무력 건설 병진 노선이다. 김정은은 2013년 3월 당중앙위 전원회의를 통하여 위 노선을 경제정책의 기조로 선포하였다. 경제·핵무력 건설 병진노선은 핵무력의 강화가 전제되었는데, 이를 통하여 국방비를 추가적으로 투입하지 않고 전쟁 억지력과 방위력을 확보할 수 있으며, 결과적으로 경제건설과 인민생활에 보다 집중할 수 있다는 정책적 논리를 펴고 있다. 김정은의 정책은 마치 기존의 정책에 비하여 인민생활을 향상시킬 것처럼 선전하고 있지만 국제적 고립에 의한 경제제재가 불가피하고, 경제의 회생보다는 체제유지와 1인 독재체제를 강화하는 데 초점이 맞춰져 있다는 것을 왜곡하는 것에 불과하다. 김정은의 정책도 결국은 핵무력에 경제를 집중하게 되어 북한경제를 왜곡시키고 주민의 희생을 강요하는 한편 한반도에 심각한 안보불안정을 초래할 것으로 판단된다.

마지막으로 북한경제의 쇠락원인은 외부환경의 악화와 북한의 체질약화에 기인한다. 1980년대 말부터 시작한 소련을 비롯한 동구권의 붕괴와 한중수교 등은 북한경제에 부정적인 영향을 초래하였고, 북한경제 악화가 심화되는 상황에서 경제난은 가중될 수밖에 없었다. 북한은 이러한 문제를 극복하기 위하여 특구건설을 통한 외자 도입, 7·1 경제조치 및 6·28 경제조치, 화폐개혁 등 다양한 시도를 하였으나 성과를 거두지 못하였으며, 아직도 지속적이고 해결이 어려운 경제난에 시달리고 있다.

4. 북한의 주요 경제 관련 정책

그동안 북한은 경제개발과 경제노선 외에도 특이한 경제정책을 내놓으며 경제회생에 주력해 왔다. 〈표 10-7〉이 그것이다. 각각의 정책은 북한의 시대적 상황과 경제환경이 작용한 결과로 평가되는데, 사회주의 경제체제의 특성상 경제의 회생과 활성화를 위한 모든 업적이 수령에게 집중되어 있으며, 정치적 필수 조건인 유일지배체제의 강화가 항상 선결적 과제임을 인식하는 것이 필요하다.

1) 천리마(작업반)운동

북한이 6·25전쟁의 복구 3개년 계획을 완성하고 1957년부터 시작했던 5개년 계획에 돌입하기 전에 김일성 유일체제에 반대하는 세력을 제거하고 전 주민의 노동력 집약과 수령에 대한 충성심을 강화하기 위하여 제시한 전투적인 노동구호로서 일종의 증산장려 혹은 경제건설 운동인데, 공산주의적 인간 개조와 경제발전이 결합된 것이다. 동시에 동기를 부여하기 위하여 근로자들의 임금을 인상하는 조치를 취하였고, 개인주의를 배격하고 집단주의를 강화할 목적으로 작업반 우대정책을 전개하였는데 천리마작업반 운동이 그것이다. 북한에서는 필요할 때마다 천리마작업반을 가동하였는데, 1960년 8월과 1968년 5월에 제1, 2차 전국 천리마작업반 운동 선구자 대회를 개최하기도 하였다.

천리마운동은 나중에 주체사상을 구현하는 혁명적 대중운동으로 포장되었고, 사상·기술·문화의 3대 혁명노선과 결합되어 유일지배체제 확립을 위한 총체적 운동으로 발전되었다. 김정일이 이를 3대 혁명 붉은기쟁취운동으로 활용한 이후에는 북한정권의 교양개조를 위한 단골 구호로 등장하고 있다.

〈표 10-7〉 북한의 경제 관련 주요 사업 개념

구분	주요 개념
천리마운동 (1956년 12월)	전후복구를 위한 전투적 노동구호 주체사상을 강조하는 혁명적 대중운동
청산리 방식 (1960년)	당적·국가적 지도의 실천 교양개조와 정치사업 우선의 대중 지도방식
대안의 사업체계 (1961년 2월)	경제분야의 당적지도체제 집단주의 및 집체성 강조
분조관리제 (1965년/1996년)	협동농장 내 노동단위로서 12-20명 구성 생산성 증대 도모, 노동 및 수확 분배
3대 혁명소조운동 (1973년)	사상·문화·기술의 3대 혁명 추진 유일지배체제 확립을 전재한 생산독려 운동
연합기업소 (1973-1999년)	모체기업·지역·전국단위로 공장기업소 결합 당의 통제와 지도 목적
주체농법 (1977년)	주체사상과 농법의 결합 농업의 과학화 및 기술화
나진·선봉지구 (1991년 12월)	외국자본 유치 목적의 자유무역지대 1997년 활성화 조치, 실패 거듭
7·1경제관리 개선조치 (2002년)	경제회생 목적, 임금과 물가 현실화 공장·기업소·지방의 자율권 보장, 수익 분배
포전담당책임제 (2004년/2013년)	분조관리제에서 가족단위로 3-5명 구성
화폐개혁 (2009년 11월)	신구화폐를 1:100으로 교환
6·28방침 (2012년)	자율적 경영권과 기업의 자율성 잉여생산물의 자율 처분, 시장경제 부분 인정
70년대식 독려 (2013년)	70년대의 유일체제 완성기, 무상교육 등 강조 70년대를 경제 전성기로 인식
5·30방침 (2014년 9월)	우리식 경제관리 방법: 자율 경영권 부여 생산 잉여물 현물 분배 및 처분, 시장화 인정
경제개발구 (2015년)	중앙급 경제특구 5개 및 경제개발구 4개 지방급 경제개발구 17개 지정

2) 청산리 방식(혹은 정신, 대중지도방식)

청산리방식은 김일성이 1959년 12월 전원회의에서 최초로 사업체계와 방법을 제시하였고, 1960년 2월 청산리와 강서군 당위원회에서 전국에 일반화하도록 지시함으로써 그 지역적 명칭을 따 유지되는 대중지도방식이다. 이 방식은 당적지도와 국가적 지도를 실천하는 방법으로서 모든 사업이 수령의 교시, 당의 강령과 정책노선이 기본이 되어 당에서 제시하는 공동의 목표를 달성하고 모든 단위와 인민이 이에 순응토록 해야 한다는 것이다. 이 과정에서 사상적 기초를 확립하기 위한 교양 개조와 인민 대중의 참석이 전제되고, 일반지도와 개별지도가 강조되고 있는데 모든 분야에서 정치사업이 우선함을 의미한다.

3) 대안의 사업체계 ↔ 지배인 유일관리제

대안의 사업체계는 경제분야에 정치지도체제인 당적지도체제를 결합한 경제관리 방식을 말하는데, 여기에서 주체사상과 군중노선이 핵심적 요소로 작용한다. 이 방식은 김일성이 1961년 대안전기공장을 방문하여 제시한 공산주의적 경제관리형태다.

대안의 사업체계 이전에는 지배인 유일관리제였는데, 김일성은 이를 '사회주적인 제도이나 자본주의적 요소를 내포하고 있으며, 유일적 지배가 확립된 상황하의 사회주의 경제를 효과적으로 관리하기 어렵다'라고 비판하면서 '하나는 전체를 위하여, 전체는 하나를 위하여'라는 구호를 제시하였다. 이 체계는 인민이 경제관리의 주체로서 이들의 의견과 이익을 반영하고, 당의 집체적 지도 하에 당 → 생산 및 경제 지도기관 → 은행과 각종 지방위원회 → 공장참모부(생산지도체계, 자재공급체계 등 후방공급체계별 운영조직)의 체계를 세워 모든 생산을 획일적으로 관리해야 한다는 것이다. 대안의 사업체

계 역시 정치사업을 전면에 내세우고 혁명교화 및 재교육, 그리고 집단주의 및 집체성 원칙을 강조하고 있다.

4) 분조관리제 및 포전관리제

분조관리제는 김일성이 1965년 5월 강원도 회양군 포천협동농장을 방문하여 제시한 방식으로 리 단위의 대규모 협동농장에서 개인의 책임의식이 약화되는 것을 해결하기 위하여 15-20명의 분조로 작업반을 구성하는 것인데, 이 방식을 통하여 집단주의 정신의 배양과 생산증대를 도모하였다.

최초에 의도했던 분조관리제는 이익의 자율적 분배 등의 지침 없이 사상 및 통제수단만으로 강조되어 성과가 미비하고 확산이 잘되지 않아, 7·1 경제관리개선조치에서 분조의 규모를 5-12명으로 축소하여 다시 시도하였다. 그러나 영농자재 및 물자의 공급이 제대로 이루어지지 않아 성과 부진하였다. 그러나 2000년대 중반 이후 영농물자의 공급이 개선되면서 분조관리제의 장점이 부각되기 시작하였다.

북한정권은 분조관리제가 성과를 받은데 자극을 받아 2004년도에 분조를 3-5명 정도로 구성된 된 포전담당제를 만들어 시행토록 했는데, 이 역시 중간 관리자의 착취, 농자재 공급 부족, 목표생산량의 지나친 책정 등으로 성과를 거두지 못하였다. 김정은이 2013년 신년사에서 포전담당제의 확대를 강조하였고, 이후 2014년 2월 전국분조장대회 개최하는 등 포전담당제의 확대를 추진하고 있으며, 북한이 스스로 농업의 생산량이 회복되고 있다고 선전하고 있다.

5) 3대 혁명 소조운동

북한은 3대 혁명 소조운동을 당적·국가적 지도원칙을 제시한 청산리 방법을 구현한 현대적인 방법이며, 정치·사상적 지도와 과학기술적 지도를 결합하여 사상·기술·문화의 3대 혁명을 추진해나가는 지도방법이라고 주장한다. 김일성이 1973년 2월 당중앙위원회 정치위원 확대회의에서 제시하였는데, 당시에는 공업과 농업, 교육부문에서 그 실천을 강조하다가 점차 전 영역으로 확대하였다.

3대 혁명 소조운동은 천리마운동이나 청산리 방식, 대안의 사업체계와 같이 당적지도와 주체사상 교양을 핵심으로 하고 있다. 이 운동은 북한사회에 잔존하거나 발생할 우려가 있는 소극성, 보수주의, 주관주의, 요령, 형식 등을 타파하고자 하는 일종의 사상개조 운동이기도 하다. 특히 이 운동의 집단적 효과를 극대화하기 위하여 속도전과 사상전이 중심축인 3대 혁명 붉은기쟁취운동을 시행하고 있다. 1978년부터 3대 혁명 붉은기를 많은 조직에 주고 있는데, 개인에게는 3대 혁명 영예수장을 수여하면서 적극적인 실천을 독려한다.

6) 연합기업소

연합기업소라는 공업관리체계는 1973년 12월 황해남도의 황해제철 연합기업소가 처음 결성되면서 시작되었다. 이 체제는 북한에 공장 및 기업소들이 대폭 증대되는 상황에 맞추어 이를 장악하기 위하여 주요 제품을 생산하는 공장 및 기업소가 전방위적인 지원체제(자재공급, 산하 기업 등)를 갖추는 것을 말한다. 특히 자재확보가 어렵고 협동생산과 수송에 문제가 있어서 정상화되지 못하는 기업들을 통제하는 것이 주요 목적이었다. 연합기업소의 형태는 중요 물품을 생산하는 모체기업과 생산·기술적으로 밀접한 공

장 및 기업소를 묶는 제1형태, 일정 지역 안의 동일한 분야의 공장 및 기업소를 묶는 제2형태, 그리고 부문별로 전문화된 기업을 전국적 규모로 망라하여 묶는 제3형태가 있다.

그러나 1991년 구소련의 붕괴로 인한 사회주의 경제권의 붕괴와 1995년의 홍수로 식량문제가 심각해짐에 따라 북한경제가 급격하게 위축되었고, 기업의 규모 또한 축소해야만 했다. 이에 1998년 9월 개정 헌법에 따라 중앙 및 지방 기관이 축소되고, 연합기업소 또한 축소 및 정리단계를 밟았다. 이러한 작업은 생산기술의 연계성 등에 문제를 야기하여 일부 연합기업소가 재결성 되는 등의 혼란을 겪었지만 2000년대 초반까지 해체작업이 진행되어 종합공장, 기업소, 연합총국 등 약 40여 개의 연합기업소를 해체하고 단위기업형태로 분리하였다.

연합기업소는 초기에 대안의 사업체계라는 틀 안에서 통제 및 관리가 용이하였으나 점차 조직의 비대화, 효율성 저하에 따른 생산성 약화, 책임회피 용이, 자생적 능력의 부족 등의 다양한 문제를 유발하였다. 연합기업소 해체로 단위 조직의 책임성 강화, 자율성 증대 등 단기적인 효과는 있었으나 북한의 체제 특성상 당적·국가적 지도와 감독이 유지되는 한 단순히 조직을 경량화하는 것으로는 효과는 미미할 것이다.

7) 주체농법

주체농법은 말 그대로 주체사상과 농법의 의미를 결합한 북한식 농업방식이다. 다시 말해서 영농방법, 지도관리방법 등이 주체적이라는 의미다. 주체농법에서 영농원칙은 '적지적작 및 적기적작'이며, 기후와 토양조건에 따른 영농을 실시한다는 것이다. 영농방법은 우량품종 육성, 지력향상, 과학적 시비 및 물 관리, 병해충 예방 및 잡초 제거, 수확관리 철저 등이고, 지

도관리방법은 주체농법을 통해 식량 생산을 증대하고, 청산리 정신에 의해 농법을 지도 및 관리한다는 것이다.

주체농법은 결국 단위당 생산량을 늘리기 위한 방법에 불과한데, 북한은 식량난을 극복하기 위하여 농업제일주의를 표방하고, 서해갑문 설치, 태천발전소 건설, 간석지 개간, 새땅 찾기 등 자연개조 사업을 전개한 바 있다. 이러한 연장선상에서 북한은 1998년 김정일의 '대자연개조구상' 이후 농업기반을 정리하고 토지정리사업을 대대적으로 추진하고 있다.

8) 나진·선봉지구

북한은 1991년 12월 함경북도 나진·선봉지구의 약 621㎢를 자유경제무역지대로 설정하고, 이 지대를 2010년까지 인구 100만의 특구지구로 발전시킨다는 계획 하에 3단계 개발계획을 발표했다. 북한이 설정한 외자유치규모는 공업건설, 인프라 건설, 서비스 부문 등 총 47억 3143만 달러다. 이 계획은 1990년대 초반 유엔개발계획(UNDP: UN Development Programme)의 두만강개발프로그램을 계기로 촉발되었는데, 북한-중국-러시아를 잇는 접경지역을 개발하는 것이 핵심이다.

북한은 외국인의 투자를 통한 합영기업과 합작기업의 설립을 유도하기 위하여 외국인투자법(1992년 10월), 합영법(1994년 1월), 합작법(1992년 10월) 등 다양한 법체계를 갖추기 시작하였으며, 나진·선봉지구에 대해서는 나진·선봉 경제무역지대법(1993년 1월), 자유경제무역지대 세관·가공·중계·국내투자 기업 창설 및 운영 규정과 자유무역항 규정(1994년 4월-1997년 5월) 등의 법적·제도적 장치를 강구하였다.

그러나 나진·선봉지구의 투자는 2001년 12월 말까지 약 1억 2000만 달러의 외자 유치에 국한되고, 사업분야 또한 실질적인 경제효과를 유발하

는 분야보다는 호텔, 식당, 카지노 등 서비스분야에 몰려 있다. 북한은 이러한 부진을 극복하기 위하여 1997년 6월에 나진·선봉지구 활성화 조치를 발표하여 환율의 현실화, 사기업 설립 허용, 인프라 개선, 국경통행 간소화, 외국인 단독 기업 허용 등을 발표하기도 하였으나 그 성과 또한 미미하였다. 나진·선봉지구의 실패는 두만강 개발방식이 공동개발에서 독자개발로 전환되었고, 1997년의 동아시아 금융위기 발생 등 환경적 영향도 크지만, 지역적 낙후성과 인프라 부족, 내수시장의 한계, 제도의 미비와 특구 운영경험 미숙, 북한의 경직된 정치체제에 의한 국가신용도 및 인식 저하 등 나진·선봉지구의 자체적 경쟁력 미흡이 원인이며, 핵개발에 따른 서방과의 관계 개선 실패와 북한의 국제적 고립 등도 작용하였다.

9) 7·1경제관리 개선조치

김정일은 1990년대에 지속된 북한의 경제난이 심화되고, 자생적 시장의 존재와 실물 물가의 인상 등 경제전반이 불안정하여 새로운 정책이 요구되는 시점에 맞추어 7·1경제관리 개선조치를 단행하였다. 주요 내용은 후속조치를 포함하여 아래와 같다.

- 임금을 2,000원대로 인상
- 국정가격과 농민시장 물가 균등화: 국제시장과 시장의 수요·공급 고려
- 공장과 기업소의 자율권 보장과 이익 증대(이상 2002년 7월 1일)
  - 국가계획위원회의 세부화 권한 축소, 해당 기관·기업소·지방에 위임
  - 독립채산제·원가의 정확성·생산전문성 강화, 중앙기관의 규제 완화
  - 수익성이 좋은 공장 및 기업소에 더 많은 수익 분배, 상여금 지급
- 신의주특별행정구법 발표(2002년 9월)
  - 독자적 행정권·50년 간 유지·영사 업무 허용, 북한노동력 활용
  - 수입 무관세·자본의 자유 유출입·달러 유통 등 보장

– 개성공단, 금강산광광개발구 포함

• 인민생활 공채 발생(2003년 5월)

• 종합시장 허용(2003년 6월)

북한이 이와 같은 조치를 단행한 구체적 배경은 생산부문의 실패로 국가재정의 대폭 축소와 연이은 기업소의 가동률 저하, 경제지표 하락과 실업률 증대, 소비부분의 국가배급체제붕괴로 주민들의 식량 및 일용생산품의 자체 조달 불가피로 농민시장 의존(국정가격보다 농민시장이 수십에서 수백 배 인상), 사경제부분이 확산되는 경제기형화 초래 등이었다.

그러나 북한이 실시한 7·1경제관리 개선조치는 결과적으로 실패하였는데, 경직된 경제 환경으로 실효성이 약화되었으며, 핵문제의 재발에 따른 경제제재 조치와 투자 부진이 문제였다. 또한 신의주 특구에 대한 중국의 반대로 큰 성과를 거두지 못하였다. 특히 북한은 2005년에 시작된 중국의 제11차 5개년 경제개발계획에 포함된 동북 3성의 개발계획을 활용하여 황금평 및 위화도를 새로운 경제특구로 지정하고 나선지구와 함께 중국자본을 끌어들이려고 하였으나 이러한 시도 또한 북핵 제재 국면으로 타격을 받아 현재는 중지상태에 있다.

7·1경제관리 개선조치의 실패는 결과적으로 사금융 확산, 노동·생산·유통·주택 등 부문별 시장화 현상과 인플레이션의 심화현상으로 환율이 폭등하는 상황을 초래하였고, 시장경제 확산에 따른 체제적 불안정을 야기하였다. 이에 따라 북한정권은 2006년 이후 북한정권에서 종합시장을 폐쇄하는 등의 일련의 조치를 취했는데, 2007년 4월 전국농민시장을 정돈하며 남자 및 40세 이하의 여성이 장사를 하는 것을 금지하였고, 2007년 4월에는 20만 원 이상의 시장 판매를 금지하였다. 또한 2008년 1월에는 종합시장 폐쇄를 공고하였고, 2009년 5월에는 150일 및 100일 전투 동원을

실시하여 시장접근을 막았으며, 2009년 6월 평성시장을 폐쇄하였으나 시장화 현상을 막는데는 한계를 보였다.

10) 화폐개혁

2009년 11월 30일 화폐를 1:100으로 교환하는 화폐개혁을 전격적으로 단행하면서 다음과 같은 조치를 병행하였다.

- 종합시장 폐쇄, 10일장 형태의 농민시장으로 전환
- 외화 사용금지 포고령
  - 주민 화폐 보유량 통제, 상한선 이상의 원화 및 외화 당국에 납부
- 무역회사의 정리, 무역성에서 통제
- 국영상점에서만 유통거래 허용

이와 같은 조치는 시장화 확산에 따른 국가의 통제력 회복, 계획경제부분의 정상화와 인플레이션의 억제, 일부 시장화의 허용 등이다. 그러나 7·1 경제관리 개선조치와 뒤이은 시장통제 조치로 경제적 위기가 축적되는 상황하에서 재화의 공급부족과 환율 불안정이 부가됨으로써 국영기업소를 비롯하여, 공장 및 기업소, 지방의 기업들까지 경제적 타격을 주었으며, 인플레이션은 더욱 악화되었다

참고로 북한의 금융제도를 살펴보면, 북한은 금융을 경제계획의 보조수단으로 인식하고 국가가 통제하고 있어서 우리가 생각하는 것과 매우 상이하다. 북한에서는 단일은행인 중앙은행에서 전반적인 금융제도를 통제하지만 군사경제와 통치경제는 통제 외 지역으로 운영되는데, 단일은행제도, 중앙집권적 결제제도, 화폐유통의 이원화, 무담보에 의한 대출 등이 특징이다. 국내금융은 원화의 유통, 기관-기업소-주민 간의 자금거래를 지원

하고, 국제금융은 외국환거래, 국제신용, 국제경제, 국제보험 등으로 세분하여 운영하고 있다. 북한화폐에는 유통, 지불, 축재, 세계 화폐의 기능 중 주로 유통기능을 수행하는데, 운영되는 화폐는 지폐 9종(1, 5, 10, 50, 100, 200, 500, 1000, 5000원)과 주화 6종(1, 5, 10, 50전, 100원)이 있다. 북한의 화폐 및 금융 제도는 국가신인도 하락과 원화의 유명무실화로 인하여 심각한 위기를 맞고 있으며, 주민들도 시장화에 편승하여 달러 및 위안화를 선호하고 있어서 화폐개혁의 효과보다는 오히려 위기를 가중시키고 있다.

11) 6·28방침/5·30조치(노작)

북한은 김정은 정권시대에 돌입한 직후인 2013년 6월 28일 새로운 경제방식을 천명하였는데, 이것이 6·28 방침이며 그 내용은 다음과 같다.

- 협동농장의 분조제를 3-6명의 가족단위인 포전담당제로 전환
  - 유휴지의 가족단위 임대, 텃밭과 뙈기밭 인정
- 생산물을 국가와 농장이 7대 3의 비율로 분배
  - 초기 비용은 국가가 부담, 실제생산량을 기준으로 분배
  - 잉여생산물의 개인 시장 판매
  - 생산비 책정 시 현재의 시장시세 반영
- 공장 및 기업소의 운영 자율화
  - 단위 조직에서 생산품목·가격·판매방법을 자율적으로 결정
  - 최초 생산비는 국가가 투자, 판매수익은 국가와 기업소가 분배
- 서비스와 무역 분야에서 개인자본의 투자 합법화

북한은 김정은의 6·28방침을 확산시키고 성공을 보장하기 위하여 시범 실시 지역을 정하여 집중적인 지도를 실시함과 아울러 순회강연 등을 통하여 교육에 주력하고 있는데, 이와 같은 방식은 중국의 1980년대식 농업

개혁을 모방한 것이다. 북한은 6·28방침을 새로운 경제방식이라고 선전하고는 있으나 공장기업소와 토지 모두 개인소유를 인정하지 않고 국가가 임대해 주는 기존 방식과 다름없으며, 생산물의 처분권 역시 국영상점 등 정규 유통시장을 통해야 하며 암거래는 허용하지 않고 있다. 아울러 배급제는 폐지하되 국가기관·의료·교육 분야에서는 그 시스템을 유지하고, 무료교육과 무상의료제도도 지속하고 있다.

김정은의 6·28방침은 김정일의 2002년 7·1조치와 다소 차이가 있는데 북한의 유일지배체제를 우선시하는 측면에서는 별다른 차이가 없다. 김정일의 7·1조치는 경제회복을 목적으로 기업과 농업, 그리고 시장 분야에서 현실적인 조치를 취한바 있으나 시장경제화를 진전시킨 것 외에는 실질적인 시장경제로의 개혁이 아니었다. 이에 비하여 6·28조치는 투자와 고용에 있어서의 자율적 경영권의 부여 및 인센티브 제고, 국가배급제와 성과에 따른 임금제가 병행되고, 포전담당제의 실시 등 시장화의 확대가 취해진 것으로 보인다.

김정은의 6·28방침은 2014년 5월 30일의 '현실발전의 요구에 맞게 우리식 경제관리방법을 확립할데 대하여'라는 제목의 담화를 통하여 보다 구체화되고 있다. '우리식 경제관리 방법'으로 통용되는 5·30조치의 주요 내용은 다음과 같다.

- 목적: 경제건설과 핵무력 건설 병진노선의 관철
  - 사회적 소유 고수, 집단주의 원칙 구현
- 경제지도와 관리에서 경제적 실리의 최대한 보장
  - 과학기술과 생산기술의 결합,
  - 국가급 기업은 국가계획수립 대상에 포함하고 중소 규모의 공장이나 기업소는 자체적으로 계획을 수립하도록 허용
  - 당경제·군경제 등을 내각중심으로 통합

• 공장·기업소·협동단체들의 자율 경영권 부여

– 기업이 자체 판단, 투자·임금인상·복리후생시설 확충 가능

– 개인이나 기업소의 분배권 확대, 수익에 근거한 배분

– 노동자들의 생산과 관리에서의 책임 증대

• 농업부문에서 현물 분배

– 계획생산량의 30%를 현물 분배, 초과 생산량은 시장에서 자유 처분

– 포전담당제의 확대 실시

• 지방의 소규모 공장, 국영상점 건설부문에서 개인 투자 허용

– 임대형식을 기본으로, 사실상 개인소유 기업과 같이 운영

– 소유권과 개인 부동산의 이용권 매매 암묵적 인정

12) 70년대식 선동

김정은은 2013년 신년사에서 '당사업을 1970년대처럼 전 인민적인 집단적혁신운동으로 전환하고…경제강국, 문명국 건설도 바로 1970년대처럼 사회주의 위력, 집단주의 위력을 발양시켜야 한다…'라며 70년대식 방식을 고취시키며, 경제회생을 위한 선동을 계속하고 있다. 이러한 선동은 1970년대 전반기의 10%대에 달하는 경제성장률이 3대 혁명 소조운동, 주체농법, 11년 교육제도의 시행 등 사회주의 경제체제하의 집단주의 및 노동력 동원운동이 성공한데 따른 것으로 평가된다.

또한 이 시기는 김일성의 유일지배체제가 구축되는 가운데, 김일성 김정일 부자의 세습체제가 확립되고 당권 및 군권 장악으로 체제가 안정되는 시기였다. 북한이 '70년대식' 방식을 선동하는 것은 당체제를 강화하고 인민의 노력을 독려하는 의미가 있으며, 김일성과 김정일로 이어지는 유일지배체제를 김정은 시대로 연결시키는 의도로 해석된다.

13) 경제개발구

김정은은 2015년 6·28방침 및 5·30조치에 이어 해외투자 유치를 위한 정책으로 경제개발구법을 제정하고, 〈표 10-8〉과 같이 나선·황금평 및 위화도·개성·신의주·원산·금강산의 중앙급 경제특구 5개, 강령·은정·진

〈표 10-8〉 북한의 경제개발구 현황(2013-14년)[92]

분야	지역	내용
수출가공구	송림	강철 등 제조, 관광, 무역, 중공업부지
	와우도	조선소 등 제조
	진도	경공업 및 조선소
공업개발구	위원	기계설비 제작, 광업, 발전소, 중국 국경
	흥남	기계설비 제작, 보세가공, 건축, 화학
	현동	경공업, 정보산업, 인터넷 접속
	청남	석탄, 화학제품, 석탄매장
농업개발구	북청	과수업, 신발공장
	어랑	비료, 농업과학, 연구개발, 공항
	숙천	쌀, 농산물
관광개발구	온성	중국 국경(투먼시)
	신평	관광, 하이킹, 자연
	청수	국토횡단관광, 압록강 주변
경제개발구	청진	기계설비제작, 건축재료, 금속, 제철소
	혜산	수출가공, 현대농업, 관광, 구리광산
	만포	농업, 무역, 관광, 중국국경(지안시)
	압록강	농업, 무역, 관광, 호학
국제녹색시범구	강령	유기농, 관광, 농업, 경공업
첨단기술개발구	은정	생명공학, 소프트웨어, 공업기술

도·무봉의 중앙급 경제개발구 4개, 경제구인 압록강·만포·혜산·청진·경원, 공업구인 위원·청남·현동·흥남, 농업구인 숙천·북청·어랑, 관광구인 온성섬·청수·신평, 수출구인 송림·와우도 등 지방급 경제개발구 17개를 지정하였다.

북한의 특구는 1979년 중국이 동남부 연안 4개 지역에 설치했던 것을 모방한 것으로 보이는데, 과연 중국이 지방의 자율성과 외국기업의 원활한 사업을 보장할 수 있을 것인지 의문이다. 북한이 이미 나진·선봉지구에서 실패한 경험을 보완하여 제대로 된 특구를 운영할지 두고 봐야 할 것이나 북한의 경직된 체제와 낙후된 경제구조 및 인프라를 쉽게 개선하기 어렵고, 현재는 대북경제제재가 강화되는 시기여서 외자 유치와 자재 공급의 어려움 등 다양한 문제에 직면할 것으로 판단된다.

5. 북한의 경제 평가와 김정은 정권의 위기 전망

북한의 김정은은 2016년 5월 6일에 시작된 제7차 당대회를 통하여 2016년부터 2020년까지 '국가경제발전 5개년 전략'을 채택하였다. 또한 과학기술과 경제를 강조하면서 경제·핵무력노선의 성공을 위한 노력에 치중하고 있음을 보여주고 있다. 그러나 이전의 '경제계획'이라는 용어대신 '전략'이라는 용어를 선택한 것은 시장화의 현상에 따라 북한경제가 요동치는 상황에 대한 근본적인 처방보다는 일단 방향성만을 제시하고자 하는 입장임을 드러내고 있다.

김정은 정권 출범 이후 북한정권이 제시한 경제정책을 요약해보면 공장 및 기업소의 운영자율화를 통한 이익 분배, 협동농장의 생산력 증대를

---

92 표의 주요 내용은 KOTRA의 국가정보 중 투자입지여건분야를 참조하였다.

위한 포전담당제 강화, 생산물의 개인 판매, 서비스 무역 분야의 개인자본 투자 등을 골자로 한 6·28방침을 시행 중이며, 5·30노작을 통하여 공장 및 기업소, 농장의 근로자와 경제활동에 참여하는 주민의 실리 보장 등을 더욱 활성화하는 등 시장화를 경제발전에 이용하려는 정책을 펴고 있다. 특히 70년대식의 독려로 사상적 무장과 함께 경제성장률에 대한 주민의 집단적 목표의식을 일깨우기 위해 노력하고 있다. 그리고 중국식 개방정책을 모방한 17개에 달하는 경제특구의 확대 정책을 전개하고 있는데, 적극적인 외자 유치로 핵개발에 따른 경제제재 국면을 정면 돌파하고자 하는 의지로 해석된다.

과연 김정은의 이와 같은 정책이 효과를 거둘 수 있으며, 북한의 체제적 위기로 진행될 소지가 있는 경제난의 극복은 가능한 것인가? 먼저 개별 정책을 진단해보면 시장화현상을 부분적으로 허용하면서 체제를 유지하겠다는 의도는 실패할 가능성이 크다고 할 수 있다. 북한의 시장화는 국가의 통제력에 대한 문제를 유발할 수 있으며, 경제를 더욱 왜곡시킬 것이다.[93] 북한의 시장화 현상에 따른 현상을 정리하면 다음과 같다.

- 주민들의 물질에 대한 욕망 증대, 시장경제적 사고와 배금주의 확대
- '돈주'의 확대로 경제적 계층화 심화, 빈곤층에서의 가족 해체[94]
  - 사채, 개인노동력의 착취
- 사회적 혼란과 범죄행위 및 일탈 행위 증대
  - 구걸, 절도, 소매치기, 강력범죄, 경제사범 등 증가
  - 돈벌이를 위한 무단 결근, 허위진단서 발급

---

93 박제훈, "김정은 시대의 북한경제 변화 전망: 정치경제학적 접근," 「비교경제연구」, 제21권, 제2호, 2012, pp. 83-89.

94 이헌경, "북한의 경제조치와 사회경제적 실태," 「OUGHTOPIA」, 26(3), 2011.12, pp. 39-62.

• 전 사회적 기강 문란과 부정부패 만연
  – 뇌물수수, 허위진단서 발급, 직권남용, 강탈
  – 국가소유 물자의 밀거래, 주택의 암거래, 국경 밀무역
• 농민들의 식량 전용, 국가수매 기피

북한의 70년대식 독려 또한 북한 스스로 '대전성기'로 규정하는 시대에 대한 기대감을 심어주고 당적체제를 더욱 강화하려는 의도로 보이지만[95] 이미 고난의 행군 시대를 경험하고, 북한정권이 때마다 전개하는 집단주의를 통한 노동력 착취의 경험을 북한주민이 잊을 수가 없다는 점에서 이미 배금주의 사고에 젖은 주민의 의식을 변화시키기에는 한계가 있을 것이다. 특구전략도 여전히 격리와 폐쇄성의 원칙을 견지하여 중국의 개방정책에서 나타난 확산의 효과를 원초적으로 배제하고 있으며, 개발구의 자율성보다는 당적 통제에 주력함으로써 중국식 개방과 거리가 있으며, 제제국면에서 자유롭지 못한 북한의 현실을 고려할 때 그 효과는 미미할 것으로 평가된다.[96]

그렇다면 김정은 정권의 경제적 위기가 정권의 위기, 나아가서는 체제적 위기로 이어질 것인가? 앞에서 고찰한 바와 같이 북한경제는 사회주의적 경제체제를 기본으로 하는데, 이는 북한의 경제가 정치적 영역 안에 있다는 의미다. 북한에서 내부와 외부에서 일어나는 경제적 행위나 경제와 관련된 행위는 모두 북한의 체제와 밀접한 관계를 갖는다. 이러한 관점에서 북한의 경제적 문제가 정치나 체제적 문제에 어느 정도 비중을 갖느냐하는 것을 가늠해야 하며, 경제적 병증이 체제라는 몸통에 얼마만큼의 심각성을 주느냐 하는 가를 판단해야 할 것이다. 또한 경제는 정치적, 안보적, 국제적

---

95 이창희, "김정은은 왜 1970년식 경제선동을 불러오는가?: 1970년대 북한경제의 재고찰," 「현대북한연구」, 17(3), 2014. 12, pp. 134-170.

96 이승욱, "김정은 시대 북한의 경제특구전략: 영역화, 분권화, 그리고 중국식 개혁개방?," 「한국경제지리학회지」, 제9권, 제1호, 2016, pp. 134-138.

영향을 받는데, 북한의 경우 국제적 제재가 지속되고 있는데도 여느 자본주의 국가에 비하여 내구력을 유지하고 있는 점도 특이하다. 이는 북한이 고난의 행군을 거치면서 또다시 내성을 갖게 되었으며, 김정은은 이러한 내성을 이용하여 다시금 정권의 장기적 연장을 도모하고 있다. 필자는 이러한 관점에서 북한의 경제문제가 체제적 위기로 진행할 수 있는 몇 가지 의미 있는 혹은 치명적인 변곡점을 다음과 같이 상정하고자 한다.

- 북한의 대남 및 대외 경제 협력 공식 요청
- 핵심계층에 대한 배급 및 공공부분 무상급식 포기
- 시장화의 무분별한 확산과 소외 주민의 반발 증대
- 북한 핵심계층의 부정부패 만연과 사회일탈 현상의 심화
- 북한군부 및 핵심계층의 경제난 심화로 이탈 가속화
- 1990년대 중반과 같은 극심한 기아의 발생과 생활고 발생

위에서 상정한 중요한 징후는 북한경제의 문제가 체제적 문제에 심각하게 영향을 미쳤거나 이미 발생한 체제적 문제가 경제와 관련된 현상으로 나타는 것을 전제하여 기술하였다. 그러나 현실에서는 경제적 현상과 체제적 문제와의 상관성을 진단하기 어려운데, 북한정권의 유일지배적 체계와 당적 통제, 선군정치의 지속을 고려할 때 김정은은 경제난이 그의 밥상에 영향을 미치는 단계에 도달하더라도 결코 경제를 위하여 체제를 양보하는 일이 없을 것이다. 결국은 북한의 경제적 불안정과 문제의 심화는 북한의 모든 계층, 특히 일반주민의 고통이 심각한 수준에 도달하여 폭발 직전의 상황까지 몰리더라도 계속될 것이 분명하다.

제11장

국제적 고립의 심화와 북중 혈맹의

북중 혈맹의 불확실성

1. 북한의 외부적 고립 요인: 남북한 간의 격차와 국제적 경쟁의 실패

북한의 국제적 고립의 시발점은 한반도다. 북한이 핵개발을 하고 독재국가를 유지하는 것은 우리와의 적대적인 관계를 지속하고 이기기 위함이다. 남북한은 아래와 같이 그 차이가 심각하고, 언뜻 보아도 북한이 남한보다 나은 것은 별로 없다. 앞으로도 남북한 간의 격차는 커질 것이 분명한데, 북한은 이러한 문제를 해결하기 위해서 도발을 일삼고, 핵에 체제의 사활을 걸고 있다.

- 자유민주주의 ↔ 1인 독재 사회주의체제
- 자본주의체제 ↔ 사회주의경제체제
- 개방국가 ↔ 폐쇄국가
- 시민사회의 발전 ↔ 주민의 권리 억압/시민동력 미발생
- 군사력 증강 ↔ 군사국가 및 핵무기 개발
- 경쟁사회 ↔ 정권의 일방적 통제
- 정당제도/선거제 ↔ 노동당 체제/형식적 선거제
- OECD 국가 ↔ 빈곤국가
- 행복 및 복지 추구 ↔ 핵심세력위주 복지
- 다양성과 다층성 ↔ 획일성
- 예술문화의 발전 ↔ 선전선동 목적 활용
- 국제적 기여도 점증 ↔ 국제적 관심 대상
- 국제사회의 적극적 행위자 ↔ 반국제적 행위자

남북한 간은 이미 10장의 경제분야에서 언급한 것처럼 여러 지표에서 그 수준차이가 심각하다. 이를 보다 구체적으로 비교하기 위하여 〈표 11-1〉과 〈표 11-2〉와 남북한을 SWOT 분석기법을 적용하였다. SWOT

분석(또는 SWOT Matrix)은 조직 혹은 집단 및 개인의 내적요인(internal factors)인 강점(strength)과 약점(weakness)을 진단하고, 동시에 외적요인(external factors)인 기회(opportunity)와 위협(threat)요소를 도출함으로써 정확한 문제를 진단하는 기법이다. 이를 통하여 해법을 찾아가는 전략을 수립할 수 있다.[97]

SWOT 분석결과를 보면 남북한은 그 강약점과 기회 및 위기 측면에서도 차이가 현격하다. 우리는 정치, 경제 문화 등 다양한 분야에서 국민의 역동성과 잠재력이 충분하다. 물론 정치발전의 저하와 수출 집체형의 경제, 산적한 안보문제와 주요 수출국의 보호무역 증대, 유교문화와 배타적 민족성 등 약점도 산재하지만 국민이 이를 위기로 인식하고 다방면에서 해결하려는 노력이 있고 어느 정도의 성과도 있다.

그러나 북한은 북한주민이 가지고 있는 강한 국민성, 풍부한 자원, 북한을 변화시키려는 국제사회의 협력적 노력 등 내외적으로 기회가 주어지는데도 1인 독재에 집착하여 가지고 있는 잠재력을 활용하지 못하고 있다. 첫째, 가장 큰 문제는 체제의 경직성이다. 북한에 대한 가장 일반적인 의문이 북한에서 왜 쿠데타가 일어나지 않는가이다. 체제의 경직성을 만드는 북한통제체제의 실상을 요약하면 다음과 같다.

- 철저한 감시와 통제: 당원, 통제기관, 개인 간, 군
- 인적 및 단체 교류 절대 금지
- 호위사의 절대적 무장력
- 독재 및 체제권력의 존재: 쿠데타 이후의 상황 예상

---

97 SWOT 분석은 Albert Humprey가 주도하는 하버드연구센터(현재는 SRI International)에서 1960-70년대에 약 500개의 기업정보를 분석하면서 시도되었고, 주로 전략수립 방법론으로 활용되고 있다; Albert Humprey, "SWOT Analysis for management consulting," *SRI Alumni News Letter*, Sri International, December. 2005; Thomas J. Chermack, Kasshanna K. Bernadette, "The use of and misuse of SWOT analysis and implications for HRD professionals," *Human Resource Development International*, 10(4), December 2007.

• 집단세력의 형성 차단: 군대, 공장, 사회 등
• 평양 등 주요 도시에 성분 불량 주민 거주 불가
• 철저한 우상화의 시행: 세뇌교육

〈표 11-1〉 한국의 제 분야에 대한 SWOT 분석

	강점	약점
내적 요인	민족의식, 애국심, 정치진화 국민의 잠재력과 기술수준 국민의 경제발전 의욕 심대 위기 경험, 안보의식 문화적 다양성, 잠재력	정치발전 부진, 계층화 수출의존, 경기침체, 내수 부진 북핵, 남남갈등, 보호무역 배타성, 유교문화
	기회	**위기**
외적 요인	국민의식 진전, 국제위상 증대 기술 중심의 경제로 개편 주변국과의 경쟁관계 첨단 군사력, 한미동맹 한류, 다문화 시대	비전과 역량의 부조화 경쟁국 다대, 안보변수 북핵, 주변국 갈등 외래문화, 다양성 요구

〈표 11-2〉 북한의 제 분야에 대한 SWOT 분석

	강점	약점
내적 요인	주민의 강력한 결집력 강력한 군사력과 예비전력 주민의 한민족 정서 보유 부지런함, 장인정신, 강인함 풍부한 자원	1인 독재 및 사회주의체제 핵개발 및 군사화 집착 사회주의 경제체제 지속 중국 등 특정국가에 의존
	기회	**위기**
외적 요인	핵포기시 국제사회 지원 가능 남북관계 개선과 경제 개발 인권 등 개선 효과 다대 개혁개방의 효과 지대	핵개발에 따른 고립 심화 남북한 간 충돌 가능성 독재체제에 대한 염증 주민의 경제난 심화 인권·국제범죄 역효과 심화

둘째, 서문에서 언급한 것처럼 북한은 체제 차원과 지역 차원의 문제의

핵심적 위치에 있으며, 그 경쟁에서 현저하게 뒤떨어짐으로써 정상국가로, 혹은 경쟁할 수 있는 국가로 재생되지 못하고 있다. 북한이 관련된 체제적 현상과 지역 차원의 현상을 더욱 구체적으로 살펴보면 다음과 같다.

1) 체제 차원의 현상

- 무한경쟁의 시대: 국가의 서열화, 경제적 능력이 국민의 국제적 수준 결정
  → 강대국 간 정치·군사·경제 패권경쟁 심화, 중국의 부상
  → 문화, 스포츠 등 국가경쟁력의 분야 확대 추세
  → 북한은 대부분 최하위 국가로 전락
- 국제사회에서의 국가의 역할 증대
  → 유엔의 활동에 있어서 국가의 기여가 필수, 기여도와 권력 비례
  → 북한은 수혜국가로 전락
- 한 국가의 문제가 다른 인접국가에 영향 초래
  → 초국가 범죄는 한 국가의 통제력 상실에 의하여 초래
  → 북한의 핵문제, 위폐, 마약, 무기밀매, 노동력 착취는 지역문제로 부상
- 국제사회에서 인권, 빈곤, 범죄 등 다양한 문제 표출
  → 국제적 협력 및 관심 필요성 증대
  → 북한이 국제문제를 다수 포함
- ISIS 등 非국가 조직의 영향력 증대: 테러의 국제화
  → 중동 국가의 문제가 유럽으로 확산, 종교 및 인종 갈등의 문제 심화
  → 북한의 테러적 성향으로 연계 가능성 상존
- 한반도 문제가 국제사회의 중심으로 부각
  → 북핵문제, 분단문제, 북한인권, 마약, 위폐, 1인 독재국가 등
  → 북한의 해결노력 부재로 다양한 문제가 복합적으로 작용 중
- 현실주의와 자유주의의 시각 여전히 양립: 국제사회에 대한 평가와 지향성
  → 국가권력의 중요성 여전, 국가의 통제력 상실이 국민의 난민화 초래
  → 북한을 옹호하는 국가와 세력 존재
- 국민의 국제적 수준과 인식(global culture) 중요: 국제사회의 계층화

→ 다양한 문화와 언어의 이해에 대한 긍정적·포용적 자세 중요
→ 북한문제의 해결을 위한 국제적 협력과 인식전환 필요
• 지구온난화, 환경오염, 재해 등의 확산: 지구촌의 문제 심각
→ 북한의 환경재해와 대응능력 현저히 약화

2) 지역(동북아) 차원의 현상

• 주변국 간 패권 경쟁 지속: 미국에 도전하는 중국과 러시아, 일본의 잠재력
→ 주변국이 등거리 전략 구사, 북한의 활동여건과 영역 확장 효과
• 가장 역동적인 지역: 경제 및 군사 대국의 존재
→ 관련국의 이해와 경쟁 중첩, 상호공존의 어려움
• 협력과 갈등의 공존 지역: 남(한미일)·북(북중러)방 삼각지역의 대립
→ 정치문제와 경제문제 등 제 분야의 방향성 혼란
• 남북한과 등거리 관계 유지: 한반도 문제 개입의지, 상이한 접근방법
→ 남북한 문제와 북한문제의 접근 방향과 해결 곤란
• 과거사와 민족감정의 고리 존재
→ 정치·안보·외교의 문제에 역사·문화·민족적 갈등 중첩
→ 오랜 기간 축적된 관계적 경험의 작용(지역안보복합체 이론)
• 완충지대 사이에서 거대 국가 권력 수렴: 한반도가 buffer zone
→ 한반도가 중립 및 평화의 진원지가 아닌 문제 및 충돌지역으로 존재
• 중국과 러시아의 변화 가능성
→ 중국과 러시아의 심각한 변화 시기 북한 및 한반도의 위기로 비화 가능
• 한국의 도약을 위한 과도기
→ 주변국의 잠재력과 능력을 우리의 발전으로 활용할 수 있는 기회 상존
• 북한의 붕괴 가능성과 핵도발 가능성: 핵 도미노의 진원지
→ 북한문제의 가장 심각한 상황에 대비한 주변국과 남북한의 해결책 미비

북한과 관련된 체제와 지역적 차원의 문제는 하나같이 그 해결이 요원하고 남북한이 자체적으로 해결하기가 어렵다. 한반도 주변은 냉전의 종식

이후 가장 첨예한 갈등의 시기를 맞고 있다. 주변국들이 모두 자기 나라만의 강력한 국력과 이미지를 원하고 있다. 특히 군사와 경제분야에서 그 경쟁의 강도가 심각하다. 이러한 와중에 북한은 핵개발로 더욱 불을 지피고 있다. 이러한 상황이 북한문제의 해결에 도움이 될 리 만무하다. 북한문제는 주변국들이 그들의 이익을 최우선으로 삼는다는 전제 하에 단지 협상의 대상일 뿐이다. 마찬가지로 우리가 북한문제를 풀기 위하여 전개하는 노력도 성과를 내기 어려울 것이다.

2. 핵 및 WMD의 개발과 인권유린: 전방위 국제제재

1) 북한과 관련된 국제기구

북한의 국제적 고립은 북한이 국제적 문제아로 전락하면서 시작되었다. 북한문제는 국제사회가 발전하면서 전방위적인 감시와 통제를 받고 있다. 국제기구는 회원국들의 공동이익을 위하여 수립되는데, 도시국가들의 종교적 결속체인 그리스 안보동맹, 로마인과 이민족 간에 결성된 로마제국, 중세시대의 한자동맹, 북해와 발트해 상권의 도시동맹, 절대군주시대 및 나폴레옹시대의 강화조약을 비롯하여 19세기 및 20세기에 걸쳐 비약적인 발전을 거듭하고 있다. 오늘날 표준화된 국제기구는 정보의 제공, 규범적 활동, 입법, 감시활동, 조정적 활동, 구호 및 구난 등의 다양한 기능을 수행하고 있다.

이러한 국제기구 중 북한문제와 가장 밀접한 관계를 맺고 있는 국제기구들은 유엔과 군축분야 기구, 경제분야 기구, 인권분야 기구라고 할 수 있다. 먼저 가장 대표적인 국제기구인 유엔은 평등 및 인권, 군사력 불사용

등 평화추구를 중시하는 이상주의와 강대국의 역할과 협조, 권리 인정, 적극적인 역할 수행 등 현실주의가 실현되는 공간이다. 대서양 선언(1941년 6월, 루즈벨트와 처칠) 이후 연합국 동맹선언(1942년 1월), 모스크바선언(1943년 10월), 덤바튼 오우크스회의(1944년 8월), 얄타회담(1945년 2월), 그리고 샌프란시스코회의(1945년 4월, 헌장 채택)를 거쳐 1945년 6월에 창설되었다. 그 창설과정의 복잡성처럼 다양한 이해가 공존하는 기구라고 할 수 있으며, 총회, 안전보장이사회(실질적 최고 기관), 경제사회이사회, 신탁통치이사회, 사무국, 국제사법재판소, 전문기구, 보조기구 등이 있는데, 북한문제에 대해서 다양한 분야에서 접근이 이루어지고 있다. 특히 군축과 관련하여 1959년 유엔총회에서 '효과적인 국제통제 하에 일반적이고 완전한 군축(general and complete disarmament under effective international control)'을 유엔 군축활동의 최종 목표로 설정한 이후 총회, 안보리, 유엔군축위원회(UNDC), 제네바군축회의(CD), 군축문제연구소(UNIDIR), 군축자문위원회, 지역군축센터, 유엔사무국내 유엔군축국(DDA) 등이 관여하고 있다.

특히 북한의 핵개발 및 WMD와 관련하여 중심적 역할을 하는 기구는 국제원자력기구(IAEA), 화학무기 금지기구(OPCW), 포괄적핵실험금지조약기구(CTBTO) 생물무기금지협약(BWC), 미사일기술통제체제(MTCR)와 기타 핵 및 생화학 분야 수출통제체제 등이 있다. IAEA는 회원국 정부의 대표로 구성되는 총회와 이사회, 사무국 등의 회의체와 조직을 기반으로 활동하는데, IAEA헌장에 그 근거를 두고 있다. 이 기구에서는 원자력의 평화적 이용을 촉진하고 원자력이 군사적 목적으로 전용되지 않도록 억제하는데 주력하고 있으며, 이를 위하여 안전조치체제(safeguards system)를 운영하고, 매년 유엔총회에 보고서를 제출한다. 특히 국제 평화와 안전에 관한 문제가 발생하였을 경우 유엔안보리에 관련 내용을 보고한다. IAEA의 가장 중요한 활동은 안전조치 활동인데, 핵비확산조약(NPT: Nuclear Nonproliferation Treaty)에 기반

하며, 모든 핵비보유국(NPT 당사국)의 원자력활동에 대한 안전조치활동을 장악한다. 이에 따라 모든 NPT 당사국은 NPT 가입 이후 18개월 이내에 안전조치 협정을 체결해야 하며, 의무사항은 아니나 IAEA와 자발적 안전조치(voluntary-offer safeguards agreement)를 체결하고 지정된 시설에 대하여 안전조치를 적용해야 한다. 이를 위하여 IAEA에서는 정기사찰과 특별사찰 등을 시행한다.

NPT는 국제 핵비확산체제유지와 핵군축의 근간이다. IAEA는 WMD의 확산에 대응하기 위하여 안전조치 강화 및 수출 통제 등 기존의 비확산조치를 넘어 미사일 방어 및 예방적 행동 등 대확산조치를 적극적으로 강구하고 있다. NPT는 핵무기 개발을 하지 않으며 IAEA의 안전조치가 적용된다는 조건하에 농축 및 재처리활동을 인정하고 있으나 북한과 이란의 경우와 같이 핵물질의 불법적 농축문제가 발생됨에 이에 대한 통제를 강화하고 있다. 그러나 NPT체제는 핵보유국의 핵실험 재개 가능성, 북한의 NPT 탈퇴 등 이탈 문제, 이란의 핵개발 시도, NPT체제의 허점(재처리 및 농축 허용), 핵암시장의 존재, IAEA 안전조치의 허점, 핵 테러에 대한 취약성 등 다양한 도전에 직면하고 있다.

화학무기금지기구는 화학무기금지협약(CWC: Chemical Weapons Convention) 이행 여부를 이행하는 기구다. OPCW는 당사국회의, 집행이사회, 그리고 기술사무국 등 3개의 하부기관으로 구성되어 있는데, 정기사찰과 화학무기의 제조 및 사용 의혹이 있는 회원국들에 대해서 강제사찰의 권한을 가지고 있다. OPCW는 1997년 4월 협약 발효 후 대량파괴무기 군축 및 비확산 분야에서 성공적인 업적을 남기고 있다고 평가되는데, 현재까지 160여 개국이 가입하였으나, 북한, 이스라엘, 이집트, 시리아 등이 미가입 상태다. OPCW의 핵심협약 내용에는 ① 화학무기의 개발·제조·생산·보유·배치·사용 등 전 과정을 완전히 금지, ② 화학산업계의 참여와 협력을 필수적으

로 요구, ③ 비가입국에 대한 제재조치 실행, ④ 신고 및 미신고 시설 구분 없이 시간 사전 통보에 따른 강제사찰(challenge inspection) 규정 등이 있으며, 전체적인 내용은 전문, 본문 24개조 및 3개 부속서로 구성되어 있다.

포괄적핵실험금지기구는 포괄적핵실험금지조약(CTBT, Comprehensive Nuclear Test Ban Treaty)의 이행을 확보하고, 조약 이행 당사국간 협의와 협력을 도모하는데, 총회, 집행이사회, 그리고 기술사무국 등 3개 기관으로 구성되어 있다. CTBTO는 모든 환경에서의 핵실험을 금지시킴으로서 핵비보유국의 핵실험이라는 수평적 확산뿐만 아니라 기존 핵보유국의 핵무기 수준 향상을 위한 핵실험을 금지하여, 수직적 측면의 핵확산을 저지하고 있다. 이를 위하여 전 세계에 육상 및 해상, 수중, 지하, 우주 등에 감시시설과 탐지시설 등이 있고, 수집된 물질을 정밀분석하는 시스템을 갖추고 있다. 생물무기금지협약(BWC: Biological Weapons Convention)은 1972년에 제정되었는데, 당사국으로 하여금 생물무기의 제조, 획득 및 이전 등을 금지시키고 있으나, 당사국의 협약의무를 효과적으로 확인하기 위한 검증체제를 포함시키지 못하고 있다.

미사일기술통제체제(MTCR)는 WMD 운반 수단으로서 미사일의 확산, 특히 지역적 방어망을 초과하는 장거리탄도미사일의 수평적 확산이 중요한 위협으로 인식하고 있다. MTCR은 1987년 미국의 주도로 G7이 중심이 되어 운영되고 있는데, WMD를 운반할 수 있는 로켓 및 무인비행체 등의 미사일 시스템과 관련 부품 및 기술을 통제하는데 주력하고 있다. 이외에도 핵 관련 품목을 통제하는 쟁거위원회(ZAC: Zangger Committee)와 핵공국그룹(NSG: Nuclear Suppliers' Group), 생화학 관련 사항을 통제하는 호주그룹(AG: Australia Group), 재래식 무기와 주요 이중용도 품목을 통제하는 바세나르체제(WA: Wassenaar Arrangement)가 있다.

경제분야로는 북한의 금융제재, 기아 및 빈곤 문제를 다루는 다양한 기

구가 존재한다. 국제통화기금(IMF: International Monetary Fund)은 미국의 워싱턴에 본부를 두고 있으며, 188개국 가입하고 있는데, 국가의 재정안정, 국제무역, 고용증대 및 경제발전, 빈곤 감소 등을 다루는데, 기금조성을 통한 사업을 추진하며, 우리도 1.41%의 지분을 보유하고 있다. 세계식량농업기구(FAO: Food and Agricultural Organization)는 북한의 식량문제에서 그 역할이 중요한데, 로마에 본부를 두고 있으며, 194개국이 가입하고 있으며, 기아척결을 목적으로 농업, 임업, 어업 등이 정보를 제공하며, 영양 및 식량 안보 문제에 관여한다. 국제부흥개발은행(IBRD: International Bank for Reconstruction and Development)은 워싱턴에 본부를 두고 있으며, 188개국 가입하고 있고, 국제적 경제 발전과 가난 구제가 목적으로서 인프라, 교육, 국내정치, 환경, 에너지, 식수, 건강 등에 관여한다. OECD(Organization for Economic Cooperation and Development)는 파리에 본부를 두고 있으며, 34개 회원국으로 구성되며, 경제발전과 국제 통상 촉진을 목적으로 한다. 아시아개발은행(ADB: Asian Development Bank)은 필리핀에 본부를 두고 있으며, 67개 회원국이 있고, 아시아 태평양 지역의 가난 구제를 목적으로 한다. 유엔개발계획(UNDP: United Nations Development Programme)은 뉴욕에 본부가 있으며, 177개 회원국이 있고, 저개발국 및 개발도상국 경제발전 및 자원개발 지원을 목적으로 한다. 세계은행(World Bank)은 워싱턴에 본부가 있으며, 전 세계 회원국에 경제발전 자금을 대출하거나 가난 구제 활동을 전개한다. WTO(World Trade Organization)는 제네바에 본부가 있으며, 161개 회원국이 있고, 국제통상 규정의 통제 및 국제 통상문제를 해결 및 중재한다. 아시아태평양 경제기구(APEC: Asia-Pacific Economic Cooperation)는 싱가폴에 본부가 있으며, 21개 회원국이 있고, 회원국의 상호 경제 교류 촉진과 경제대국의 경제력 확대를 견제하는데 목적을 두고 있다.

북한의 인권과 관련한 국제기구는 유엔의 총회와 인권이사회(UNHRC:

UN Human Rights Council), 인권조사위(COI: Commission of Inquiry on Human Rights) 등이 있으며, 유럽연합(EU)과 미국 및 일본 등 개별국가의 활동이 있다. 현재까지 유엔총회는 총 11회의 인권결의를 하였고, 북한인권 특별보고관 및 유엔 사무총장이 총 20회의 보고를 추진하였다. 인권이사회에서도 총12회의 보고를 하였는데, 이와 같은 보고는 인권조사위의 조사 결과에 근거를 두고 있다. 유럽연합은 이사회, 유럽의회(EP), EU집행위원회, 유럽사법재판소(ECA), 유럽회계감사원(ECA) 등 5개의 주요 기관이 있고, 유럽경제사회이사회, 지역위원회, 유럽중앙은행, 유럽옴부즈맨, 유럽투자은행 등 5개 기관이 설치되었다. 북한인권은 주로 총회와 이사회 및 의회에서 다루어지고 있는데, 결의안 채택 외에도 청문회 개최 및 입장표명 등의 다양한 활동을 전개하고 있다.

미국은 정부 차원에서 북한인권 특사를 운영하고 있는데, 인권청문회를 개최하고, 북한인권법을 승인하거나 중국의 협력을 요구하는 촉구문을 채택하는 등의 활동을 전개한다. 특히 미국은 유엔에서 자국의 입장을 확대하기 위한 다각적인 노력을 기울이고 있다. 영국도 유럽연합국 중에서 가장 활발하게 북한의 인권문제를 다루고 있으며, 주로 청문회 등을 활용하여 북한이 인권실태를 알리고 있다.

2) 대북 경제제재

북한은 1993년 핵 위기 이후 핵개발 및 탄도미사일 실험, 그리고 인권문제 등의 문제를 야기하여 유엔에서는 유엔안보리의 결의(UN Security Council Resolution)와 유럽연합에서는 이사회 규칙(Council Regulation)과 이행규칙(Implementing Regulation)이라는 명칭으로 광범위한 경제제재를 받고 있다. 경제제재는 외교정책의 한 분야로서 국가, 개인, 그룹을 대상으로 통상과 재

정적 규제를 가하는 것을 말하는데, 경제 및 금융, 무역의 금지가 포함되며, 포괄적인 감시를 받게 된다. 북한에 대한 경제제재는 6·25전쟁 시기에 처음 시행된 이후 김대중정부 시절에 대북포용정책을 시행하면서 일시적으로 완화되었다가 〈표 11-3〉에서와 같이 북한의 1, 2차 핵실험 이후인 2006년과 2010년부터 강화되고 있다.

북한에 대한 대북 경제제재는 새로운 제재조치를 시행할 때마다 보다 강화되고 보완되는 식으로 추진된다. 가장 최근인 2016년의 2321을 포함하여 2013년 1월 22일에 시행된 유엔결의 2087은 이전의 결의 등을 취소하거나 일부 인용하면서 가장 최근의 입장을 표명한다. 그 주요 내용은 다음과 같다.

- 2012년 12월 12일 북한의 탄도미사일 발사는 2006년의 결의 1718과 2009년의 결의 1874를 위반한 것으로서 비난한다.
- 북한은 더 이상의 실험을 중단하고 관련된 활동을 금지하는 등 위의 결의를 따라야 한다.
- 위의 사항과 함께 완전하고 검증가능하며 불가역적인 방법으로 모든 핵무기와 핵개발 프로그램을 포기하고, 관련된 활동을 즉시 중단하여야 한다.
- 회원국들(국제조직 등 포함)의 제재 동참을 촉하고 그들의 활동사항이나 정보를 제출하도록 협력한다.
- 제재를 포함하여 평화적, 외교적, 정치적 해결책을 모색하며, 회원국과 이사국들의 평화적이고 포괄적인 노력을 환영한다.
- 6자회담의 재개를 촉구한다.

유엔결의에서 언급한 북한에 대한 경제제재는 무기와 관련된 물품 및 기술, 유엔에 규정한 물품 및 기술, 관련 서비스, 호화상품, 출입국 허가, 자산 및 경제적 자원, 핵 및 화학무기, 탄도미사일과 관련된 불법 거래 및 배

〈표 11-3〉 대북 경제제재 현황

구분	결의문	시행년도
UN	UNSCR 0825	1993
	UNSCR 1540	2004
	UNSCR 1695	2006
	UNSCR 1718	2006
	UNSCR 1874	2009
	UNSCR 1985	2011
	UNSCR 2087	2013
	UNSCR 2321	2016
EU	Council Regulation 329	2007
	Council Regulation 1283	2009
	Implementing Regulation 1355	2011
	Implementing Regulation 137	2013
	Implementing Regulation 296	2013
	Implementing Regulation 370	2013
	Council Regulation 696	2013

달, 금융거래 등을 포괄한다. 북한의 5차 핵실험 및 탄도미사일 시험에 의해 결의된 2321의 경우 북한의 주요 수출품인 석탄, 구리, 철 등의 수출량을 직접 통제하는 수준의 강력함을 포함하고 있다. 유럽연합 또한 유엔에 동참하여 회사 및 개인 등을 구체화하여 제재를 추진하고 있다. 개별국가들도 대북제재에 적극적으로 동참하고 있는데 특히 영국과 캐나다는 2006년 이후 유엔제재 및 EU의 제재에 적극 동참하고 있고, 스위스가 2012년 이후, 호주가 2009년 이후 제재에 동참하고 있으며, 중국과 일본은 2013년 이후에도 금융제재도 시행하고 있다.

3. 중국과 북한: 혈맹에서 정상 국가 관계로

중국과 북한은 각각 서로에게 어떠한 상대일까? 오늘날 내외적으로 체제유지라는 관점에서 많은 문제를 안고 있는 김정은 정권의 미래에 가장 영향력이 크다고 생각되는 중국의 역할과 선택에 모두가 주목하고 있다. 북한과 중국의 관계를 개관해보면 〈표 11-4〉에서와 같이 중국은 1949년 10월 국교를 수립한 이후 남침을 논의하기도 하였고, 6·25전쟁에 참전하여 북한을 붕괴를 막아주었다. 중국은 1950년대 이후 1960년대까지 북한의 전쟁복구를 위한 전쟁복구를 계속하였고, 그 이후에도 중국은 혈맹으로서, 북한의 생명줄 역할을 계속하고 있다. 양측은 최고위급 간 왕래를 빈번하게 하면서 혈맹관계를 지속하는 노력을 계속하였다. 북한은 중소분쟁 시에는 중국을 지지하였고, 중국의 문화대혁명 시기에는 중국을 비난하기도 하였다. 1970-1980년대에는 양자 간 매우 밀접한 관계를 유지하다가 1992년 한중수교 이후 약 8년여 간 불편한 관계를 유지하였다. 그러나 2000년 5월 김정일이 방중 이후 관계를 회복하여 원래의 관계를 유지하고 있지만 2006년 북한의 1차 핵실험 이후 국제적 문제 국가로 부각되고 있는 북한으로 인하여 중국이 그 입장과 역할 측면에서 기여를 해야 할 것이라는 압박을 받고 있다.

현재의 북중관계는 중국의 북한체제 지지와 경제적 지원 및 협력 등을 고려할 때 악화되거나 문제가 심각하다고는 할 수 없지만 중국의 G2 부상과 국제환경의 변화, 북한의 핵개발에 대한 지역 정세 불안 등의 요인이 겹쳐 전통적인 순치(脣齒)관계를 계속 유지하기가 어려울 것이다. 그러나 북한과 중국의 관계가 밀도에서는 차이가 있지만 중국이 북한과의 동맹관계를 유지하며 지원을 계속할 것으로 예상된다. 무엇보다도 한반도를 둘러싼 정세가 냉전체제의 구조를 상당부분 답습하고 있어서 북한의 전략적 효용성

〈표 11-4〉 북한-중국 관계 주요 현황

구분	주요 내용
1949. 10	북·중 국교 수립
1950. 5	김일성 방중, 모택동과 남침 협의
1950. 10	중국 인민군 참전
1953. 11	김일성 방중, 북·중 경제협정 체결
1954. 1	북·중 직통열차 운행 협정 체결
1954. 10-1958. 10	중국군 인민지원군 북한철수
1958. 2	주은래 등 대표단 방북
1961. 7	조·중 우호협력 및 상호원조 조약 체결
1962. 10	조·중 국경조약 체결
1963	중·소 분쟁 시 중국 지지
1966	북한, 중국 문화혁명 비판
1970. 4	주은래 방북, 문화혁명 관계 이전 회복
1971. 7-8	김일성 방중/북·중 군사교류 협정 체결
1972. 3	주은래 방북, 미·중 회담 설명, 관계 냉각
1972. 8	김일성 방중, 남북대화 설명
1978. 5/9	화국봉 주석 방북/등소평 방북
1981. 10	조자양 총리 방북
1982. 9/1983. 6	김일성 방중/김정일 방중
1984. 5/11	호요방 방북/김일성 방중, 등소평과 회담
1987. 5/11	김일성 중국 친선 방문/북·중 총리회담
1988. 5	오진우 방중, 등소평과 회담
1990. 3/1991. 10	강택민 방북/김일성 방중
1992-1998년	한중수교 이후 관계 소원
2000. 5-2010	김정일 방중 이후 6차례 방중

2001. 1	북·중 관계진전 합의
2001. 9	장쩌민 주석 방북
2003	후진타오, 대북 16자 방침 천명
2003. 4	조명록/중국 군사대표단 상호 방문
2005. 10	후진타오 방북, 4원칙 천명
2006. 10	중, 북한 핵실험 강력 비난
2009년	북중 친선의 해 설정, 고위급 상호 방문
2009. 5	북 2차 핵실험으로 관계 소원
2010. 5-2011. 8	김정일 4회 방중, 정상회담 3회 개최
2011. 12	중, 김정일 사망 후 대북 관계 공고 천명
2012 이후	북중 고위급 방문 지속
2012. 11	시진핑, 북중 간 정상국가 추구 천명
2013. 5	최룡해 특사 파견
2015. 9/10	최룡해/류윈산 상호 방문

이 유지되고 있다는 점이다. 중국은 한미일로 이어지는 삼각동맹을 의식하여 북한을 완충지역의 첨병으로 활용하고자 하는 전략을 계속 구사할 것이다.

중국의 외교전략을 살펴보면 중국의 핵심적 이익인 경제발전과 대내안정, 과거 미국과 소련을 상대하거나 현재의 G2 국가에 알맞은 위상을 구축하기 위한 노력을 전개하는 것이 보인다. 마오쩌뚱의 평화공존 5원칙(상호존중, 상호불가침, 상호내정불간섭, 호혜평등, 평화공존), 장쩌민의 신안보관(양자·다자관계 활성화를 통한 경제교류와 외교 왕래), 후진타오의 화평발전 및 조화세계론, 시진핑의 신 6원칙(주권평등, 공동안전, 공동발전, 공동이익, 포용, 공평정의)에 입각한 총체국가 안보관 등은 강대국 중국의 면모를 유지하고자 하는 점에서 일맥상

통하다. 특히 현재 중국을 이끌고 있는 시진핑은 '아시아 신안보관'을 통하여 공동(모든 국가의 안보이익 보장), 종합(포괄적 안보 영역), 협력(대화와 협상), 지속가능(경제발전과 안보실현 동시 추구)이라는 원칙을 내세우며 패권 정책을 추진하고 있다.[98] 이러한 중국 외교전략은 중국뿐만 아니라 아시아 전역을 대상으로 하고 있으며, 중국의 국가이익을 침해하는 어떠한 접근에도 방어막을 치는 원칙이 될 것이다. 유엔의 대북제재 및 인권 등을 이유로 추진되는 결의안 선포 등의 분야에서도 중국은 북한을 옹호하고 있다.

중국의 대북한 영향력은 경제분야에서 심화되고 있다. 2015년에 이미 중국은 북한의 대외무역의 90%를 차지하고 있다. 중국은 북한의 식량 및 원유 공급국가다. 국제적 제재가 시행되고 있는 상황에서 중국이 아무리 제재에 동참하는 것처럼 하고는 있지만 여전히 북·중 경계지역에서의 밀무역이 성행하고 있고, 중국을 통하여 각종 군사물자 및 통치물자가 반입되고 있다. 중국과 북한은 또한 서로가 사상적 울타리 역할을 하고 있다. 북한이 사상적인 통제를 할 수 있는 것은 중국이 있기 때문이다. 중국에서는 여전히 북한의 체제적 문제에 공조하고 있어서 탈북 주민과 범죄자를 검거하여 북한에 송환하거나, 북한의 통제기구 혹은 각종 특수 인원이 중국에서 활동하기 쉬운 여건을 제공하고 있다.

과연 이러한 중국의 역할과 북중관계는 늘 변함없이 유지될 것인가? 중국 내에는 이미 북한을 맹목적으로 비호하고 보호하는 것을 포기해야 한다는 주장과 (주류라고 할 수 있는)한미일 동맹을 고려할 때 중국 정부의 급진적인 대북정책 전환은 국가이익을 침해한다는 두 개의 상반된 의견이 병존하고 있다.[99] 물론 전자의 의견은 북한으로 인하여 중국의 이익이 침해될 것을

---

98 김택연, "시진핑 정부의 아시아 신안보관과 동북아 주변전략," 「한국동북아논총」, 제79호 (2016), pp. 5-25.

99 김지영, "중국 외교담론의 한국적 재구성: 중국의 북한포기론과 북한붕괴론의 비교를 중심으

우려하는데서 기인한다. 특히 북한의 핵무기 개발과 관련하여, 이러한 북한의 행동이 동북아에서의 긴장을 증폭시키면서 동시에 북한체제유지의 부담을 중국에 전가시키고 있는데, 이제는 안보적 완충지역에서의 역할에도 한계가 있다는 지적이 있다.[100]

중국과 북한의 관계는 여타 국가 간의 관계에 비하여 체제적 특성을 공유하면서 아직까지 이러한 특성을 유지하고 있다는 측면에서 쉽게 그 관계가 부실해질 것 같지는 않지만 불확실한 미래를 안고 있다. 먼저, 앞으로 중국과 북한의 현격한 국력 차와 제 분야에서의 발전속도를 고려할 때 북한의 중국 의존도가 더욱 증대되고, 상호 간의 전략적 역할이나 비중에 변화가 있을 가능성이 있다. 북중 동맹은 강대국과 약소국이 맺고 있는 비대칭 동맹인데, 중국은 강대국의 리더십, 신뢰도의 유지, 국내정치와 엘리트의 조작, 이념 및 정책의 공유 등에 있어서 늘 부담을 가질 수밖에 없다. 또한 북중동맹은 아직도 냉전의 틀 안에서 작동하고 있어서 핵문제와 같이 여타 국가와의 협력 모색 혹은 정책의 공조에서 충돌을 일으킬 수 있다.[101] 그 대표적 사례가 중소분쟁 시기의 북중관계라고 할 수 있다. 1960년대에 전개된 중소분쟁의 과정에서 중국과 소련은 북한을 자국의 편으로 만들기 위하여 원조를 경쟁적으로 해주었으나, 북한이 중국의 편을 들 때 소련을 원조를 중단하였다. 반대로 소련과 관계를 개선하려고 할 때에는 중국과의 관계가 원활하지 못했다. 이런 것들이 북한의 자주적 노선을 택하게 만든 원인이었다.[102]

로," 「아태연구」, 제23권, 제2호(2016. 6), pp. 178-180.

100 유호근, "한반도 주변 국제지형의 현상변경 가능성: 북한의 4차, 5차 핵실험과 미중변수를 중심으로," 「세계지역연구논총」, 제34집 제3호(2016), pp. 55-74.

101 박민형, "북중동맹 55년 평가: 한국의 전략적 함의," 「국방연구」 제59권 제3호, 2016년 9월, pp. 1-24.

102 임방순 외, "중소분쟁 격화기 중소의 대북한 원조 경쟁과 북한의 자주노선: 1961-1967," 「사

둘째, 중국은 북한과 가장 인접한 국가로서 경제난, 탈북, 범죄의 통로, 혹은 체제적 급변 상황 등 모든 위험에 대해서 매우 취약한 입장에 있는데, 이를 애써 외면하고 옹호하려는 입장 때문에 오히려 부정적 이미지가 축적되고 있다. 이러한 문제 때문에 중국 내에서 북중동맹에 대한 비판이 증대되고 있으며, 중국의 대북한 정책에 대한 올바른 방향설정을 주문하는 지적이 있다. 중국은 국제사회에서 영향력을 증대하고 많은 국가와의 정치·경제·문화적 교류를 확대하는 노력을 전개하고 있는데, 북한에 대한 편파적인 정책 때문에 그 지지 기반이 약화될 수 있기 때문에 일정부분 국제적 공감대가 형성된 정책을 따르거나 북한과의 거리감을 유지할 가능성이 있다.

셋째, 미국의 도널드 트럼프가 새로운 대통령으로 등장하게 되면서 한반도 주변에서의 패권경쟁은 더욱 가속화될 전망이다. 이러한 상황에서 중국은 위상증대를 모색하면서 핵심이익이라고 할 수 있는 경제발전을 지속해야 하는데, 북한문제에 발목이 잡혀 있는 한 유연한 정책을 구사하기가 어려울 것이다. 이미 많은 국가가 북한과의 관계를 실리위주로 전개하고 있는데, 실리외교를 추구하는 중국도 동맹의 강도를 얼마든지 조절할 수 있다.

마지막으로 한국과 중국의 관계 증진도 중국과 북한의 미래에 영향을 미칠 가능성이 많다. 중국은 한미일 동맹체제의 견고함을 견제하기 위하여 한중관계의 전략적 강도를 높이고자 할 것이다. 우리도 한반도의 안정을 위하여 핵문제와 남북한의 군사적 대치 국면을 원하지 않기 때문에 중국의 입장과 중첩되는 부분이 있다. 6·25전쟁 시기와 같이 북한이 제2의 6·25전쟁을 일으키려면 중국의 유류·탄약·식량 지원이 불가피하며, 중국의 개입의지가 없는 한 북한은 함부로 전쟁을 일으키지 못한다. 북한의 대남무력적

회과학연구」 제24권 제1호(2016), pp. 50-76.

화통일을 위한 실행과 중국의 핵심이익은 심각하게 충돌할 수밖에 없다.

4. 북한의 국제적 위상 하락과 고립: 주변국의 개입 심화

북한의 국제적 고립은 그 진원지가 북한이다. 북한의 사회주의체제는 동구권 붕괴와 구소련의 해체 시기에도 유일지배체제를 통한 강력한 통제체제와 세습체제로 변환, 구축됨으로써 가까스로 생존하였다. 재스민 혁명이 다수의 독재국가 혹은 왕정국가에 몰아치는 순간에도 북한은 예상과 달리 꿋꿋하게 살아남았다. 그러나 북한의 치명적 문제는 여전히 존재하고 있으며, 앞으로의 생존도 보장받지 못할 것이 분명하다. 가장 큰 문제가 지금의 체제다. 이미 북한의 체제를 지탱하는 경제력도 국제적 조류와 전혀 맞지 않아 아무리 노력을 해도 회생의 기미가 없다. 북한의 핵무기 개발에 대한 국제사회의 냉담한 반응과 경제제재는 북한의 고립을 더욱 심화시키는 한편 북한의 배타적 대외정책을 더욱 부추기고 있다. 둘째, 북한의 군사적 모험주의는 남북한 간의 갈등을 증폭시키기도 하고 교류의 정상화를 늘 가로막는 요인이다. 셋째, 북한의 문제는 주변국을 비롯하여 국제적 갈등을 야기하고 있다. 중국도 아직은 북한을 편들고 있지만 그 부담이 증가되는 것이 현실이다.

[그림 11-1]은 북한문제가 국제적 문제로 확산되는 만큼 그 해결의 과정에서는 북한 혼자의 의지로서 해결이 불가능함을 표현하고 있다. 북한이 앞으로 국제사회와 협력하여 핵문제, 인권 등 제반 문제를 해결하고자 가장 우려되는 것이 국제사회의 간섭이다. 이는 현재의 북한체제가 견뎌낼 수 없는 상황으로서 북한이 이제껏 구사해 왔던 벼랑끝 전술이나 꼼수가 통하지 않는다는 것을 의미한다. 유엔의 대북제재 결의문에서 항상 강조하는 문

구가 '완전하고 검증가능하며 불가역적인 방법'이다. 완전하다는 것은 핵을 포기하거나 인권문제를 완전히 해결하는 것이며, 검증가능하다는 것은 사찰이나 감시 모니터링을 허용하라는 것이며, 불가역적이라는 것은 조금이라도 진행된 것을 어기지 말라는 것인데, 김정은 체제에서는 이와 같은 일이 벌어질 리가 없다. 따라서 북한이 할 수 있는 것은 어느 정도가 되든지 스스로 변하는 길밖에 없다. 이러한 현실과 예측 때문에 이제까지 통용되는 용어가 'muddle through(진흙탕을 헤쳐 나가는 것처럼 질척거리며 나아간다)'다 북한이 이러지도 저러지도 못하고 힘들게 나아가는 형국을 말하는 것인데, 북한의 처지가 쉽게 나아질 것 같지 않다.

북한의 고립과 지속되는 체제적 위기는 [그림 11-1]과 같이 항상 최저수준의 생존과 붕괴의 양쪽 가능성을 표출한 채 한반도의 불안정과 위기를 초래할 것이다. 김정은 체제에 들어와 추진하는 경제·핵무력 병진노선과 각종 경제조치는 현재의 국제여건하에서는 아무리 중국이 지원을 하더라도 결코 순응하거나 성공할 수 없는 구조다. 한반도에서도 비핵화, 비확산 차원의 노력과의 충돌은 불가피하며, 어떠한 호의나 협력도 오래 지속되기가 어려울 것이다. 특히, 한반도 주변 4국은 앞으로도 패권경쟁을 지속하면서 자국중심의 정책을 구사할 것이며, 지역 혹은 세계적 문제를 해결함에 있어서도 자국의 이익을 우선적으로 도모할 것이다. 이러한 여건을 고려할 때, 북한의 경제적 회생은 외부의 지원이 불가피한데, 김정은 체제는 조금의 간섭도 허용하지 않겠다는 자세다. 북한문제의 진원지인 북한이 변하지 않는 한 북한의 국제적 고립은 해결될 수 없는 문제다.

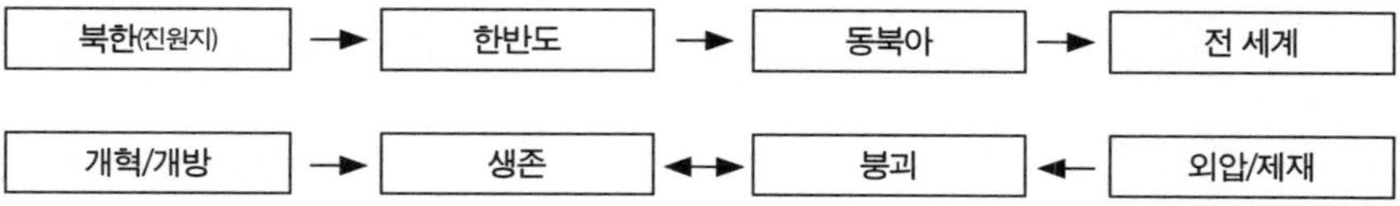

[그림 11-1] 북한문제의 진행과 접근 동학

제12장

테러본능의 잠재성과 표출 위험

1. 테러 위험국 북한

북한은 왜 테러 위험국인가? 북한의 도발은 남북 분단 이후 끊임없이 지속되고 있다. 그동안 북한이 자행한 도발은 군사적인 측면과 비군사적 측면이 모두 망라되고 있는데, 테러가 '정치·안보·경제·심리·종교·이데올로기를 목적으로 개인 혹은 집단이 정부 또는 사회에 대한 협박수단으로 광범위한 대상을 공격하는 것'으로 규정될 때 북한의 도발행위는 상당부분이 테러의 정의에 포함된다.[103] 북한은 2001년 9.11테러 이후 전개되고 있는 테러와의 전쟁이 선포된 이후 복합전의 형태, 즉 정규전과 비정규전을 혼합한 전술을 사용함으로써 테러국의 면모를 감추는 전략을 쓰고 있다. 2010년 3월 26일 우리의 초계함인 천안함을 폭침시킨 것이 대표적인 사례다.

북한을 테러정권이라고 규정할 수 있는 또 다른 근거는 대표적 테러집단인 ISIS(Islamic State of Iraq and the Levant)의 이데올로기, 목표, 전략 등과 매우 유사하다는 점이다. ISIS의 이데올로기는 '전통적 이슬람으로의 회귀'로서 어떠한 변화도 거부한다는 것이다. 이들의 목적은 '전 세계의 이슬람화'로서 핵심전략은 '공포조성(terrorization)·동원(mobilization)·분열(polarization)'이다. 이외에도 재래식 무기와 화학무기를 병행하여 사용하며, 선전선동을 주요 전술로서 활용하고, 광범위한 자금 및 인원 확보에도 전력을 기울이고 있다.[104] 첫째, 북한의 이데올로기적 목적은 한반도의 김일성·김정일주의화 및 적화통일이다. 이는 그들의 유일지배체제만이 존재하는 한반도를 만

---

103 조영갑, 『세계전쟁과 테러』(서울: 선학사, 2009) , pp. 189-191.

104 https://en.wikipedia.org/wiki/Islamic_State_of_Iraq_and_the_Levant 참조(검색일: 2016년 11월 18일); Ken Gude, "Anti-Muslim Sentiment is a Serious Threat to American Security," Center For American Progress(November 2015), p. 3.; Jason Burke, "Islamic States' Goals Global with Paris Attack," *The Observer*(14 November 2015).

들겠다는 의미다. 이와 같은 목적달성을 위하여 수단과 방법을 가리지 않는 행태는 테러 집단과 다르지 않다. 둘째, 북한의 대남전략은 ISIS의 전략과 매우 유사하다. 북한은 수시로 '서울 불바다'라는 단어를 써가며 우리 국민을 위협하고 있다. 핵실험과 탄도미사일 시험을 공개하며 핵의 공포를 전개하는 것은 공포전략의 극치라고 할 수 있다. 또한 동원전략은 북한이 대남전략에서 추구하는 혁명역량 강화전략과 동일하다. 북한은 내부역량은 물론 남한과 국제적 혁명역량 강화를 표방하고 있는데, 이는 북한에 동조하는 세력을 규합하는 것이다. 우리 내부에 존재하는 종북 및 친북 세력은 북한이 전개한 동원전략의 결과물이다. ISIS의 분열전략 역시 북한이 전개하는 남남갈등 전략과 흡사하다. 어느 국가에서 계층 간 혹은 진영 간 갈등이 증폭되면 국가가 와해되기 시작하여 혁명이 일어나고 급기야는 정부 전복으로 이어진다. ISIS가 준동하는 이라크 및 시리아는 이미 혼란과 분열의 상황으로 몰리고 있다. 마지막으로 북한은 중앙방송 및 노동신문과 대남선전매체를 이용하여 선전선동에 열을 올리고 있다. 4,500톤에 이르는 화학무기를 보유하거나 심지어는 사용해서는 안 될 핵무기 사용을 언급하는 등 정상국가로서의 정도를 벗어난 지 오래다. 그동안 국제사회에서 북한을 테러지원국으로 규정한 것은 잘못된 일이다. 북한은 테러 그 자체인 테러국이며 그 대상을 대한민국으로 정하고 늘 실행을 준비하고 있는 테러 위험국이다.

2. 북한의 테러 동기와 목적

북한이 앞으로 한반도에서 혹은 국제적으로 테러에 직접 가담하거나 지원할 가능성은 상존한다. 특히 우리를 상대로 뭔가를 얻어내기 위해서 혹

은 북한이 원하는 환경을 조성하기 위하여 테러 수준의 도발을 일으킬 것으로 판단되는데, 북한 인민군이 태생적으로 이어 받아온 비정규전 중시전략과 축적되어온 능력, 다양한 테러 자원의 보유와 복합전에서 응용되는 비정규전의 중요성, 우리의 테러에 대한 내구성 부족 등을 고려할 때 한반도에서의 테러 위험성은 결코 간과되어서는 안될 사안이다. 북한은 왜 테러를 일으킬 것인가? 북한이 테러를 일으키는 동기나 목적은 〈표 12-1〉에서 언급한 바와 같이 대내용, 대남용, 그리고 국제용으로 구분할 수 있다.

첫째, 북한의 내부용으로서 가장 중요시 되는 것은 김정은에 대한 우상

〈표 12-1〉 북한의 테러 동기 및 목적

구분	동기	목적
대내용	우상화 강화	김정은의 능력 과시 내부 충성 강화
	체제 선동 필요	내부결속 및 집단성 강화 내부문제→외부문제로 전환
	체제격차 증대	대내 위기감 해소 군사적 우월성 표출
대남용	대남이슈 증폭	이슈의 심화 및 악화 대남위기감 조성, 민심불안 획책
	협상용	협상효과 극대화 남한정권 길들이기
	위협용	재래식 및 핵무력 과시
	공격용	북한이탈주민의 체제위협 억지 남한 내 보수세력 등 위협 군사 표적 직접 공격
국제용	관심 집중 필요	무력시위 및 지역/국제 문제 유발
	협상용	벼랑끝 전술의 효과 강화
	공포감 조성	테러 역량 및 위협 가능성 표출

화의 강화다. 북한은 김정은의 공개활동을 통하여 지속적으로 북한주민에 대한 수령으로서의 이미지를 강화하고 있는데 외부에 대한 테러를 통해서 우상화의 홍보가 가능하다고 판단할 때 감행할 가능성은 충분하다. 또한 북한이 내부결속 및 집단적 행동을 유발하고자 할 때 그 동기를 외부로부터 찾을 때도 가능하다. 남북한 간의 체제격차가 심화되면서 북한은 다양한 수단을 동원하여 우리를 위협하고 있는데 이러한 행동은 북한주민의 위화감과 김정은을 비롯한 엘리트층의 위기감을 일시적으로 완화시켜주는 역할을 할 수 있다.

둘째, 북한의 테러의 주요 대상은 남한이다. 무엇보다도 북한이 노리는 것은 남한 내의 정치적 혼란이다. 북한의 조선중앙통신과 노동신문은 2016년 10월 이후 증폭되기 시작한 최순실 사태와 이에 따른 정치적 혼란을 집중적으로 보도하며 비난하고 있는데, 사태악화와 민심불안을 위한 테러 가능성은 상존한다. 북한의 테러의 두 번째 동기는 대남협상 목적이다. 북한은 김대중 정부와 남북간 교류를 전개하던 시기인 1999년 6월 15일과 2002년 6월 29일 1, 2 차 연평해전을 일으켰는데, 남한과의 협상력을 높이기 위한 목적이 가미된 것으로 판단된다. 그리고 이명박 정부 시기인 2010년 3월 26일에 천안함 폭침 사건, 2010년 11월 23일에 연평도 포격도발을 감행함으로써 대북 강경책을 변화시키고자 하였다. 또 다른 가능성은 위협목적의 테러인데, 북한이 핵무력을 전개하는 시점에 이르러서는 현재의 수사적인 핵위협을 넘어서 직접적인 핵위협 가능성도 상존한다. 공격적인 목적의 테러 가능성은 이미 시현된 바 있는 이한영 피살 사건이다. 이한영은 1982년 스위스 유학도중에 귀순하였고 김정일의 조카로써 '대동강 로열패밀리 서울 잠행 14년'[105]이라는 책을 발간하며 북한 지도층에 대한 내용을

105 이한영, 『대동강 로열패밀리 서울 잠행 14년』(서울: 동아일보사, 1996).

공개하였는데, 1997년 2월 북한의 공작원에 의해 피살되었다. 북한의 테러 대상은 앞으로 남한 내 보수층은 물론이며, 주요 군사 시설 및 인물 등 다양한 대상을 표적으로 삼을 것이다.

마지막으로 북한은 국제적 목적으로 테러를 감행할 것이다. 물론 대테러 전쟁이 강력하게 전개되는 현재의 시점에서 북한이 테러국의 오명을 쓸 위험스러운 행동을 자제할 것이지만 국제적 제재의 심화로 고립이 심화되고 경제난이 더욱 악화된다면 은밀하게 혹은 국제적 범죄단체와 연계하여 남한뿐만 아니라 여타 국가나 국제기구에 테러를 가할 가능성도 있다. 북한은 이미 해킹 혹은 디도스 공격 등의 방법으로 사이버 테러를 전개하고 있다. 앞으로 국제적인 관심 유발과 핵협상, 공포감 조성 등을 목적으로 군사적인 수단을 활용할 가능성도 고려해야 한다.

3. 북한의 테러 본능과 능력

1) 정권적 차원의 도발 주도

북한의 도발과 테러는 김일성, 김정일, 그리고 김정은으로 이어지는 수뇌부 전략 차원의 행위다. 북한체제에서 모든 정책결정은 최고 지도자에게 집중되어 있다. 과거의 숱한 도발도 그들에 의해 결정되고 자행되었다. 북한최고지도자는 그들이 원하는 목적을 위해서는 수단과 방법을 가리지 않는다. 이러한 지도자의 특성 때문에 위험스러운 도발 혹은 테러가 끊임없이 일어나고 있다. 한마디로 북한의 위험스러운 도발은 최고지도자에 의해서 기획되고 격려되고 칭송되고 있으며, 모든 수단의 책임자들도 이러한 행위가 충성의 표현으로 인식한다.

둘째, 북한의 도발 주체들인 인민무력부 정찰총국 및 노동당의 대남 및 대외 조직들은 가장 정예화된 조직으로서 김정은의 직접적인 통제와 지원을 받는다. 이들은 친위조직으로써 상시적으로 운영될 수 있는 체제를 갖추고 있다. 물론 북한의 당과 국가조직, 군대가 모두 사유화되어 김정은이 원하는 때에 동원되고는 있지만 대남분야의 업무는 특히 김정은이 중요시하는 분야로써 끊임없는 훈련과 위협의 효과를 극대화하기 위한 태세를 갖추고 있다고 평가된다.

마지막으로 북한의 대남도발은 당규약의 당면목표와 최종목표인 한반도의 무력적화통일을 위한 당위적 행위로써 어떠한 도덕적 판단이나 인도적 차원의 비판에도 아랑곳하지 않는다. 북한정권은 내부적으로도 고문, 납치, 살인, 강제노동시설 및 정치범 수용소 운용을 통하여 북한주민의 인권을 심각하게 유린하고 있다. 이러한 체제적 차원의 맹목적 행동 때문에 군사적 표적과 함께 비군사적 표적에 대해서도 도발을 주저하지 않는다. 따라서 북한의 도발은 ISIS의 테러 목적과 같이 공포심 조장을 목적으로 우리 국민을 대상으로 삼을 것이 분명하다.

2) 빨치산 유산과 도발의 역사

북한 인민군은 그 뿌리를 빨치산에 두고 있다. 빨치산은 러시아어 파르티잔(Partisan)이 어원인데, 비정규전 부대 혹은 무장전사를 의미한다. 북한은 김일성의 권력 장악과 1인 독재체제 및 세습을 정당화하기 위하여 김일성이 1930년 및 1940년대 항일 빨치산 운동을 전개하여 마치 독립에 크게 기여한 것으로 미화하고 있다. 따라서 항일 빨치산의 무조건적인 충성과 전투력을 인민군이 계승해야 하며, 이를 유일지배체제의 동력으로 삼고 있기도 하다. 북한에서는 김일성과 함께 빨치산 운동을 하고 입국하여 북한의 1

인 독재체제를 수립한 세력을 빨치산 세대라고 칭하며 가장 성분이 높은 계급으로 분류하고 있으며, 그 후손들이 1, 2, 3, 4, 5세대로 성분을 승계하면서 김일성 가계의 권력을 유지하는 핵심역할을 수행한다.

인민군에서는 빨치산 세대들이 주요 직위를 담당하고 있는데, 빨치산이 주로 활용했던 비정규전과 사상전을 인민군의 핵심전략인 대량선제기습공격 전략의 중추로 삼고 있다. 북한 인민군은 당이 수행하는 모든 전쟁에서 당이 제시한 목표를 달성하기 위하여 정규전과 비정규전을 배합하는 전술을 수행하는데, 소수가 수행하는 도발 혹은 테러 형태의 행위도 빨치산에 근거를 두고 있다. 빨치산의 역사는 6·25전쟁 시기와 전후의 유격전, 침투도발 시의 행태 등에서 시현되어 왔으며, 그리고 현재의 인민군이 이를 계승하고 있다고 평가된다.

빨치산 정신은 수령을 결사옹위하는 자세를 말하는데 개인의 목숨보다도 수령을 위해 목적을 달성하고 희생하는 것도 감수하도록 한다. 따라서 이러한 정신은 테러범들의 자살폭탄 정신과 다를 바 없을 정도로 무모하고 잔인하다. 북한의 간첩들은 하나 같이 자살용 캡슐을 가지고 있으며, 쉽게 체포되거나 항복하지 않는다.

분단 이후 북한정권은 다양한 형태의 도발을 자행해 왔다. 〈표 12-2〉

〈표 12-2〉 북한의 대남침투 및 국지도발 현황(단위: 건)[106]

구분	계	50-80년대	90-00년대	2010-2016년
계	3,094	2,383	522	189
침투	1,977	1,877	79	21
국지 도발	1,117	505	444	168

106 국방부, 위의 책, p. 251.

에서와 같이 북한은 분단 이후 지금까지 총 3,094건의 대남침투 및 도발을 자행해 왔는데, 침투도발이 1,977건, 국지도발이 1,117건에 이른다. 북한의 침투도발은 정규전 병력의 안내 및 사전 정찰과 함께 소수의 병력이 침투하여 파괴, 인명살상, 정찰, 요인의 안내, 남한 내 공작원 및 간첩 포섭, 공작금 전달 등의 목적을 달성하는 형태를 보이는데, 그 양상이 더욱 정밀하고 효과를 극대화하는 복합전의 일부분으로 진화함을 알 수 있다. 북한의 침투와 국지도발의 역사는 북한의 경험과 자산으로 축적되어 테러를 자행할 능력으로 응용될 것이다.

3) 비정규전 중시 및 다양한 능력 보유

북한의 군사전략은 대남적화통일을 적시한 북한의 체제적 목표의 부분적 요소로서 사상전, 기습전, 배합전, 속전속결을 채택하고 있다. 배합전은 핵능력을 비롯한 WMD 능력, 재래식 전력과 비정규전 능력을 혼합하여 응용하겠다는 의미다. 북한의 관련 능력은 국방부의 국방백서에 명시되어 있는데 특수전 능력과 사이버 능력이 핵심이며, 복합전의 실체를 고려할 때 북한의 여타 정규전 병력도 얼마든지 혼합되어 테러에 응용될 수 있다.

먼저 특수전 병력은 1967년 4월 124군부대를 창설 한 이후 양성되기 시작했는데, 지금은 인민군 전체에 골고루 특수전 부대를 배치하고 있다. 총 병력은 20만 명으로 추산되며 11군단과 전방군단의 경보병 사단, 전방사단의 경보병 연대 등이 포함되어 있다. 이들 부대는 김정일이 추구할 수 있는 전략적 목적으로부터 실제 말단에서 실행하는 전술적 수준의 능력과 형태로 구성되어 있다. 특수전 부대는 땅굴 및 DMZ를 이용한 지상과, 해상 및 수중, AN-2기 및 헬기를 이용한 공중 등 다양한 침투 수단을 활용할

수 있다.[107] 이외에도 8장에서 언급한 핵테러도 가능하다. 사이버전 능력은 약 6,000여 명의 사이버전 인력을 기초로 하는데 정보 수집과 국가기반시설 공격 및 대중 교란 등 새로운 양상의 테러를 가능하게 한다.

4) 제3세계 및 범죄조직 연계

북한은 1963년 예멘을 시작으로 1960년대부터 1970년대까지 이집트, 인도네시아, 몰리타니, 콩고, 탄자니아, 월맹, 시리아, PLO, 소말리아, 이라크, 잠비아, 차드, 수단, 중앙아프리카 공화국, 몰디브, 스리랑카 등과 광범위하게 국교를 맺어 왔다. 북한은 이 국가들과 무기거래를 포함하여 군사훈련 교관의 파견 등을 추진해 왔다. 또한 북한 노동당의 공작부서인 이전의 대외연락부와 35실 등을 통하여 해외에 간첩망을 구축해 왔다.

북한은 1980년대와 1990년대 초 중국으로부터 SCUD계열의 미사일을 제공 받고 기술을 증진시켜 이집트, 이라크, 시리아 등의 미사일 개발에 기여한 것으로 의심받고 있다.[108] 또한 2000년대 초 파키스탄에 탄도미사일 기술을 제공하고 우라늄농축프로그램(UEP: Uranium Enriched Programme)의 핵심 기술인 원심분리기 농축 기술을 받은 것으로 알려지고 있다.

이외에도 북한은 미국의 100달러 지폐를 위조할 수 있는 기계를 확보하고, 100달러 위폐인 supernote를 발행하는 것으로 알려지고 있다.[109] 이외

---

107 국방부, 앞의 책, p. 24.

108 Martin Navias, *Going Ballistic: The Build-Up of Missiles in the Middle East*(London: Brassey's, 1993), pp. 117-122.

109 슈퍼노트(supernote)는 북한이 만들었다고 추정되는 미화 100달러 위폐이며, 공식 명칭은 note family C14342다. 위폐를 만드는 인쇄기는 인탈지오(Intaglio)라고 하는데, 1980년대 미국이 화폐 제조 시에 썼던 인쇄기가 외부로 유출된 것이 정교한 위폐제작의 시발점이 되었다. 수퍼노트는 감별기의 센서와 전문가의 눈을 속일 정도로 뛰어나 그 피해가 확대되고 있어서 미국 재무성의 비밀검찰국(the Secret Service)이 위폐를 만드는 조직의 실체를 파악하고 추적하기 위하여 인력과 예산을 투입하고 있다. 1994년에 북한외교관이 위폐소지 혐의로 적발

에도 북한은 정권 차원의 마약재배와 광범위한 밀매를 하고 있는데, 심지어 외교관이 이러한 불법행위를 통해 외화를 벌어들이는데 앞장서고 있다. 또한 약 5만 명에 이르는 해외 인력 송출을 통하여 연간 10억 달러가 넘는 외화를 벌어들이고 있다. 북한이 이러한 불법적인 행위를 하기 위해서는 정상적인 국가조직보다는 불법적인 조직과의 거래가 불가피하다. 북한은 오랜 기간 축적해 온 불법적 테트워크 운용능력을 얼마든지 테러를 위한 조직으로 변환할 수 있다. 북한은 이미 KAL-858기 폭파 및 간첩침투 등에서 제3국인을 이용한 바 있는데, 이를 차단하는데 소요되는 자원은 그만큼 확대될 수밖에 없다.

4. 다양한 테러 가능 양상과 우리의 취약성

북한의 테러 유형은 이미 70여 년의 세월이 흐르면서 다양하게 실행되어 왔다. 북한의 유일지배체제와 세습체제가 견고해지면서 북한정권은 더욱 우상화 및 사유화되어 왔는데 그 견고함을 유지하기 위해서는 어떠한 모험적인 행동도 자행할 가능성이 크다. 제5, 8, 9장에서의 연구결과는 북한의 당주도의 전쟁수행체제가 유일지배사상과 모든 자원의 유기적 결합을 통하여 치명적인 테러의 실행을 가능하게 하며, 21세기 북한의 진화된 군사전략인 복합전은 예측불허의 방법으로 우리의 치명적인 약점을 표적으로 삼을 수 있다는 것과, 그 수단에 있어서 핵무기를 위협수단으로 뿐

된 적이 있는데 그 중심에 상항은행(Sang Hang Bank)이 있었다. 상항은행의 소유자 Stanley Ho는 김정일과 친분관계에 있었고 1999년에 평양에 카지노를 개설하였다. 또다른 은행은 The Bank of China다. 여기에 모든 북한기관과 외화벌이 업자의 계좌가 존재한다. Irish 공화당의 당수인 Sean Garland가 1997년 12월부터 2000년 7월 사이에 북한에서 위폐(대략 100만 달러 규모)를 받아서 영국등지에 유포한 혐의로 다른 관련자 6명과 함께 체포된 바 있다.

만 아니라 방사능오염 등의 활용까지도 가능하다는 우려를 주고 있다. 〈표 12-3〉에서와 같이 북한의 테러 수준은 국가수준의 핵테러에서부터 제3국인을 이용한 테러까지 전개될 것으로 판단하였다.

그 대상은 시설과 인간으로 구분하였는데, 국가수준의 시설에는 청와대 및 정부청사, 원자로 혹은 댐 등 대량 인명살상과 시설파괴가 가능한 시설, 금융망 및 통신망, 사회적인 혼란을 야기할 수 있는 인터넷망 등이 포함된다. 군사수준의 표적은 대부분 군사시설이 포함되는데 천안함 폭침사건과 같이 군사적 충격과 사회적 충격을 동시에 유발하는 테러가 상정될 수 있다. 민간을 대상으로는 이미 시현된 바와 같이 항공기를 포함하여 세월호 사건과 같이 사회적으로 심각한 충격을 줄 수 있는 대상이 포함될 수 있다. 인간 표적은 정보 요인에서부터 대중, 그리고 최근에 망명한 태영호 등 북한의 고위급 내지는 언론활동이 많은 일반 북한이탈주민도 대상이 될 수 있다.

우리는 북한의 테러에 충분히 대비하거나 견뎌낼 수 있는가? 1968년 11월 120명의 무장공비가 침투하여 우리 국민을 살상하던 1960년대와

〈표 12-3〉 북한의 테러 범위와 표적

구분		내용
테러 범위		핵오염/공갈, 군사수준, 공작원, 제3국인
시설	국가	국가기구, 핵심시설, 인프라, network
	군	군사시설, 육해공 주요 무장, 탄약고
	민간	교통 수단 및 중심지, 방송국, 다중 이용시설
인간	요인	대통령과 3부 요인, 정보기관/군 지휘관
	대중	보수 언론인 및 인사, 일반 국민
	북한이탈주민	핵심계층, 공개활동 인사, 김정은 비난 인사

1970년대를 지나고 나서 최근에 우리가 경험한 북한의 도발은 국가 혹은 군사적 수준에서 주로 전개되어 왔다. 국민들이 실제로 자신이 테러의 대상이라고 느끼거나 대중교통시설을 이용하면서 두려움을 갖는 경우는 드물었다. 그러나 그와 반대의 상황이 오면 그 충격이나 피해는 상상을 불허한다. 특히 방사능 오염 등의 상황은 국가시스템이나 경제를 마비시킬 것이다. 국가의 위기관리 시스템도 이러한 집중적이고 광활한 피해에 대해서는 기능을 발휘하기가 어려울 것이다.

앞으로 북한이 전개하고자 하는 테러는 국가적 및 군사적 충격은 물론 심리적인 노림수를 병행할 것이므로 적은 공격으로 충격을 최대화할 대상과 방법을 찾을 것이다. 평시에 훈련하는 민방위 훈련 수준의 대비로는 불충분하며, 국가의 모든 자원이 동원되어 대비해야 할 것이다. 무엇보다도 북한의 테러 위협에 대비한 평시의 노력이 필요한데 테러전을 전개하는 미국 등 외국에 비하여 동일한 주제의 논의가 부족한 실정이다. 북한의 테러 가능성이 상존하는 만큼 보다 많은 관심과 연구가 요구되는 시점이다.

참고 문헌

국내 자료

저서

구정은·정유진, 『10년 후 세계사』(서울: 추수밭, 2015).

국가정보원, 『북한법령집 상·하』, 2008. 10.

국방부, 『2014 국방백서』(서울: 국방부, 2014).

______, 『2016 국방백서』(서울: 국방부, 2016).

권양주, 『북한군사의 이해』(서울: 한국국방연구원, 2010).

김성우·김용현 공저, 『한국전쟁사』(서울: 진영사, 2008).

김웅진, 『정치학방법론 서설』(서울: 명지사, 1992).

김재엽, 『자주국방론』(서울: 선학사, 2007).

김창순, 『북한 50년사』(서울: 지문각, 1961).

남만권 편. 『북한군사체제: 평가와 전망』(서울: KIDA Press, 2006).

박순창, 『미래학의 이해』(서울: 청목출판사, 2016).

박영택·권양주·함형필 공저, 『남북한 군사력의 현재와 미래』(서울: 한국국방연구원, 2010).

북한연구학회, 『분단 반세기 북한연구사』(서울: 한울아카데미, 1999).

이종석, 『조선노동당연구』(서울: 역사비평사, 1995),

이종학 편저, 『군사전략론: 이론과 실제』(서울: 박영사, 1987).

이한영, 『대동강 로열패밀리 서울 잠행 14년』(서울: 동아일보사, 1996).

장명순,『북한군사연구』(서울: 팔복원, 1999).
장용철,『북한을 움직이는 사람들』(서울: 창세상닷컴, 2003).
정관호,『전남유격투쟁사』(서울: 선인, 2008).
정영태 외,『북한의 핵전략과 한국의 대응전략』(서울: 통일연구원, 2014).
정성호 외,『한국전쟁과 사회구조의 변화』(서울: 백산서당, 1999).
조영갑,『세계전쟁과 테러』(서울: 선학사, 2009)
최석철,『무기체계@현대·미래전』(서울: 21세기군사연구소, 2003).
최윤식,『2030 대담한 미래 2』(서울: 지식노마드, 2014).
통일교육원,『북한이해 2016』(서울: 통일교육원, 2015).
통일연구원,『2016 북한인권백서』(서울: 통일연구원, 2016).
한국경제TV 산업팀,『10년 후: 우리의 삶을 바꿀 10가지 미래산업』(서울: 지식노마드, 2014)
한국국방연구원,『QDR 2010』(서울: KIDA Press, 2010).
해군본부,『해군기본교리』(대전: 해군인쇄창, 2007).

논문

고재홍. "6·25전쟁과 북한군의 전시지휘체제,"「군사논단」, 제62호(2010).
김강녕, "북한정치체제의 특성과 딜레마,"「통일전략」, 제11권 제2호(2011. 7. 30).
김국헌, "북한군-조선인민군의 유래."「한국논단」, 제60호(2009).
김지영, "중국 외교담론의 한국적 재구성: 중국의 북한포기론과 북한붕괴론의 비교를 중심으로,"「아태연구」, 제23권, 제2호(2016. 6),
김태현. "혁명전쟁의 이론적 고찰과 현재적 함의."「동아연구」, 제31권, 1호 (2012).
김택연, "시진핑 정부의 아시아 신안보관과 동북아 주변전략,"「한국동북아논 총」, 제79호(2016).
김홍철 외. "북핵 위협 대비 공군전략 및 전력발전 방안 연구."「군사논단」, 제74호(2013년 여름).
문성묵. "북한에 군부(권력)란 없다."「한국논단」(2012).
문주현, "북한 핵기술 어디까지 왔나?"「통일한국」, 2016. 2.
박민형, "북중동맹 55년 평가: 한국의 전략적 함의,"「국방연구」, 제59권 제3호(2016년

9월).
박영택, “북한의 하이브리드전 실행 가능성과 전개양상.” 「국방정책연구」, 제27권 제4호(2011년 겨울).
______, “통일이행기 舊 북한지역의 상황변수 분석,”「통일전략」, 제11권 제4호.
박제훈, “김정은 시대의 북한경제 변화 전망: 정치경제학적 접근,” 「비교경제연구」, 제21권, 제2호(2012).
박휘락, “북핵 대응 논의에 추가되어야 할 방책: 예방타격과 민방위.” 「군사논단」, 제83호(2015년 가을).
______, “핵억제 이론에 입각한 한국의 대북 핵억제태세 평가와 핵억제전략 모색.” 「국제정치논총」, 제53집, 제3호(2013).
______, “혼합전(Hybrid Warfare)의 개념과 한국군의 수용방향.” 「군사평론」, 제405호(2010. 6).
백학순, “북핵문제의 해결, 무엇이 문제인가?” 「통일경제」, 2013.
양문수, “북한의 경제발전전략 70년의 회고와 전망,” 「통일정책연구」, 24(2),2015. 12.
양정훈, “세습과정에서 본 북한 통치이데올로기의 변화 연구,” 「통일전략」, 제11권, 제1호(2011. 4. 30).
오일환, “북한의 무력도발과 대화공세에 대한 한국의 대응방안 모색,” 「통일전략」, 제11권, 제1호(2011. 4. 30).
유호근, “한반도 주변 국제지형의 현상변경 가능성: 북한의 4차, 5차 핵실험과 미중변수를 중심으로,” 「세계지역연구논총」, 제34집 제3호(2016).
이성만. “현대 비정규전 개념 범주에 관한 고찰.” 「국방연구」, 제53권, 제3호 (2010).
이승욱, “김정은 시대 북한의 경제특구전략: 영역화, 분권화, 그리고 중국식 개혁개방?,” 「한국경제지리학회지」, 제9권, 제1호, 2016.
이영형, “러시아 극동지역 내 북한노동자 활동 현황: 아무르주를 중심으로,” 「러시아연구」, 제26권 제1호(2016. 5).
이준희. “정신전력 인식지수에 의한 전쟁승패 요인 분석.” 「OUGHTOPIA」, Vol. 26, No. 2(Summer 2011).
이창희, “김정은은 왜 1970년식 경제선동을 불러오는가?: 1970년대 북한경제의재고

찰,"「현대북한연구」, 17(3), 2014.
이헌경, "북한의 경제조치와 사회경제적 실태,"「OUGHTOPIA」, 26(3), 2011.12.
임방순 외, "중소분쟁 격화기 중소의 대북한 원조 경쟁과 북한의 자주노선: 1961-1967,"「사회과학연구」 제24권 제1호(2016)
장영호. "신개념의 전쟁유형 고찰과 한반도에의 적용: 비대칭전·제4세대전쟁·복합전을 중심으로."「한국동북아논총」, 제65호(2012).
전종순. "현대전의 새로운 패러다임과 미 합동 개념의 변화."「합동군사연구」, 제19호.
정성임, "북한의 민군관계: 군 역할을 중심으로."「북한연구학회보」, 제13권, 제1호(2012).
정천구, "전체주의와 강제수용소,"「통일전략」, 제11권 제1호(2011. 4. 30).
하경석 외. "핵확산 논쟁과 북핵문제: 다차원적 분석."「한국정치연구」, 제24집 제1호(2015).

외국 자료

저서

Anthony D. Mclvor, 김덕현 & 권영근 역, 『전쟁원칙에 관한 새로운 사고』(서울: 국방연구원, 2005).
에이미 추아, 『제국의 미래』(서울: 비아북, 2008).
Barry Buzan, Ole Waver, Jaap de Wilde, *Security: A New Framework for Analysis*(London: Lynne Rienner Publisheres, 1998).
Carl von Clausewitz, 김만수(역). 『전쟁론(Vom Kriege)』(서울: 갈무리, 2013).
George Friedman·Meredith Friedman, 권재상 역, 『전쟁의 미래』(서울: 자작, 2001).
Daniel T Lasica, *Strategic Implication of Hybrid War: A Theory of Victory*(Kansas: U.S. Army Command and General Staff College, 2009).
엘빈 토플러 외, 『부의 미래』(서울: 청림출판, 2006).
Erin K Fitzgerald, Anthony H Cordesman, Arleigh A Burke, *The 2010 Quadrennial Defense Review*(Washington D.C.: CSIS, 2009).

Frank G. Hoffman, *Conflict in the 21st Century: The Rise of Hybrid Wars* (Virginia: Potomac Institute for Policy Studies, 2007).

John Baylis, Steve Smith, and Patricia Owens, 하영선 외 옮김, *The Globalization of World Politics*(서울: 을유문화사, 2009).

Nathan Freier, *Strategic Competition and Resistance in the 21st Century: Irregular, Catastrophic, Traditional and Hybrid Challenges in Context* (Carlisle: U.S. Army, 2007).

Martin Navias, *Going Ballistic: The Build-Up of Missiles in the Middle East*(London: Brassey's, 1993),

매튜 버로스, 이미숙 역, 『미래의 역습: 낯선 세상이 온다』(서울: 비즈니스북, 2015).

구로이 본타로, 김효진(역).『21C 新 세계전쟁: 대테러, 게릴라 조직범죄』(서울: 일송미디어, 2008).

Thomas C Schelling, *The Strategy of Conflict*(Massachusetts: Harvard University, 1960).

논문

Albert Humprey, "SWOT Analysis for management consulting," *SRI AlumniNews Letter*, Sri International, December. 2005

Carmel Davis, "An Introduction on Nuclear Strategy and Small Nuclear Powers: Using North Korea as a Case," *Defence Studies*, Vol. 9, No. 1(March 2009).

Charles L. Glaser, "The Security Dilemma Revisited." *World Politics*, Vol. 50 (October 1997).

Daryl G Press, "북한 핵무기에 어떻게 대응할 것인가." 한국전략문제연구소-화정평화재단 공동심포지움, 2013. 6. 11.

Jason Birke,. "Islamic States goes global with Paris attack." *The Guardian*, 14 November, 2014.

Ken Gude, "Anti-Muslim Sentiment is a Serious Threat to American Security," Center For American Progress(November 2015).

Magaret S. Bond, "Hybrid War: A New paradigm for Stability Operations in Failing States," UWC Strategy Research Project(Carlisle: U.S. Army War College, 2007).

Paul S Oh, "Future Strategic Environment in an Era of Persistent Conflict," Military

Review, Jul/Aug 2009. Vol. 89, Issue. 4.

Robert M. Gates, "A Balanced Strategy," *Foreign Affairs*, January/February 2009.

Roberts Jervis, "Cooperation under the Security Dilemma." World Politics Vol. 30, No. 2 (October 1977-July 1978).

Russell W. Glenn, "Thoughts on Hybrid Conflict," *Small Wars Journal*(www.smallwarsjournal.com).

Scott A. Cuomo and Brian J. Dinlon, "Training a Hybrid Warrior at the Infantry Officer Course," *Small Wars Journal*(www.smallwarsjournal.com).

Thomas J. Chermack, Kasshanna K. Bernadette, "The use of and misuse of SWOT analysis and implications for HRD professionals," *Human Resource Development International*, 10(4), December 2007.

북한 자료

「노동신문」

『김일성 저작집』

『김정일 노작집』

『조선말대사전』

『조선중앙연감』

『주체사상 총서』